佳作赏析

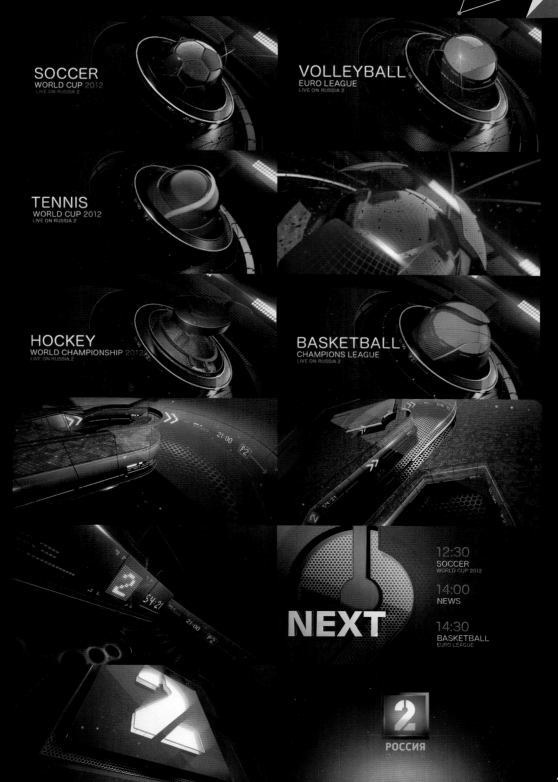

佳作赏析

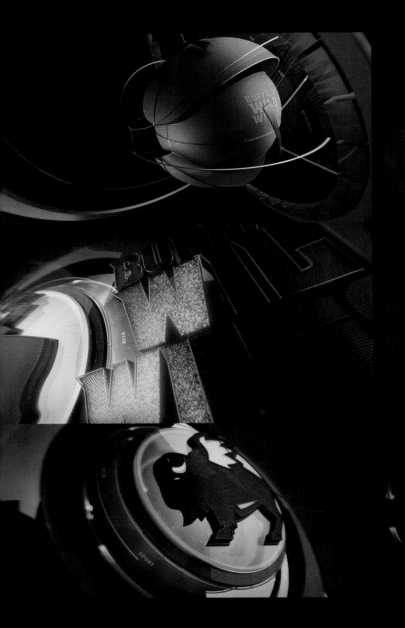

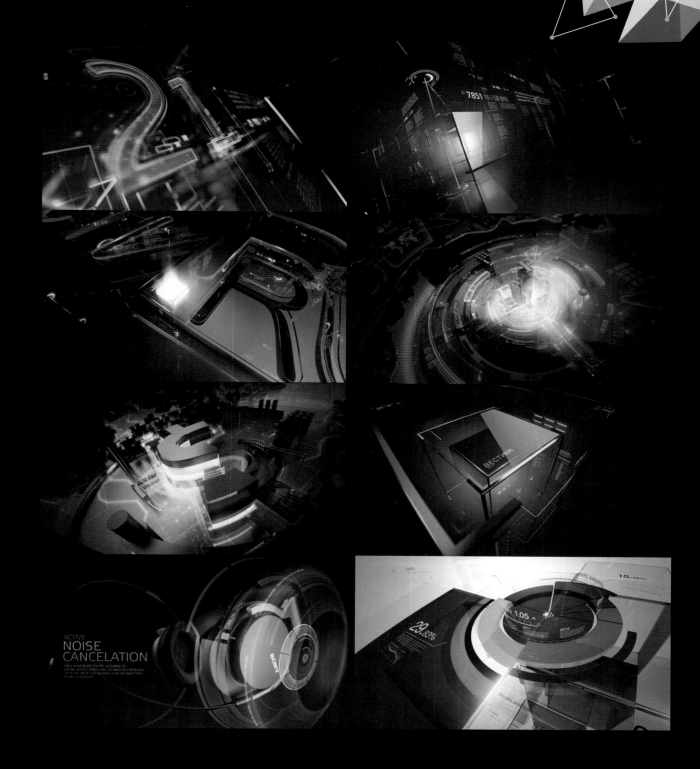

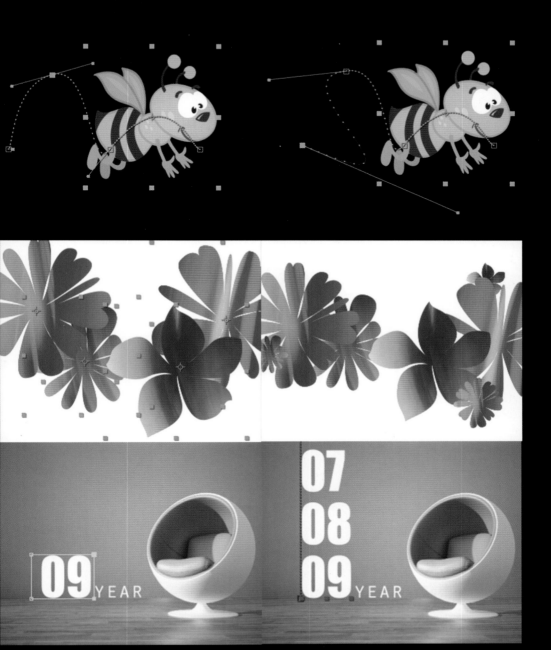

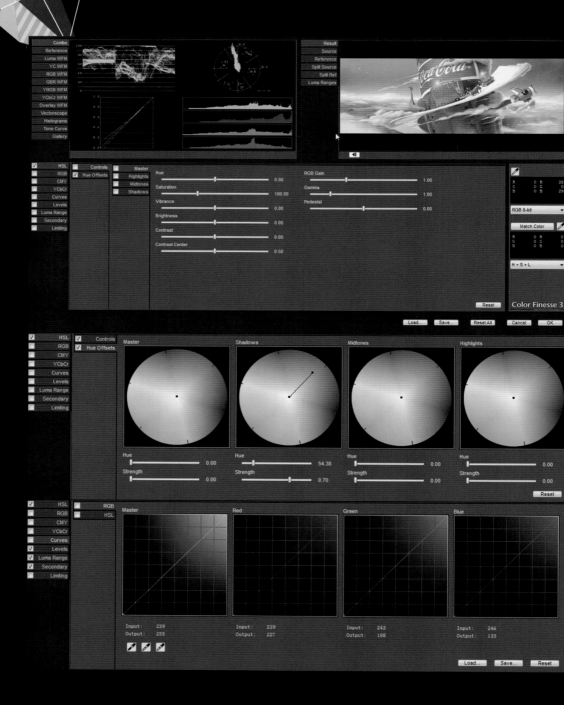

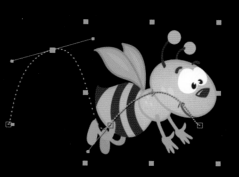
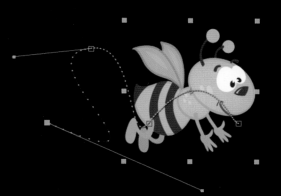

本书案例

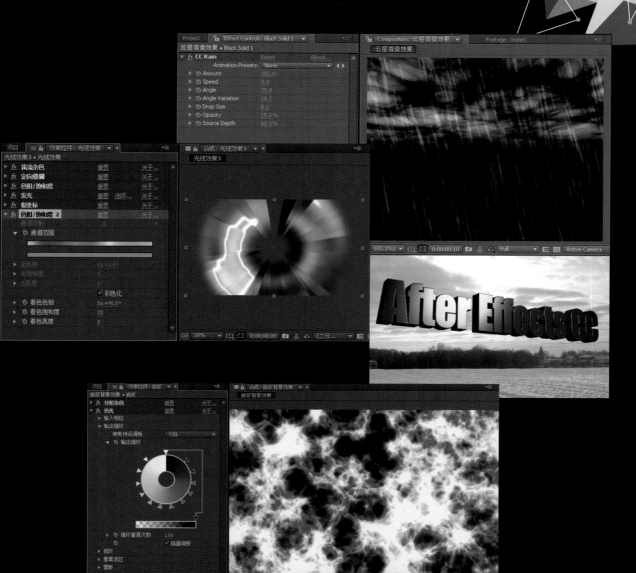

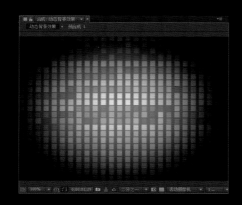

本书案例

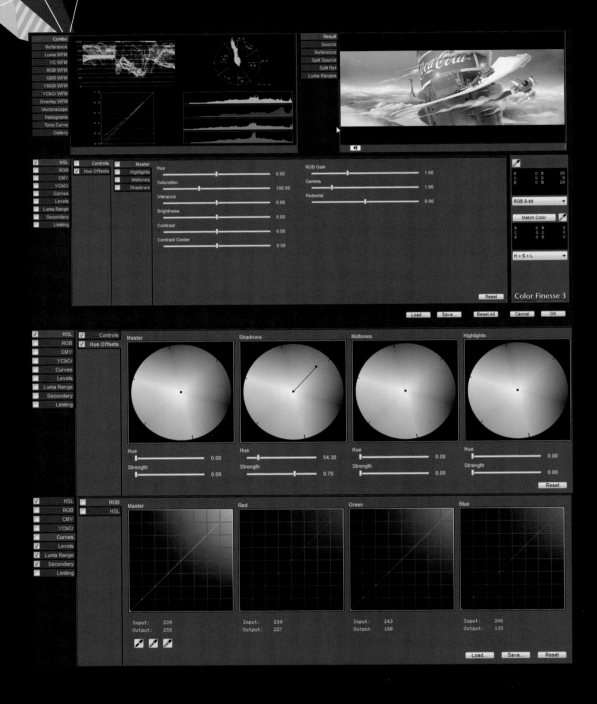

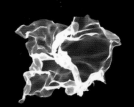

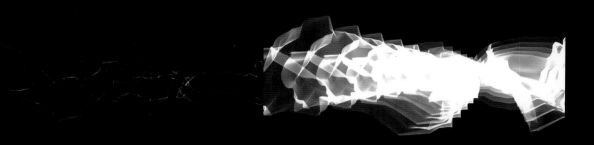

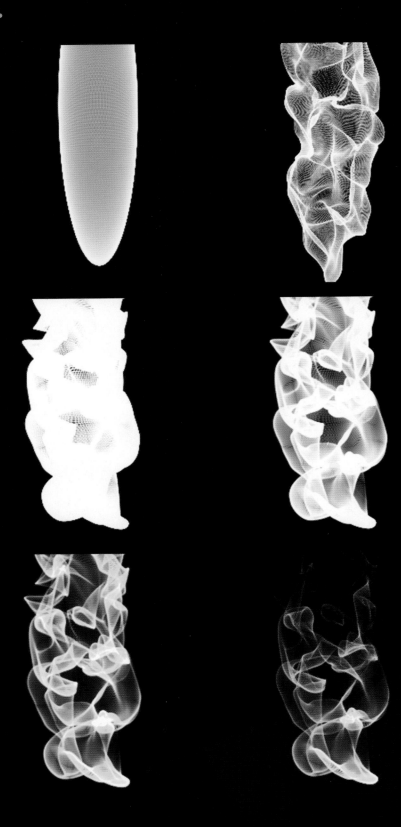

LIVEING
ON MY LIFE AND
CHASING
DREAMS
ALL MY OWN
文字运动模糊合成
my 合成 1
渲染器：经典 3D
活动摄像机
完整
0:00:00:00
0:00:01:24
0:00:04:23
总预合成

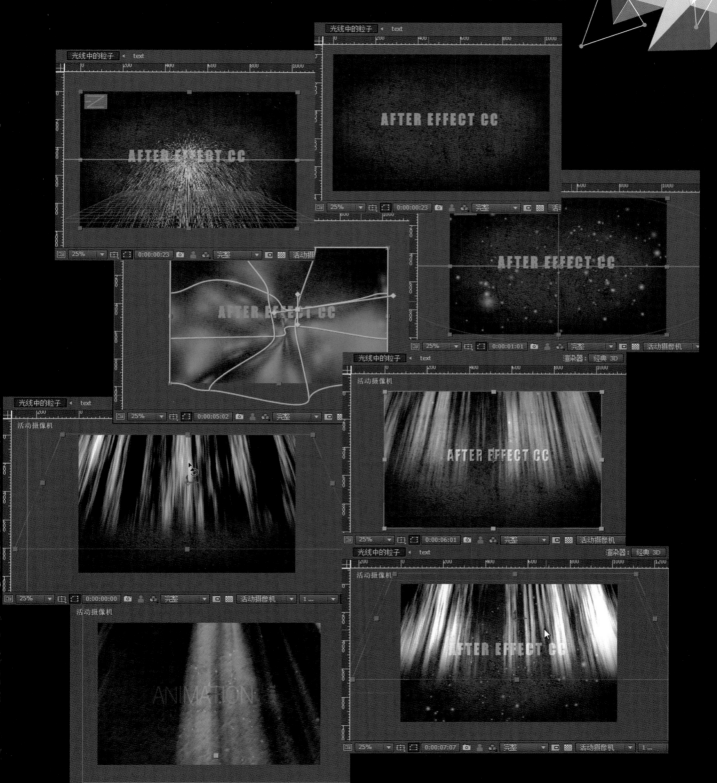

本书案例

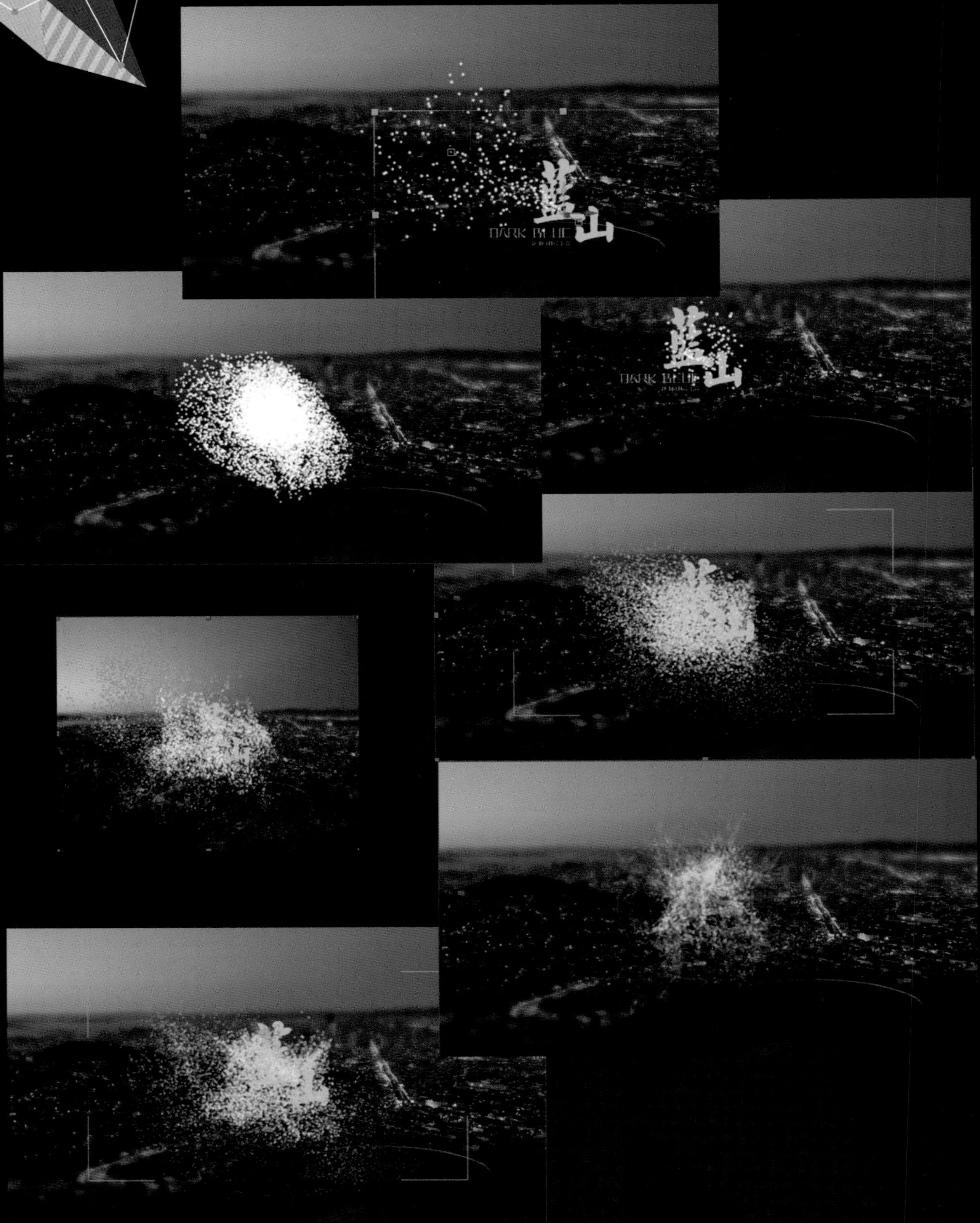

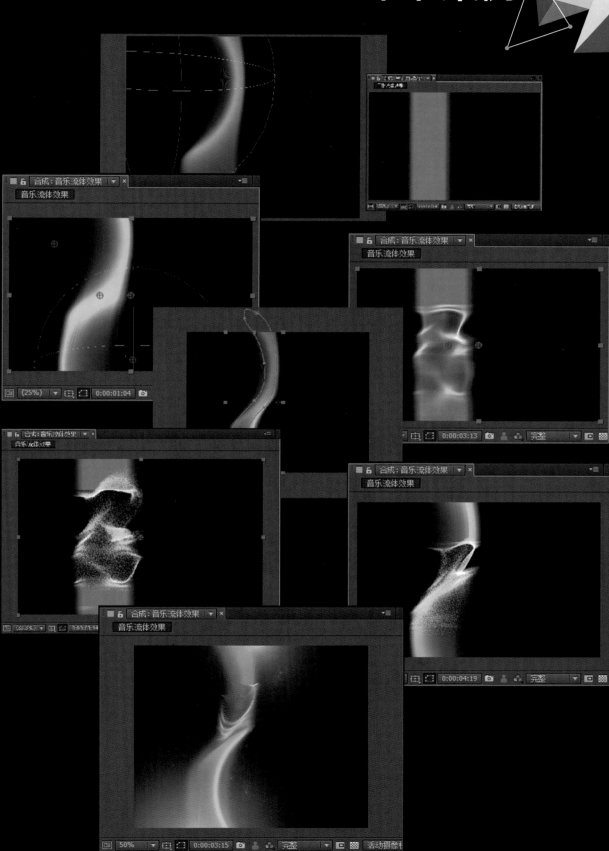

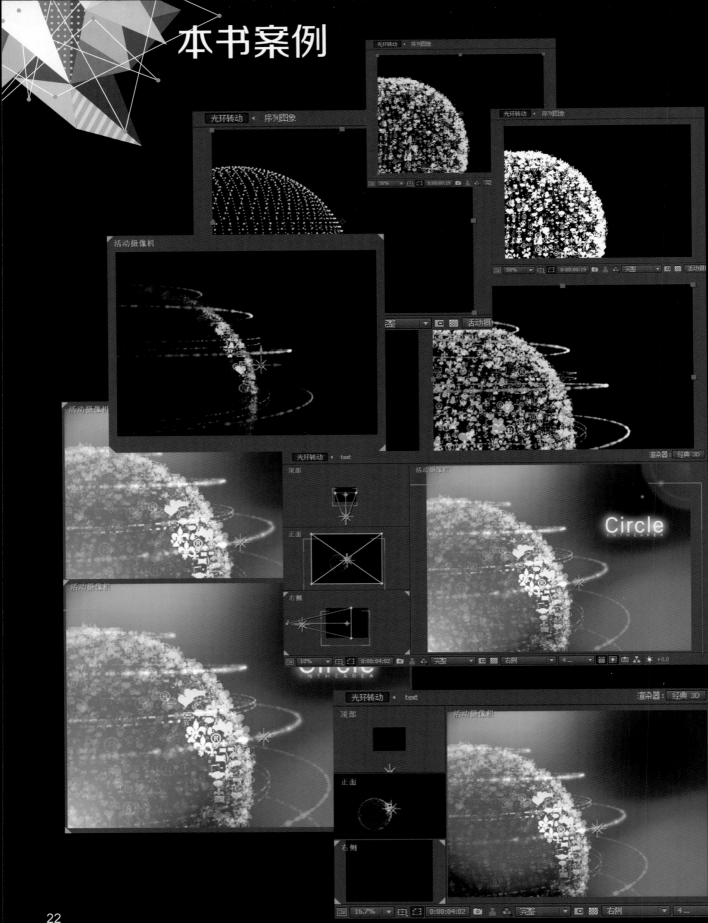

光盘内容

5.7 文本综合实例

8.2 Form效果实例

8.4 Particular效果实例

8.5 Mir循环线性背景制作

10.2.1粒子抖动

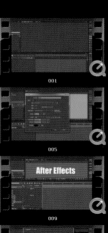

10.2.2光线粒子

10.2.3光环旋转

10.2.3音乐流体

基础教程

Readme

001

002

003

004

005

006

007

008

After Effects

009

010

011

012

013

AEP

Ae

001

火焰效果

光盘内容

素材-光

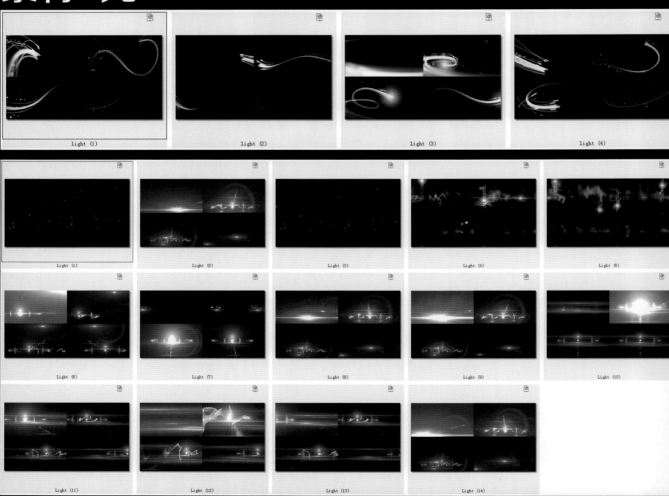

light (1)　　　light (2)　　　light (3)　　　light (4)

Light (1)　　Light (2)　　Light (3)　　Light (4)　　Light (5)

Light (6)　　Light (7)　　Light (8)　　Light (9)　　Light (10)

Light (11)　　Light (12)　　Light (13)　　Light (14)

素材-旧胶片

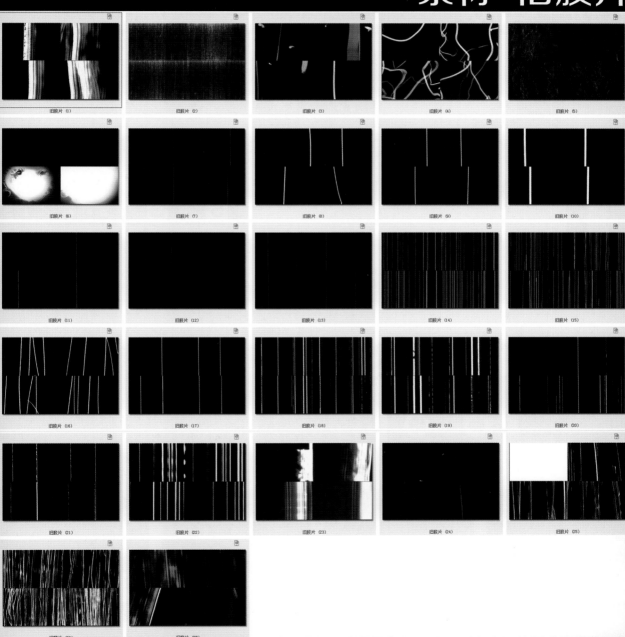

光盘内容

素材-科技

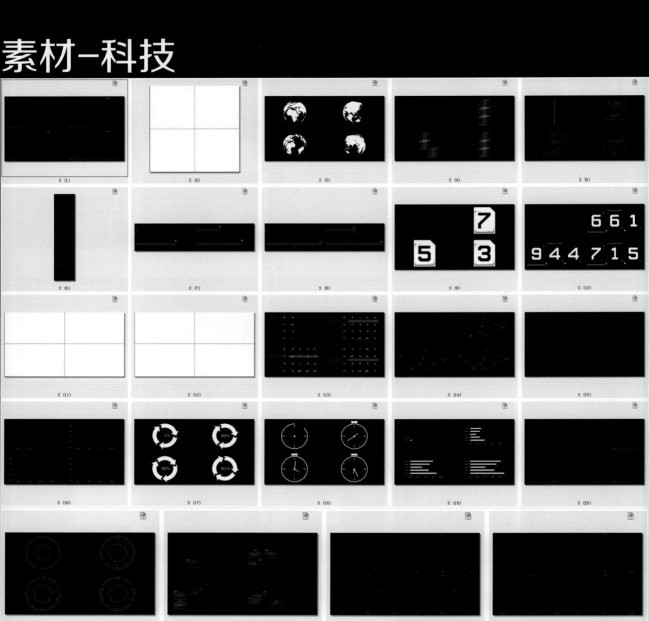

S (1) S (2) S (3) S (4) S (5)
S (6) S (7) S (8) S (9) S (10)
S (11) S (12) S (13) S (14) S (15)
S (16) S (17) S (18) S (19) S (20)
S (21) S (22) S (23) S (24)

素材-水墨

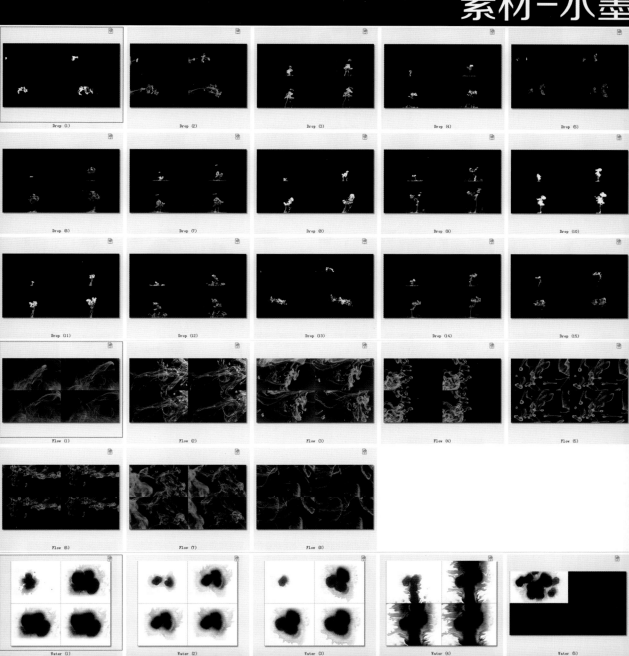

光盘内容

素材-水墨&转场

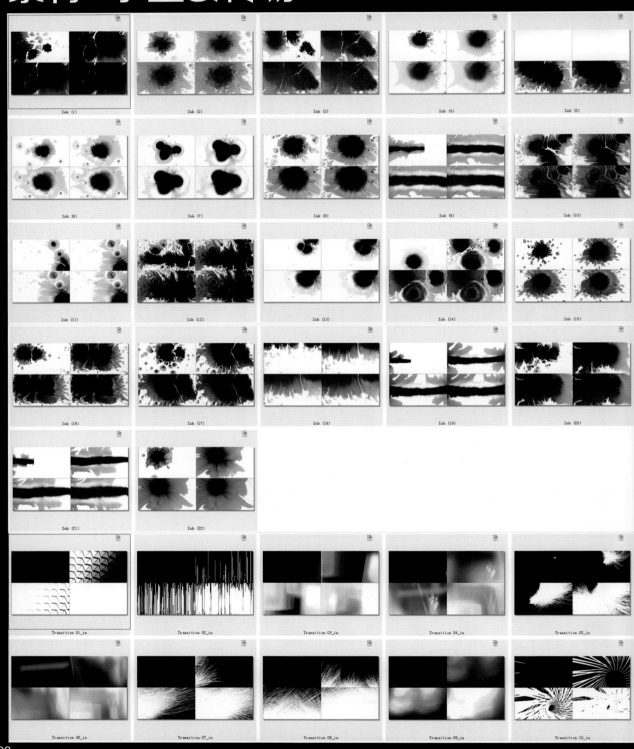

铁钟 / 编著

After Effects CC

高手成长之路

清华大学出版社

北 京

内 容 简 介

本书深入分析了After Effects CC的各个功能和命令，内容涵盖界面、工作流程、工具、菜单、常用视窗、其他视窗、如何使用特效、特效应用、第三方特效插件、层、遮罩、动画关键帧、文本效果、3D效果、表达式、渲染、输出等17大领域、案例涉及文字特效、光线特效、背景特效、画面特效、三维光效、三维文字、粒子插件与粒子光线化等。本书配套的DVD光盘，不但包含了基础和案例两部分的相关教学视频，并且收录了大量的视频素材，读者可以根据需要进行学习和实用。

本书适合从事影视制作、栏目包装、电视广告、后期编辑与合成的广大初、中级从业人员作为自学教材，也适合相关院校影视后期、电视创作和视频合成专业作为配套教材。

图书在版编目（CIP）数据

After Effects CC高手成长之路/铁钟 编著.--北京：清华大学出版社，2014（2018.2重印）
ISBN　978-7-302-37040-6

Ⅰ.①A…　Ⅱ.①铁…　Ⅲ.①图像处理软件　Ⅳ.①TP391.41

中国版本图书馆CIP数据核字（2014）第143033号

责任编辑：陈绿春
封面设计：潘国文
责任校对：徐俊伟
责任印制：刘祎淼

出版发行：清华大学出版社
　　　　　网　　　址：http://www.tup.com.cn，http://www.wqbook.com
　　　　　地　　　址：北京清华大学学研大厦A座　　　　邮　　编：100084
　　　　　社 总 机：010-62770175　　　　　　　　　　邮　　购：010-62786544
　　　　　投稿与读者服务：010-62776969，c-service@tup.tsinghua.edu.cn
　　　　　质量反馈：010-62772015，zhiliang@tup.tsinghua.edu.cn
印 刷 者：北京鑫丰华彩印有限公司
装 订 者：三河市溧源装订厂
经　　销：全国新华书店
开　　本：203mm×260mm　　印　张：22　　插　页：14　　字　数：609千字
　　　　　（附DVD2张）
版　　次：2014年11月第1版　　　　　　印　次：2018年2月第7次印刷
印　　数：16001～20000
定　　价：89.00元

产品编号：056603-01

前言

随着数字技术全面进入影视制作的过程，After Effects以其操作的便捷和功能的强大占据了后期软件市场的主力地位。After Effter CC版本的推出使软件的整体性能进一步提高。作为一款用于高端视频特效系统的专业合成软件，After Effects在世界上已经得到了广泛的应用，经过不断的发展，在众多的后期动画的软件中独具特性。After Effects CC不但可以帮助用户高效、精确地创建无数种引人注目的动态图形和视觉效果，可以与其他Adobe软件紧密集成、高度灵活地进行2D和3D合成，以获得数百种预设的效果和动画，为电影、视频、DVD和Macromedia Flash作品增添令人耳目一新的效果。After Effects CC作为一款优秀的跨平台后期动画软件，对Windows和Mac OS两种不同的操作系统都有很好的兼容性，对于硬件的要求也很低。无论是PC还是MAC都可以交换项目文件和大部分的设置。

本书配有视频教学光盘，分为两个部分。第一部分为基础教学视频，主要讲解After Effects CC相关的基础知识及应用，第二部分为实例教学视频，以实例为主讲解After Effects CC的应用。

本书共分10章，内容概括如下：

第1章：讲解After Effects的界面与基础。

第2章：讲解After Effects中动画的制作。

第3章：讲解After Effects图层的管理。

第4章：讲解After Effects中三维的应用。

第5章：讲解After Effects中文本与画笔的使用。

第6章：讲解After Effects中效果与表达式的使用。

第7章：讲解After Effects中的效果应用。

第8章：讲解使用After Effects中的高级插件使用的方法，通过一些实例使读者了解这些插件的使用方法。

第9章：讲解After Effects的效果与输出。

第10章：讲解After Effects的应用与拓展。

　　本书编写的目的是让使用者尽可能地全面掌握After Effects CC软件的应用。书中深入的分析了每一个功能和命令，可以作为一本手册随时查阅，实例部分是由易到难、由浅入深，步骤清晰、简明、通俗易懂，适用于不同层次的制作者。本书光盘中提供了所有实例的视频教学，以及After Effects CC的综合视频教学，并且收录了大量的视频素材，读者可以根据需要进行练习和使用。

　　本书由铁钟执笔编写，参与编写的人员还有吴雷、彭凯翔、龚斌杰、刘子璇、雷磊、李建平、王文静、刘跃伟、程姣、赵佳峰、程延丽、万聚生、陶光仁、万里、贾慧军、陈勇杰、赵允龙、刁江丽、王银磊、王科军、司爱荣、王建民、赵朝学、宋振敏、李永增。

铁钟

目录
contents

After Effects CC高手成长之路

After Effects CC高手成长之路

第1章

After Effects CC
界面与基础

2013年6月Adobe公司正式发布Adobe Creative Cloud APP，在所有Creative套件后都加上了"CC"后缀，如Photoshop CC、Illustrator CC等。CC的出现并不是仅仅在CS6之后的一次升级，而是Adobe公司软件销售模式上的变革，用户不用再购买实体光盘安装软件，而软件本身也不会再像CS5到CS6那样升级，而是通过云计算的方式让用户下载，微量更新，这样的模式有利于用户反馈，更新也更为快捷。以Photoshop为例，用户需每月支付300左右人民币才能使用该软件，而不是一次性支付软件的费用无限量使用。对于经常更新软件的人来说，这样的销售模式还是比较划算的，而对于那些常年不去更新软件的用户来说这样其实并不划算，上市一个月后就有人发起对于该模式的抗议签名，如图1.1.1所示。

图1.1.1

无论何种销售模式，Adobe都带来了软件的整体更新，其中After Effects CC相对于以前的版本有了很大的变化，其中包括与Cinema 4D的全面整合，这对于主要将After Effects用于视觉特效制作的用户来说无疑是个好消息，Cinema 4D近几年一直将其主攻方向与老牌三维软件加以区别，避其锋芒，这种做法也实属无奈之举。这次与Adobe的合作将这种在数字视效制作方面的优势进一步扩大，对于其用户群的扩大无疑是个利好消息。After Effects也想通过这种合作弥补自身在三维模块上的不足，如图1.1.2所示。

图1.1.2

除了以上更新，After Effects CC还在GPU和多处理器性能加强、3D摄像机追踪器扑捉效果、增强的像素级动态模糊功能（Pixel Motion Blur）等方面有了不少更新。而对于中国用户来说最大的更新无疑是中文版After Effects的出现，有的读者会说我以前用的After Effects就是中文版的，其实那些版本只不过第三方软件翻译的，一些名词都没有确定的翻译，中文版的推出使中国的初学者学习这款软件更加方便了。

1.1　界面

After Effects CC作为一款高级视频后期处理软件，已经在市场上占有不可动摇的主体地位，成千上万的用户在使用着这一软件，无论对于刚刚起步的初学者还是资深的视频编辑专家，After Effects CC会为您带来无限的惊喜，本章节将会带您进入After Effects CC的世界，将详细介绍After Effects CC的操作界面和工作流程，如图1.1.3所示。

图1.1.3

After Effects的最基本的工作流程对于使用过Photoshop等软件的用户将不会陌生，而对于刚开始接触这类软件的用户，将会发现After Effects的流程是多么易学易理解，如图1.1.4所示。

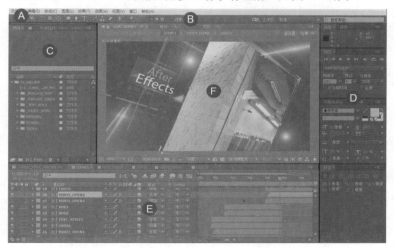

图1.1.4

- A——【菜单栏】：大多数命令都在这里，我们将在后面的章节详细讲解。
- B——【工具箱】：同Photoshop的工具箱一样，大多数工具使用的方法也都一样。
- C——【项目管理】：所有导入的素材都在这里管理。
- D——【视图观察编辑】：包括多个面板，最经常使用的就是【合成】面板，在上方可以切换为【图层】视图模式，这里主要用于察看与编辑最终所呈现的画面效果。
- E——【控制面板】：After Effects有众多控制面板，用于不同的功能，随着工作环境的变化这里的面板也可以进行调整。
- F——【时间轴】：After Effects主要的工作区域，动画的制作主要在这个区域完成。

After Effects CC中的窗口按照用途不同分别包含在不同的框架内，框架与框架间用分隔条分离。如果一个框架同时包含多个面板，将在其顶部显示各个面板的选项卡，但只有处于前端的选项卡所在面板的内容是可见的。单击选项卡，将对应面板显示到最前端。下面我们将以After Effects CC默认的Standard（标准）工作区为例来对After Effects CC各个界面元素进行详细介绍，如图1.1.5所示。

图1.1.5

After Effects CC中加入了同步设置的选项，单击软件右边顶部的  【同步设置】按钮，可以展开同步设置菜单，选择管理同步设置命令，包括键盘快捷键、合成预设、输出摸板都可以进行同步设置。这样无论你坐在哪台电脑前都可以将自己习惯的工作模式快速的调整出来，如图1.1.6所示。

图1.1.6

还可以调整软件界面的颜色适应编辑环境，选择菜单【编辑】（Edit）>【首选项】（Preferences）>【外观】（Appearance）命令，打开【外观】设置面板，如图1.1.7所示。

图1.1.7

- 【对图层手柄和路径使用标签颜色】（Use Label Color for Layer Handles and Paths）：设置是否用标签的颜色来显示层的操作手柄和路径。
- 【对相关选项卡使用标签颜色】（Cycle Mask Colors）：设置是否对相关选项卡使用标签颜色。
- 【循环蒙版颜色】（Use Gradients）：设置每新添加一个蒙版（Mask）的时候，它的颜色是否周期性显示。
- 【使用渐变色】：设置软件界面的原色是否用渐变来显示。
- 【亮度】（User Interface Brightness）：用来设置After Effects CC的亮度，通过调整亮度可以改变界面颜色，如图1.1.8所示。

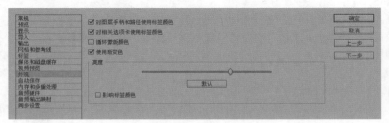

图1.1.8

1.2 工作流程

下面来初步了解一下After Effects的工作流程。

1.2.1　后期软件编辑原理

　　数字化的背景下对于如今的影像产业有着很大的冲击，许多导演或摄影师都在尝试着使用全数字化的方式进行拍摄和后期编辑。许多设备已经不再使用原有的胶片或磁带记录的方式来进行编辑，随着全民高清时代的来临，数字化已经是一个无法抗拒的潮流，如图1.2.1所示。

图1.2.1

　　非线性编辑的概念是针对线性编辑而言的，线性编辑（Linear Editing）是一种传统的视频编辑模式。通常由一台或多台放像机和录像机组成，编辑人员通过放像机选择一段合适的素材，然后把它记录到录像机中的磁带上，然后再寻找下一个镜头，接着进行记录工作，如此反复操作，直至把所有合适的素材按照节目要求全部顺序记录下来。由于磁带记录画面是顺序的，无法在已有的画面之间插入一个镜头，也无法删除一个镜头，除非把这之后的画面全部重新录制一遍，这种编辑方式就叫做线性编辑（Linear Editing），这样的工作效率是非常低的。线性编辑的这些缺陷恰好被非线性编辑系统克服，非线性编辑（Non-Linear Editing）的工作大部分在计算机里完成，工作人员把素材导入到计算机里，然后对各种原始素材进行编辑操作，并将最终结果输出到计算机硬盘、磁带、录像带等记录设备上，如图1.2.2所示。

图1.2.2

　　非线性编辑（Non-Linear Editing）的工作流程大概分为三个部分，简单一点的说就是输入，编辑和输出三大步骤。第一步：采集与输入，利用软件将模拟视频、音频信号转换成数字信号存储到计算机中，或者将外部的数字视频存储到计算机中，成为可以处理的素材。第二步：编辑与处理，利用软件剪辑素材添加特效，包括转场、特效、合成叠加。After Effects正是帮助用户完成这一至关重要的步骤，影片最终效果的好坏决定与此。第三步：输出与生成，制作编辑完成后，就可以输出成各种播出格式，使用哪种格式这取决于播放媒介，如图1.2.3所示。

图1.2.3

在实际的应用过程中，我们所做的工作远远超出了视频剪辑这一工作范畴，好的画面效果要在后期编辑的过程中花费很多精力，同时这也节省了前期拍摄和三维制作的时间和费用。After Effects在众多后期制作软件中是独树一帜的，功能强大，操作便捷。

随着三维技术的发展，后期制作软件的很多功能都是为前期的三维制作添加效果和弥补不足。在前期拍摄中由于安全和费用等因素，同时也为了达到更好的画面效果，在拍摄的过程中使用了绿屏特技。影片拍摄完成之后，素材导入计算机，使用After Effects把绿色的背景部分做抠像处理。把背景素材叠加到拍摄素材之后。为了使画面更加真实，在玻璃上添加细节效果，并对画面校色，如图1.2.4所示。

整个制作过程涉及到了一个概念，层的应用。这也是大部分非线性编辑软件在制作影片时必须使用的。层是计算机图形应用软件中经常涉及到的一个概念，用户在After Effects中可以很好的应用这一工具，这些不同透明度的层是相对独立的，并且可以自由编辑，这也是非线性编辑软件的优势所在。

图1.2.4

接下来介绍After Effects最基本但也是最容易出问题的几项操作。包括如何在After Effects中导入素材，如何在上面介绍过的窗口中进行编辑，再把编辑好的素材输出成各种格式的影片。导入、编辑和输出是贯通所有软件操作最核心的流程，接下来我们将用具体例子向大家完整展示After Effects的这三个最主要的操作流程，并且通过展示这三个流程来揭示After Effects的一些小技巧。

1.2.2　导入

菜单【文件】下的【导入】（Import）命令主要用于导入素材，二级菜单中有五种不同的导入素材形式。After Effects并不是真的将源文件复制到项目中，只是在项目与导入文件间创建一个文件替身。After Effects允许用户导入的素材范围非常宽广，对常见视频，音频和图片等文件格式支持率很高。特别是对Photoshop的PSD文件，After Effects提供了多层选择导入，可以针对PSD文件中的层关系，选择多种导入模式，如图1.2.5所示。

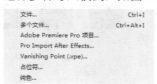

图 1.2.5

- 【文件...】（File）：导入一个或多个素材文件。执行【文件】（File）命令后弹出【导入文件】（Import File）对话框，选中需要导入的文件，单击后将被作为一个素材导入项目，如图1.2.6所示。

图 1.2.6

- 【多个文件...】（Multiple Files）：多次性导入一个或多个素材文件，单击【完成】（Done）按钮可以结束导入过程，【导入文件】对话框如图1.2.7所示。

图1.2.7

当用户导入Photoshop的PSD文件、Illustrator的AI文件时，系统会保留图像的所有信息。用户可以将PSD文件以合并层的方式导入到After Effects项目中，也可以单独导入PSD文件中的某个层。这也是After Effects的优势所在，如图1.2.8所示。

图 1.2.8

当文件作为合并层图像导入时，素材名称为该图像文件的名称。素材名称将以"层名称/文件名"的组合方式显示，如图1.2.9所示。

图 1.2.9

当导入一个PSD文件时，利用【多个文件】（Import Multiple File）对话框中的【导入为】（Import As）下拉菜单可以选择导入文件的类型，如图1.2.10所示。

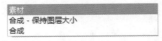

图 1.2.10

> 素材（Footage）：以素材形式导入，弹出对话框提示用户选择文件需要导入的层。
> 合成-保持图层大小（Composition-Cropped Layers）：以合成影像形式导入文件，文件的每一个层都作为合成影像的一个单独层，并保持它们的原始尺寸不变。
> 合成（Composition）：以合成影像形式导入文件，文件的每一个层都作为合成影像的一个单独层，并改变层的原始尺寸来匹配合成影像的大小。

当文件以合成图像的形式导入文件时，After Effects将创建一个合成影像文件以及一个合成影像的文件夹。【项目】（Project）面板中的层与Photoshop中的层相对应，如图1.2.11所示。

图 1.2.11

也可以将一个文件夹导入项目。单击对话框右下角的【导入文件夹】（Import Folder）按钮导入整个文件夹，如图1.2.12所示。

有时素材以图像序列帧的形式存在，这是一种常见的视频素材保存形式，文件由多个单帧图像构成，快速浏览时可以形成流动的画面，这是视频播放的基本原理。图像序列帧的命名是连续的，用户在导入文件时不必选中所有文件，只需要选中首个文件，激活对话框左下角的导入序列选项（如【JEPG序列】、【TIFF序列】等），如图1.2.13所示。

图 1.2.12

图 1.2.13

图像序列帧的命名是有一定规范的，对于不是非常标准的序列文件来说，可以按字母顺序导入序列文件，勾选【强制按字母顺序排列】（Force alphabetical order）复选框即可，如图1.2.14所示。

图 1.2.14

提示：

在向After Effects CC导入序列帧时，请留意导入面板右方的【序列】（Sequence）选项前是否被勾选，如果【序列】选项为非勾选状态，After Effects CC将只导入单张静态图片。用户多次导入图片序列都取消【序列】被勾选状态，After Effects将记住用户这一习惯，保持【序列】处于非勾选状态。【序列】选项下还有一个【强制按字母顺序排列】（Force alphabetical order）选项。该选项是强制按字母顺序排序命令。默认状态下为非勾选状态，如果勾选该选项，After Effects CC将使用占位文件来填充序列中缺失的所有静态图像。例如，一个序列中的每张图像序列号都是奇数号，勾选【强制按字母顺序排列】选项后，偶数号静态图像将被添加为占位文件。

- 【Adobe Premiere Pro项目...】（Capture in Adobe Premiere Pro...）：导入Adobe Premiere Pro的项目文件。

- 【Vanishing Point（.vpe）...】（导入消失点文件）：该功能可简化费时、费力的图形和照片润色修饰，帮助用户在保留视觉透视图的同时对图像进行复制、填色和转换。

- 【占位符...】（Placeholder）：当需要编辑的素材还没制作完成时，可以建立一个临时素材来替代真实素材进行处理。执行菜单【文件】（File）>【导入】（Import）>【占位符...】（Placeholder）命令，弹出【新占位符】（New Placeholder）对话框，可以设置占位符的名称、尺寸、帧速率以及持续时间等，如图1.2.15所示。

图 1.2.15

打开After Effects中的一个项目时，如果素材丢失，系统将以占位符的形式来代替素材，占位符以静态的颜色条显示。可以对占位符应用遮罩、滤镜效果和几何属性进行各种必要的编辑工作，当用实际的素材替换占位符时，对其进行的所有编辑操作都将转移到该素材上，如图1.2.16所示。

图 1.2.16

在【项目】（Project）面板中双击占位符，弹出【替换素材文件】（Replace Footage File）对话框。在该对话框中查找并选择所需的真实素材，

在【项目】（Project）面板中，占位符被指定的真实素材替代，如图1.2.17所示。

图 1.2.17

1.2.3 新建合成

【新建】（New）命令主要用于创建新的文件项目，二级菜单如图1.2.18所示。

图1.2.18

- 【新建项目】（New Project）：建立一个新的After Effects 项目。建立或打开一个项目是在After Effects的编辑基础，否则用户将无法进行任何新的操作。After Effects一次只能对一个项目进行编辑。当已经有项目在运行时，再单击【新建项目】（New Project），After Effects将询问是否对当前项目进行保留。

- 【新建文件夹】（New Folder）：建立一个新的文件夹用于管理项目中的文件。在【项目】（Project）面板中，新的文件夹被建立后，用户可以选中素材拖入文件夹。同一项目中可以任意创建多个文件夹，如图1.2.19所示。

图1.2.19

1.2.4 编辑实例

这是一个简单的操作流程，从素材倒入，制作简单的动画效果，最后文件输出。通过这个实例让初学者对后期制作软件有一个基本的认识。任何一个复杂操作都不能回避这一过程，因此掌握After Effects CC的导入，编辑和输出将为我们具体工作打下坚实基础。

01 选择【文件】（File）>【新建】（New）>【新建项目】（New Project）命令，创建一个新的项目，与旧版本不同，当After Effects CC打开时，默认建立了一个【新建项目】（New Project），不过该【项目】（Project）内为空。

02 选择【合成】（Composition）>【新建合成】（New Composition）命令，弹出【合成设置】（Composition Settings）对话框，对【新建合成】（New Composition）进行设置。一般我们需要对合成视频的尺寸、帧数、时间长度做预设置，如图1.2.20所示。

图1.2.20

03 单击【合成设置】（Composition Settings）对话框中的【确定】按钮，我们就建立了一个新的合成影片。

04 选择菜单【文件】（File）>【导入】（Import）>【文件...】（File）...命令，选择四张图片素材，如图1.2.21所示。

图1.2.21

05 可以看到在【项目】（Project）面板添加了4个图片文件，按下Shift键选中四个文件，将其拖入【时间轴】（Timeline）面板，图像将被添加到合成影片中，如图1.2.22所示。

图1.2.22

06 有时导入的素材和合成影片的尺寸大小不一样，需要把它调整到适合的画面大小，可以先选中需要调整的素材，按下Ctrl＋Alt＋F快捷键，图像4角和4个边的中心出现一个灰色小方块，这是用来调整图像的控制手柄，拉动控制手柄将素材调整到适合窗口大小，如图1.2.23和图1.2.24所示。

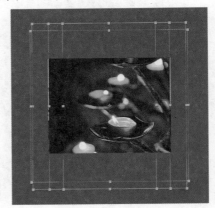

图1.2.23

图1.2.24

07 在【合成】（Composition）面板中单击 （安全区域）按钮，弹出下拉菜单，如图1.2.25所示。

图1.2.25

08 勾选【标题／动作安全】（Title / Action Safe）选项，打开安全区域，如图1.2.26所示。

图1.2.26

09 我们要做一个幻灯片播放的简单效果，每秒播放一张，最后一张渐隐淡出。为了准确设置时间，按下Alt+Shift+J快捷键，弹出【转到时间】（Go to Time）对话框，将数值改为0:00:01:00，如图1.2.27所示。

图1.2.27

10 单击【确定】按钮，【时间轴】（Timeline）面板中的时间指示器会调整到01s（秒）的位置，如图1.2.28所示。

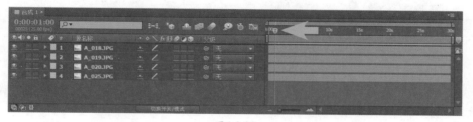

图1.2.28

11 选中素材01.jpg所在的层，按下快捷键"]"（右中括号）键，设置素材的出点在时间指示器所在的位置，也可以使用鼠标完成这一操作，选中素材层，拖动鼠标调整到时间指示器所在的位置，如图1.2.29所示。

图1.2.29

12 依照上述步骤，每间隔一秒，将素材依次排列，素材04.jpg不用改变其位置，如图1.2.30所示。

图1.2.30

13 将时间指示器调整到4秒的位置，选中素材04.jpg，单击04.jpg文件前的小三角图标▶，展开素材的【变换】（Transform）属性，如图1.2.31所示。

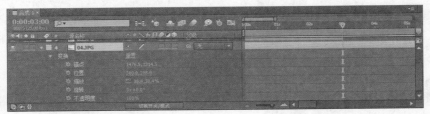

图1.2.31

14 下面我们要使素材04.jpg渐渐消失，也就是改变其不透明度属性。单击不透明度属性前的钟表小图标🕓，这时时间指示器所在的位置会在不透明度属性上添加一个关键帧，如图1.2.32所示。

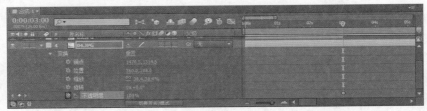

图1.2.32

15 移动时间指示器到0:00:04:10的位置，然后调整不透明度属性的数值到0%，同样时间指示器所在的位置会在不透明度属性上添加另一个关键帧，如图1.2.33所示。

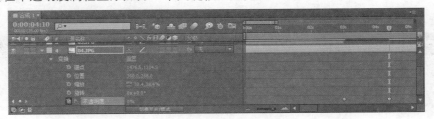

图1.2.33

提示：

当我们按下钟表小图标后，After Effects CC将自动记录对该属性的调整为关键帧。再次单击钟表小图标将取消关键帧设置。调整属性里的数值有两种方式，第一种，直接单击数值，数值将可以被修改，在数值窗口中键入需要的数字。第二种，当鼠标移动到数值上时，按住右键不动拖动鼠标，就可以以滑轮的方式调整数值。

16 单击【预览】（Time Controls）面板中的▶（RAM预览）按钮，预览影片。在实际的制作过程中，制作者会反复的预览影片，以保证每一者都不会出现错误。

17 预览影片没有什么问题就可以输出了。选择菜单【合成】（Composition）>【添加到渲染队列】

（Make Movie）命令，或者按下Ctrl+M快捷键，弹出【渲染队列】（Render Queue）对话框。如果用户是第一次输出文件，After Effects将要求用户指定输出文件的保存位置，如图1.2.34所示。

图1.2.34

18 与After Effects 6.5之前版本不同，新的界面【渲染队列】（Render Queue）对话框会和【时间轴】（Timeline）面板在一个区域里显示。单击【输出到】（Output To）选项旁边的文件名，可以选择保存路径，然后单击【渲染】（Render）按钮，完成输出。

19 输出的影片文件有各种格式，但都不能保存After Effects里编辑的所有信息，我们以后还需要编辑该文件，要保存成After Effects软件本身的格式—AEP（After Effects Project）格式，但这种格式只是保存了After Effects对素材编辑的命令和素材所在位置的路径，也就是说如果把保存好的AEP文件改变路径，再次打开时软件将无法找到原有素材。如何解决这个问题呢，【收集文件】（Collect Files）命令可以把所有的素材收集到一起，非常方便。下面我们就把基础实例的文件收集保存一下。选择【文件】（File）>【整理工程（文件）】>【收集文件...】（Collect Files）...命令，如果你没有保存文件，会弹出警告对话框，提示用【项目】（Project）必须要先保存，单击【保存】按钮同意保存，如图1.2.35所示。

图1.2.35

20 弹出【收集文件】（Collect Files）对话框，收集后的文件大小会显示出来，要注意自己存放文件的硬盘是否有足够的空间，这点很重要，因为编辑后的所有素材会变得很多，

一个30秒的复杂特效影片文件将会占用1G左右的硬盘空间，高清影片或电影将会更为庞大，准备一块海量硬盘是很必要的。对话框设置如下，如图1.2.36所示。

图1.2.36

通过这个简单的实例，我们学习了如何将素材导入After Effects，编辑素材的属性，预览影片效果，以及最后输出成片。

1.2.5　收集文件

【收集文件】（Collect Files）命令主要用于将项目或者合成影像中所有文件复制并另存。在After Effects中使用和编辑的素材在保存项目文件时还保持在原来的位置，如果需要保存所有使用到的素材和整个项目文件，只有通过该命令，如图1.2.37所示。

图 1.2.37

- 收集源文件（Collect Source Files）
  - 全部（All）：收集所有的素材文件，包括未曾使用到的素材文件以及代理人。
  - 对于所有合成（For All Comps）：收集应用于任意项目合成影像中的所有素材文件以及代理人。
  - 对于选定合成（For Selected Comps）：收集应用于当前所选定的合成影像（在【项目】Project面板内选定）中的所有素材文件以及代理人。
  - 对于队列合成（For Queued Comps）：收集直接或间接应用于任意合成影像中的素材文件以及代理人，并且该合成影像处于【渲染队列】（Render Queue）中。
  - 无（仅项目）（None）：将项目拷贝到一个新的位置，而不收集任何的源素材。
  - 仅生成报告（Generate Report Only）：是否在收集的文件中拷贝文件和代理人。
- 服从代理设置（Obey Proxy Settings）：是否在收集的文件中包括当前的代理人设置。
- 减少项目（Reduce Project）：是否在收集的文件中直接或者间接地删除所选定合成影像中未曾使用过的项目。
- 将渲染输出为（Change Render Output）：是否在收集的文件中指定的文件夹重定向渲染文件的输出模数。
- 启用"监视文件夹"渲染（Enable 'Watch Folder' render）：是否启动watch-folder在网上进行渲染。
- 完成时在资源管理器中显示收集的项目（Maximum Number of Machines）：设置渲染机的数量。
- 注释…（Comments）：弹出【注释】（Comments）对话框，为项目添加的注解，如图1.2.38所示。

图1.2.38

注解将显示在项目报表的终端，如图1.2.39所示。

图1.2.39

系统会创建一个新文件夹，用于保存项目的新副本、所指定素材文件的多个副本、所指定的代理人文件、渲染项目所必需的文件、效果以及字体的描述性报告，如图1.2.40所示。

图1.2.40

1.3 工具箱

After Effects CC的工具箱类似于Photoshop工具箱，通过使用这些工具，可以对画面进行修改，缩放，擦除等操作。这些工具都在【合成】（Comp）面板中完成操作。按照功能不同分为六个大类：操作工具、视图工具、遮罩工具、绘画工具、文本工具和坐标轴模式工具。使用工具时单击【工具】面板中的工具图标即可，有些工具必须选中素材所在的层，工具才能被激活。单击工具右下角的小三角图标可以展开"隐藏"工具，将鼠标放在该工具上方不动，系统会显示该工具的名称和对应的快捷键。如果不小心关掉了工具箱，可以选择【窗口】（Window）>【工作区】（Workspace）>【重置"所有面板"】（Reset "All Panels"）命令，恢复所有的面板，如图1.3.1所示。

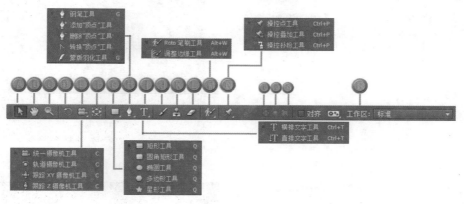

图 1.3.1

A——选择工具（Selection Tool）

B——手形工具（Hand Tool）

C——缩放工具（Zoom Tool）

D——旋转工具（Rotation Tool）

E——统一摄像机工具（Orbit Camera Tool）

F——向后平移（锚点）工具（Pat Behind Tool）

G——矩形工具（Rectangular Mask Tool）

H——钢笔工具（Pen Tool）

I——文字工具（Type Tool）

J——笔刷工具（Brush Tool）

K——仿制图章工具（Clone Stamp Tool）

L——橡皮擦工具（Eraser Tool）

M——Roto 笔刷工具（Roto Brush Tool）

N——操控点工具（Puppet Pin Tool）

O——本地轴模式（Local Axis Mode）

P——世界轴模式（World Axis Mode）

Q——视图轴模式（View Axis Mode）

R——工作区（Workspace）

【工作区】（Workspace）并不是一个工具，主要用来快速切换某种工作界面，让软件的界面快速的改变，以适合某种工作界面。通过【工作区】（Workspace）对各种界面的调整，可以为我们减少不必要的工作界面，或按照需求来自定义各种工作界面位置，使工作环境清晰明了，避免被过多窗体拥挤造成杂乱感觉。

1.3.1 操作工具

操作工具包括：【选取工具】（Selection Tool）、【手形工具】（Hand Tool）、【缩放工具】（Zoom Tool）。

这三个工具都是用于面板中的物体的基本操作，便于用户拉伸、移动和放大物体。

提示：

在使用工具箱的工具时，选择不同的工具，相应的会激活辅助的面板，提供该工具的一些辅助功能。相应的面板中的命令和功能，用户也要熟悉掌握，这些功能和工具是密不可分的。

选取工具

【选取工具】（Selection Tool）主要用在【合成】（Comp）面板中选择、移动和调节素材的层、Mask、控制点等。【选取工具】（Selection Tool）每次只能选取或控制一个素材，按住Ctrl键的同时单击其他素材，可以同时选择多个素材。如果需要选择多个连续排列的素材，可以先单击最开头素材然后按住Shift键，再单击最末尾的素材，这样中间连续的多个素材就同时被选上了。如果要取消某个层的选取状态，也可以通过按住Ctrl键单击该层来完成，如图1.3.2所示。

图1.3.2

手形工具

【手形工具】（Hand Tool）主要用来调整面板的位置。与移动工具不同，【手形工具】（Hand Tool）不移动物体本身的位置，当面板放大后造成的图像在面板中显示的不完全时，为了方便用户观察，使用【手形工具】（Hand Tool）来对面板显示区域做移动，对素材本身位置不会有任何影响，如图1.3.3所示。

图1.3.3

缩放工具

【缩放工具】（Zoom Tool）主要用于放大或者缩小画面的显示比例，对素材本身不会有任何影响。选择【缩放工具】（Zoom Tool），然后在【合成】（Comp）面板中按住Shift键再单击左键，在素材需要放大部分划出一个灰色区域，松开鼠标，该区域将被放大。如果需要缩小画面比例，按住Alt键再点鼠标左键。【缩放工具】（Zoom Tool）的图标由带"+"号的放大镜变成带"-"号放大镜。也可以通过修改【合成】（Comp）面板中 50% 弹出菜单，来改变图像显示的大小，如图1.3.4所示。

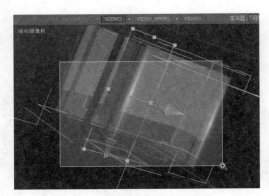

图1.3.4

1.3.2 视图工具

视图工具包括：【旋转工具】（Rotation Tool）、【统一摄像机工具】（Orbit Camera Tool）、【向后平移（锚点）工具】（Pat Behind Tool）、【轴模式】（Axis Mode）。

旋转工具

【旋转工具】（Rotation Tool）主要用于旋转【合成】（Comp）面板中的素材。在二维视图中，【旋转工具】（Rotation Tool）只能在X，Y两个方向上旋转素材，如图1.3.5所示。

图1.3.5

在三维视图中，【旋转工具】（Rotation Tool）可以在X、Y、Z三个方向上旋转素材。我们可以选择素材，然后选择【图层】（Layer）>【3D图层】（3D Layer）命令将二维素材转换到三维图层中。这时我们就能使用【旋转工具】（Rotation Tool）的Z方向的旋转功能了，如图1.3.6所示。

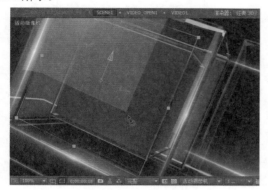

图1.3.6

使用【旋转工具】（Rotation Tool）时，工具箱右侧的辅助工具选项被激活，该选项用于设置【旋转工具】（Rotation Tool）的调节属性，该功能只针对3D层，如图1.3.7所示。

图1.3.7

当选择【方向】（Orientation）时，【旋转工具】（Rotation Tool）的操作将对层的【方向】（Orientation）属性进行调节。当选择【旋转】（Rotation）时，该工具的操作将对层的【旋转】（Rotation）属性进行调节。如果对旋转的形态不满意，用户可以在工具面板中双击该工具图标，可以使层返回旋转前的初始状态，如图1.3.8所示。

图1.3.8

提示：

当使用【选取工具】（Selection Tool）和【旋转工具】（Rotation Tool）时，用户按住Alt键再点左键激活工具移动或旋转素材，这时将出现一个白色预览框。这个预览框用来实现移动或旋转后素材和原素材间的位移或旋转角度。松开左键，原素材将移到或旋转到预览框位置。

统一摄像机工具

- 【轨道摄像机工具】（Orbit Camera Tool）：使用该工具可以向任意方向旋转摄像机视图，调整到用户满意的位置。
- 【跟踪XY摄像机工具】（Track XY Camera Tool）：水平或垂直移动摄像机视图。
- 【跟踪Z摄像机工具】（Track Z Camera Tool）：缩放摄像机视图。

以上工具只有当用户创建了摄像机时，才能被激活。用户可以通过选择【图层】（Layer）>【新建】（New）>【摄像机】（Camera）命令来创新建摄影机，摄像机工具都是针对摄像机作用的工具所以对于合成中的其他物体不会起作用。

向后平移（锚点）工具

【向后平移（锚点）工具】（Pat Behind Tool）主要用于调整素材的定位点以及移动遮罩。层定位点默认状态下位于层的中心，【向后平移（锚点）工具】（Pat Behind Tool）可以调节层的定位点所在的位置，使层围绕任意点进行旋转，如图1.3.9所示。

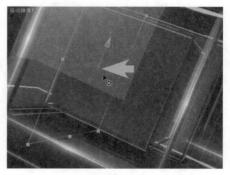

图1.3.9

1.3.3　遮罩工具

遮罩工具包括：【矩形工具】（Rectangular Mask Tool）和【椭圆工具】（Elliptical Mask Tool）、【钢笔工具】（Pen Tool）。

遮罩工具

【矩形工具】（Rectangular Mask Tool）和【椭圆工具】（Elliptical Mask Tool）主要用来绘制规则的遮罩，可以在【合成】（Composition）面板中拖动鼠标来绘制标准遮罩图形。

绘制遮罩

01 选择【矩形工具】（Rectangular Mask Tool）

或【椭圆工具】（Elliptical Mask Tool），在【合成】（Composition）面板中，鼠标指针将变为一个带十字的图标，如图1.3.10所示。

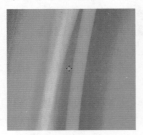

图1.3.10

02 按住鼠标左键并拖动，绘制出需要的大小形状，然后释放鼠标，如图1.3.11所示。

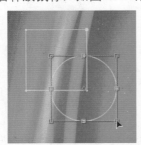

图1.3.11

03 鼠标的起始点就是遮罩图形范围框的左上角控制点，释放鼠标的地方就是遮罩图形范围的右下角控制点，如图1.3.12所示。

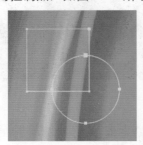

图1.3.12

提示：

在遮罩绘制完成后，还可以修改遮罩，使用【选取工具】（Selection Tool）在遮罩边缘双击鼠标左键，遮罩的外框将会被激活，用户就可以再次调整遮罩。如果想绘制正方形或正圆形遮罩，可以按住Shift键的同时，拖动鼠标。在【时间轴】（Timeline）面板中选中遮罩层，双击工具箱里的【矩形工具】（Rectangular Mask Tool）或【椭圆工具】（Elliptical Mask Tool），可以使被选中遮罩的形状调整到适应合成影片的有效尺寸大小。

🖋 钢笔工具

【钢笔工具】（Pen Tool）主要用于绘制不规则遮罩或开放的遮罩路径。

- 🖋 添加"顶点"工具（Add Vertex Tool）：添加节点工具。
- 🖋 删除"顶点"工具（Delete Vertex Tool）：删除节点工具。
- ◣ 转换"顶点"工具（Convert Vertex Tool）：转换节点工具。
- ✒ 蒙版羽化工具（Mask Feather Tool）：羽化蒙版边缘的遮罩的硬度。

这些工具在实际的制作中，使用的频率非常高，除了用于绘制遮罩以外，还可以用来在【时间轴】（Timeline）面板中调节属性值曲线。

下面使用【钢笔工具】（Pen Tool）工具来做一些练习，从而熟悉该工具的使用方法。

01 选择【钢笔工具】（Pen Tool），在【合成】（Composition）面板中单击鼠标左键，创建一个控制点，在另一个位置再次单击，就可以在两个点之间创建一条连线，如图1.3.13所示。

图1.3.13

02 再次单击的同时拖动鼠标，就可以拉出控制手柄，通过手柄可以调节连线的弧度，如图1.3.14所示。

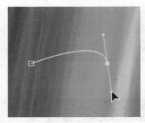

图1.3.14

03 用户可以创建一条闭合的路径，形成一个闭合的遮罩。将鼠标放在第一个控制点上单击，或直接双击鼠标左键，这样路径就会形成为一个闭合的遮罩，如图1.3.15所示。

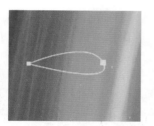

图1.3.15

遮罩顶点转角方式分为两种

● 平滑：线与线之间形成平滑的过渡，如图1.3.16所示。

图1.3.16

● 锐利：改变线的前进方向，形成锐利的转折，如图1.3.17所示。

图1.3.17

可以使用【转换"顶点"工具】将路径的顶点在平滑模式和锐利模式间切换。

1.3.4　文本工具

T T 文字工具

文本工具主要用于在合成影片中建立文本。共有两种文本建立方式：

（1）T【横排文字工具】（Horizontal Type Tool），如图1.3.18所示。

图1.3.18

（2）T【直排文字工具】（Vertical Type Tool），如图1.3.19所示。

图1.3.19

当使用文本工具在【合成】（Composition）面板中建立一个文本时，系统会自动生成一个文本层，也可以选择【图层】（Layer）>【新建】（New）>【文本】（Text）命令来创建一个文本层。当选择【文字工具】（Type Tool）时，单击工具箱右侧的图标，弹出【字符】（Character）和【段落】（Paragraph）面板，可以通过这两个面板设置文本的字体、大小、颜色和排列等。

1.3.5　绘画工具

画笔工具

【画笔工具】（Brush Tool）主要用来在画面中创建各种笔触以及颜色，可以在层窗口中进行特效绘制。下面我们通过一个练习熟悉一下【画笔工具】（Brush Tool）。

01 在【时间轴】（Timeline）面板中双击要进行绘画的层，该层画面会在【图层】（Layer）面板中显示，如图1.3.20所示。

图1.3.20

02 选择【画笔工具】（Brush Tool），然后单击工具箱右侧的图标，弹出【绘画】

（Paint）面板和【画笔】（Brush Tips）面板，如图1.3.21所示。

图1.3.21

03 在这两个面板中，可以设置笔触的大小，颜色等。设定好以后，就可以自由的在素材上绘画了。

提示：

在【图层】（Layer）面板中，按住【Ctrl】键不放，拖动鼠标左键可以调整笔触的大小。按住【Alt】键，笔刷工具将变成吸管工具，可以在界面内任意位置选择需要的颜色，然后单击鼠标左键，获得单击位置的颜色。

 仿制图章工具

【仿制图章工具】（Clone Stamp Tool）主要用来对画面中的区域进行有选择性的复制。

熟悉Photoshop的用户对这个工具一定不会陌生，这是修复画面的强大工具，在实际的制作过程中会经常用到，可以很轻松的处理素材中的瑕疵和不需要的画面。

该工具也是在【图层】（Layer）面板中被使用，当用户使用【仿制图章工具】时，【绘画】（Paint）面板中的【仿制选项】（Clone Option）将被激活，如图1.3.22所示。

图1.3.22

下面通过一个练习来熟悉【仿制图章工具】（Clone Stamp Tool）的使用。

01 在【工具栏】中选择【仿制图章工具】（Clone Stamp Tool），在【图层】（Layer）面板中按住Alt键不放，这时鼠标图标会变成十字圈形，在需要复制的区域单击一下进行取样操作，如图1.3.23所示。

图1.3.23

02 松开Alt键，在合适的位置开始绘制，这时复制区域会有一个十字标，提示与之对应的画面，如图1.3.24所示。

图1.3.24

03 细致小心的绘制，不断的校正笔触的大小，复制出完美的画面，如图1.3.25所示。

图1.3.25

提示：

当勾选【锁定源时间】（Lock Source Time）选项时，【仿制图章工具】（Clone Stamp Tool）将在一个单帧中进行操作，然后对整个序列的应用克隆画笔。如果不选择该项，则【仿制图章工具】（Clone Stamp Tool）将不断地在层中进行操作，并在固定时间内将其施加给所有的连续帧。

　　橡皮擦工具

【橡皮擦工具】（Eraser Tool）主要用于擦除画面中的图像，该工具也在【图层】（Layer）面板中操作。当擦除图像后，会显示出下面层中的图像。

1.3.6　旋转笔刷工具

　　【Roto笔刷工具】（Roto Brush Tool）与 【调整笔刷工具】（Adjust Brush Tool）

这两个工具是结合使用的，【调整笔刷工具】（Adjust Brush Tool）工具是After Effects CC的新功能。特效中的抠像工具可以将画面和后面的背景迅速的分离，但要求背景与分离物体有不一样的色彩，面对复杂环境拍摄的画面我们是无法进行快速分离的。【Roto笔刷工具】可以快速的建立完美的遮罩，下面我们就来看一下它是怎么使用。

01 在【时间轴】（Timeline）面板中双击要进行遮罩的层，该层画面会在【图层】（Layer）面板中显示，如图1.3.26所示。

图1.3.26

02 使用【Roto笔刷工具】在人物面部进行绘制，在【图层】面板中拖动笔刷，在要从背景中分离的对象上进行前景描边。在绘制前

景描边时，Roto画笔工具的指针将变为中间带有加号的绿色圆圈，沿对象的中心位置向下，而不是沿边缘绘制描边，如图1.3.27所示。

图1.3.27

03 画面经过计算可以看到人物面部部分被玫瑰红色的线围绕了起来，中间的部分就是被遮罩的部分画面，如图1.3.28所示。

图1.3.28

04 切换到【合成】面板，可以看到人物的面部显现出来，遮罩的部分显现出背景的蓝色，如图1.3.29所示。

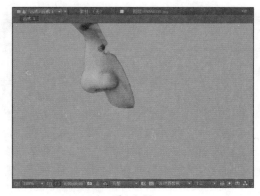

图1.3.29

05 按住 Alt 键拖动鼠标，对要定义为背景的区域进行背景描边。在绘制背景描边时，Roto 画笔工具的指针将变为中间带有减号的红色圆圈，这样可以减去多余的选择区域，如图 1.3.30所示。

06 将素材向前播放一帧，如果有没有被遮罩的地方，可以使用调整画笔工具进行调整。

图1.3.30

1.3.7 操控工具

 操控点工具

【操控点工具】（Puppet Pin Tool）用于在静态图片上添加关节点，然后通过操纵关节点来改变图像形状，如同操纵木偶一般。【操控点工具】（Puppet Pin Tool）由三个工具组成。分别是：【操控点工具】（Puppet Pin Tool）、【操控叠加工具】（Puppet Overlap Tool）和【操控扑粉工具】（Puppet Starch Tool）。

【操控点工具】（Puppet Pin Tool）用来放置和移动变形点的位置；【操控叠加工具】（Puppet Overlap Tool）用来放置交迭点的位置。放置交叠点周围图片将出现一个白色区域，该区域表示在产生图片扭曲时，该区域的图像将显示在最上面。【操控扑粉工具】（Puppet Starch Tool）用来放置延迟点。在延迟点放置范围影响的图像部分将减少【操控点工具】（Puppet Pin Tool）的影响，如图1.3.31所示。

图1.3.31

1.4 菜单栏与项目面板

After Effects CC的所有命令选项都分布在九个下拉菜单中，这九类分别是：【文件】（File）、【编辑】（Edit）、【合成】（Composition）、【图层】（Layer）、【效果】（Effect）、【动画】（Animation）、【视图】（View）、【窗口】（Window）和【帮助】（Help）。单击每个大类的名称，将弹出包含子命令的下拉菜单。有的菜单弹出时显示为灰色，表示处于非激活状态，这表示需要满足一定条件该命令才能被执行。部分下拉菜单中的命令名称右侧还有一个小箭头，表示该命令还存在其他子命令，用户只需要将鼠标移到该命令行，将自动弹出子命令。

在After Effects中，【项目】（Project）面板提供给用户一个管理素材的工作区，用户可以很方便的把不同素材导入，并对它们进行替换、删除、注解，整合等管理操作。After Effects这种项目管理方式与其他软件不同。例如，用户使用Photoshop将文件导入后，生成的是Photoshop文档格式。而After Effects则是利用项目来保存导入素材所在硬盘的位置，这使得After Effects的文件非常小。当用户改变导入素材所在硬盘保存位置时，After Effects将要求用户重新确认素材的位置。建议用户使用英文来命名保存素材的文件夹和素材文件名，用来避免After Effects识别中文路径和文件名时产生错误，如图1.4.1所示。

图 1.4.1

A：显示面板的名称。

B：用来预览所选定素材和显示素材的一些信息。

C：标签栏，用鼠标单击标签名称，可以把素材以不同的方式进行排列，如图1.4.2所示。

以类型排序　　　　以大小排序

图 1.4.2

D：这个空间用来储存素材和合成，素材会分别显示名字、格式、大小，还有路径等。

E：用来管理素材和建立合成的按钮。

1.4.1　项目面板具体命令介绍

从上一个小节我们了解到【项目】（Project）面板的大概功能，接下来学习面板中的各个命令和按钮的功能。

● 在【项目】（Project）面板中选择一个素材，在素材的名称上单击鼠标右键，就会弹出素材的设置菜单，如图1.4.3所示。

图 1.4.3

● 在【项目】（Project）面板的标签上单击鼠标右键会弹出标签的控制菜单，它可以隐藏和显示某个标签，如图1.4.4所示。

图 1.4.4

● 用鼠标右键单击素材名称后面的小色块，会弹出用于选择颜色的菜单栏。

● 在【项目】（Project）面板的空白处单击鼠标右键，会弹出关于新建和导入的菜单栏。

● 【新建合成】（New Composition）可以创建新的合成项目。

● 【新建文件夹】（New Folder）可以创建新的文件夹，用来分类装载素材。

● 【新建Adobe Photoshop 文件】（New Adobe Photoshop File）可以创建一个新的保存为Photoshop的文件格式。

● 【新建MAXON CINEMA 4D文件】创建C4D文件，这是After Effects CC新整合的文件模式。

● 【导入】（Import）可以导入新的素材。

● 【导入最近的素材】（Import Recent Footage）是最近导入的素材，如图1.4.5所示。

图 1.4.5

● 【查找】（Find）是一个单独的查找窗口，操作非常便捷，如图1.4.6。

图 1.4.6

● ：这个按钮用于打开【解释素材】（Interpret Footages）面板，在这里可以设置导入的影像素材的相关设置，例如Alpha通道的设置和一些场的相关设置，如图1.4.7所示。

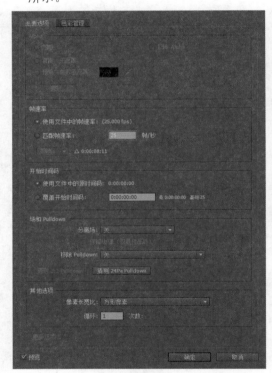

图1.4.7

● ：位于【项目】（Project）面板左下角的第二个，它的功能是建立一个新的文件夹，用于管理【项目】（Project）面板中的素材，用户可以把同一类型的素材放入一个文件夹中。管理素材与制作是同样重要的工作，在制作大型项目时，将要同时面对大量视频素材，

音频素材和图片。合理分配素材将有效提高工作效率，增强团队协作能力，如图1.4.8所示。

图 1.4.8

● ：用来建立一个新的【合成】（Composition），单击该按钮会弹出【合成设置】（Composition Settings）对话框。

● ：用来删除【项目】（Project）面板中所选定的素材或项目。

● ：在【项目】（Project）面板的右边，可以快速打开【流程图】（Flowchart）面板，如图1.4.9所示。

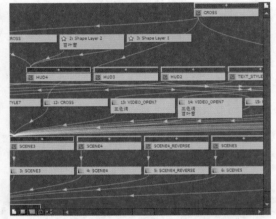

图 1.4.9

● ：在After Effects的很多面板中都有，它一般在面板的右上角。在【项目】（Project）面板中，它主要用来控制面板的结构和对【项目】（Project）的修改。单击该按钮会弹出一个下拉菜单，如图1.4.10所示。

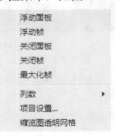

图 1.4.10

1.4.2 在【项目】（Project）面板中导入素材

一般在After Effects中开始制作一个项目时，首先就是在【项目】（Project）面板中建立新的【合

成】（Composition），然后导入需要的素材，在这里导入素材有多种方法，下面分别做一说明。

- 方法一：是差不多每个软件都具备的，也是最原始的方法，就是执行【文件】（File）>【导入】（Import）>【文件…】（File）…命令，然后通过【导入文件】面板来导入素材文件。
- 方法二：在【项目】（Project）面板的空白处单击鼠标的右键，在弹出的菜单中执行【导入】（Import）>【文件】（File）命令。
- 方法三：直接用鼠标在【项目】（Project）面板的空白处双击左键，就会弹出【导入文件】面板。
- 方法四：在Windows面板中，直接把需要的素材拖曳到After Effects的【项目】（Project）面板中。

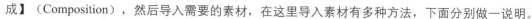

提示：

处于团队中时，如何管理素材往往比如何使用素材更重要，【项目】（Project）面板为我们提供了许多有效管理素材的方法。特别是当我们制作一个大项目时，素材在多台电脑间互导是不可避免的，合理有效管理素材将为自己和队友节省大量时间。

这里为大家总结出管理素材四个要点，无论是初学者还是专业人士都应该牢牢记住这四点。第一点，合理管理素材避免在需要查找素材时手忙脚乱，浪费时间；第二点，合理管理素材都助你的同事在接管或查阅你制作项目时能快速清晰找到需要素材，带给对方便捷；第三点，合理管理素材将有助于在合成影片过程中，分清合成步骤，保证思路清晰，快捷有效修改；第四点，也是最重要的，避免最终渲染出错，并且快速找出错误所在。

我们建议大家在管理素材时候，将相同类型素材放在统一的文件夹内，例如音频素材统一放在一个文件夹，静态图像放在统一文件夹，视频文件放在统一文件夹。当与其他艺术家一同为一个大项目工作时，通常都会要求建立一个统一的项目模板，并预先设置好一个基本的工作流程。这时就需要一个统一项目素材管理方式，让所有人都能轻易找到和放置所需的所有元素。

1.5 合成面板

【合成】（Composition）面板主要用于对视频进行可视化编辑。我们对影片做的所有修改，都将在该窗口显示出来，显示内容是最终渲染效果最主要的参考。【合成】（Composition）面板不仅可以用于预览源素材，在编辑素材的过程中也是不可或缺的，它不光是用于显示效果，同时也是最重要的工作区域，可以直接在【合成】（Composition）面板中使用相反工具在素材上进行修改，实时显示修改的效果，还可以建立快照方便对比观察影片。

【合成】（Composition）面板还可以显示各个层的效果，而且通过这里可以对层做直观的调整，包括移动、旋转和缩放等，对层使用的滤镜都可以在这个面板中显示出来。【合成】（Composition）面板完整的样子如图1.5.1所示。

图 1.5.1

1.5.1　认识【合成】（Composition）面板

【合成】面板如图1.5.2所示。

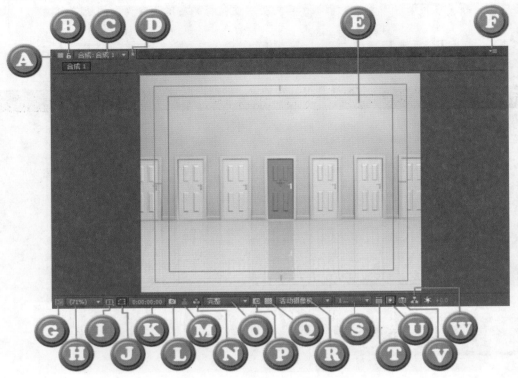

图 1.5.2

A——在【合成】（Composition）面板的左上角，有一个小的标记，它用来拖动【合成】（Composition）面板，可以使【合成】（Composition）面板成为一个独立的结构窗口，也可以并入其他的结构窗口中。

B——【切换视图锁定】（Toggle Viewer Lock）按钮用于锁定面板。

C——这里显示的是【合成】（Composition）的名称，单击后面的小箭头会弹出一个下拉菜单，如图1.5.3所示。

图 1.5.3

● 　新建合成查看器（New Comp Viewer）：可以新建一个【合成】（Composition）面板。
● 　已锁定（Locked）：与【切换视图锁定】（Toggle Viewer Lock）按钮同一功能。
● 　关闭合成1（Close Comp 1）：关闭当前的合成1，这里的合成名称用的是默认名称"合成1"。
● 　关闭其他"合成"视图：这里显示所有的合成层名称，如果建立了两个或两个以上的合成，这里都会显示出名字来。
● 　全部关闭（Close All）：关闭所有的合成。

D——这个就不用多说了，是用来关闭窗口的按钮。

E——这里是【合成】（Composition）面板中最大的区域，用来显示最终合成效果的显示区。

F——　：这个按钮是【合成】（Composition）面板的菜单按钮，用鼠标左键单击可以弹出一个下拉菜单，主要用来控制该面板，如图1.5.4所示。

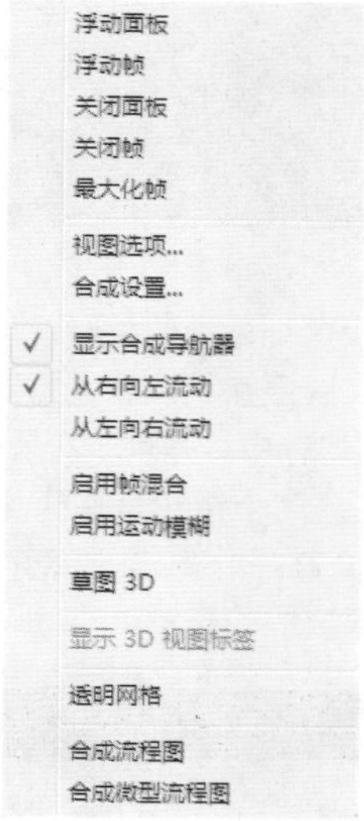

浮动面板
浮动帧
关闭面板
关闭帧
最大化帧
视图选项...
合成设置...
显示合成导航器
从右向左流动
从左向右流动
启用帧混合
启用运动模糊
草图 3D
显示 3D 视图标签
透明网格
合成流程图
合成微型流程图

图 1.5.4

G——：【始终预览此视图】（Always Preview This View）按钮主要用于保持控制查看该面板

H——：该按钮用来控制合成的缩放比例。单击这个按钮就弹出一个下拉菜单，可以从中选择需要的比例大小，如图1.5.5所示。

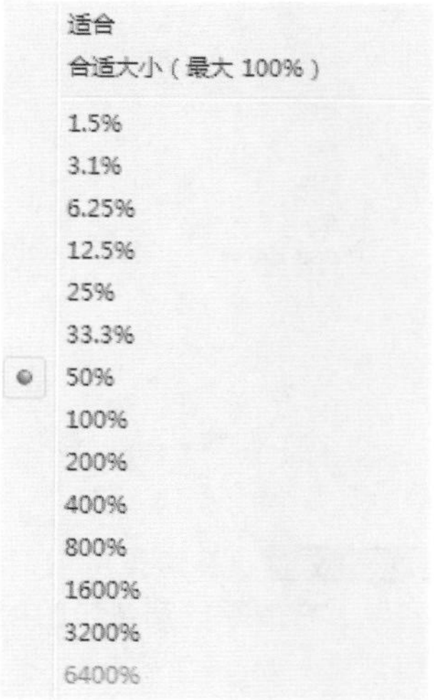

适合
合适大小（最大 100%）
1.5%
3.1%
6.25%
12.5%
25%
33.3%
50%
100%
200%
400%
800%
1600%
3200%
6400%

图 1.5.5

提示：

更改缩放比例，只会改变显示区的比例，【合成】（Composition）面板是不会改变的，图像的真实分辨率也不会受到影响。

I——：这个按钮是安全区域按钮，因为我们在电脑上所做影片在电视上播出时会将边缘切除一部分，这样就有了安全区域，只要把图像中的元素放在安全区中，就不会被剪掉。这个按钮可以来显示或隐藏网格、向导线、安全线等，如图1.5.6所示。

标题/动作安全
对称网格
网格
参考线
标尺
3D 参考轴

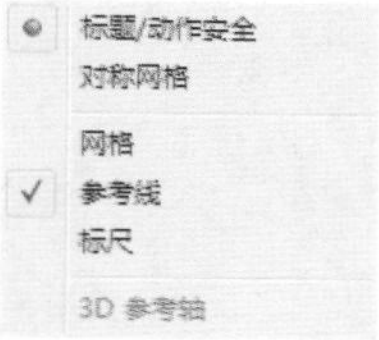

图 1.5.6

- 【标题/动作安全】（Title/Action Safe）：用来显示或隐藏安全线，如图1.5.7所示。

After
Effects

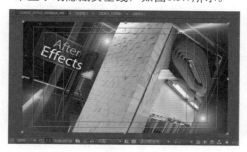

图 1.5.7

- 对称网格（Proportional Grid）：显示或隐藏成比例的栅格，如图1.5.8所示。

After
Effects

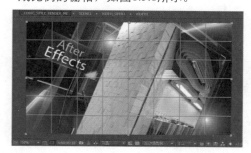

图 1.5.8

- 网格（Grid）：显示或隐藏栅格，如图1.5.9所示。

After
Effects

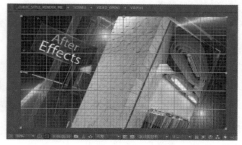

图 1.5.9

- 参考线（Guides）：显示或隐藏引导线，如

图1.5.10所示。

图 1.5.10

- 标尺（Rulers）：显示或隐藏标尺，如图1.5.11所示。

图 1.5.11

- 3D参考轴（3D Reference Axes）：显示或隐藏3D参考轴。

J——：这个按钮可以显示或隐藏遮罩的显示状态，如图1.5.12所示。

图 1.5.12

K——0:00:00:00：这里显示的是合成的当前时间，如果单击这个按钮，会弹出【转到时间】（Go to Time）对话框，在这里可以输入精确的时间，如图1.5.13所示。

图 1.5.13

L——📷：这个是快照按钮，用于暂时保存当前时间的图像，以便在更改后进行对比。暂时保存的图像只会存在内存中，并且一次只能暂存一张。

M——👤：这个按钮是用来显示快照的，不管在哪个时间位置，只要按住这个按钮不放就可以显示最后一次快照的图像。

提示：

如果想要拍摄多个快照，可以按住Shift键不放，然后在需要快照的地方按F5、F6、F7、F8键，就可以进行多次快照，要显示快照可以只按F5、F6、F7、F8键就可以了。

N——📷：这个是通道按钮，单击它会弹出下拉菜单，选择不同的通道模式，显示区就会显示出这种通道的效果，从而检查图像的各种通道信息，如图1.5.14所示。

图 1.5.14

O——完整：在这里可以选择以何种分辨率来显示图像，它的下拉菜单如图1.5.15所示。

图 1.5.15

P——□：该按钮可以在显示区中自定义一个矩形的区域，只有矩形区域中的图像才能显示出来。它可以加速影片的预览速度，只显示需要看到的区域，1.5.16所示。

图 1.5.16

Q——▦：可以打开棋盘格透明背景。默认的情况下，背景为黑色，如图1.5.17所示。

图 1.5.17

R——▯活动摄像机　▾▯：在建立了摄像机并打开了3D图层时，可以通过这个按钮来进入不同摄像机视图，它的下拉菜单如图1.5.18所示。

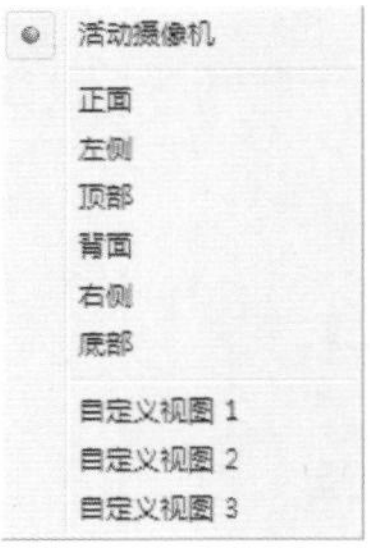

图 1.5.18

S ——▯1...　▾▯：这里可以使【合成】（Composition）面板中显示多个视图。单击该按钮弹出下拉菜单，如图1.5.19所示。

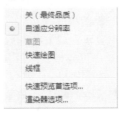

图 1.5.19

● 2个视图-水平（2Views-Horizontal）：水平的显示2个视图，可以单击不同面板来改变当前面板下素材的状态。这种比较最直观，但耗费计算时间也是双倍或更多的，如图1.5.20所示。

图 1.5.20

● 4个视图（4Views）：平均显示4个视图，如图1.5.21所示。

图 1.5.21

T——▦：该按钮有像素矫正的功能，在启用这个功能时，素材图像会被压扁或拉伸，从而矫正图像中非正方形的像素。它不会影响合成影像或素材文件中的正方形像素。

U——▦：该按钮是动态预览按钮，单击会弹出下拉菜单，可以选择不同的动态加速预览选项，如图1.5.22所示。

图 1.5.22

V——▦：这个按钮可以打开与当前【合成】（Composition）面板对应的【时间轴】

（Timeline）面板。

W——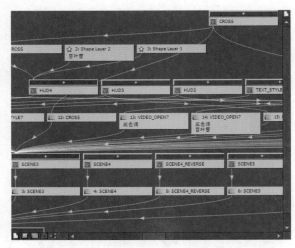：该按钮可以打开【流程图】

（Flowchart）面板，如图1.5.23所示。

X—— +0.0 ：该按钮可以调整素材在当前合

成窗口的曝光度。

图 1.5.23

1.5.2 【合成】（Composition）面板的其他菜单

01 在【合成】（Composition）视窗的空白处单击鼠标右键，会弹出一个下拉菜单，如图1.5.24所示。

图 1.5.24

- 【新建】（New）：可以用来新建一个【合成】（Composition）、【固态】层、【灯光】面板、【摄像机】层等。
- 【合成设置】（Composition Settings）：可以打开【合成设置】（Composition Settings）窗口。
- 【预览】（Preview）：这个命令可以对当前的合成层进行预览。
- 【切换 3D视图】（Switch 3Dview）：该命令用来切换3D视图模式。
- 【在项目中显示合成】（Reveal Composition in Project）：可以把合成层显示在【项目】（Project）面板中。
- 【重命名】（Rename）：重新命名文件名。
- 【在后台缓存工作区域】（Cache Work Area in Background）：在后台缓存工作区域中的内容，加快读取效率。
- 【合成流程图】（Composition Flowchart）：

可以打开该【合成】（Composition）的【流程图】（Flowchart）。

- 【合成微型流程图】（Composition Mini-Flowchart）：可以打开该【合成】（Composition）的【合成流程微型图】（Composition Mini-Flowchart）。

02 在【合成】（Composition）视窗的显示区单击鼠标右键，会弹出下拉菜单，如图1.5.25所示。

图 1.5.25

这里的命令和【图层】（Layer）菜单、【效果】（Effect）菜单、【动画】（Animation）菜单中的命令相同。

1.6 时间轴面板与流程图面板

　　【时间轴】（Timeline）面板是用来编辑素材最基本的面板，主要功能有管理层的顺序，设置关键帧等。大部分关键帧特效都可以在这里完成。素材的时间长短，在整个影片中的位置等，都在该面板中显示，特效应用的效果也会在这个面板中得以控制，所以说【时间轴】（Timeline）面板是After Effects中用于组织各个合成图像或场景的元素最重要的工作窗口，如图1.6.1所示。

图1.6.1

提示：

　　每一个【时间轴】（Timeline）面板都对应一个【合成】（Composition）面板，在实际应用过程中我们会把每个【合成】（Composition）素材的【时间轴】（Timeline）面板都罗列出来，方便观察。【时间轴】（Timeline）面板的按钮较多，操作时需要非常精确，它会使你的工作事半功倍。

　　【流程图】（Flowchart）面板可以清晰的观察素材之间的关系，熟悉Shake的用户更习惯于使用这种方式观察层与层之间的链接关系，视图中的方向线显示了合成素材的流程。用户通过两种方式可以打开【流程图】（Flowchart）面板，选择菜单【合成】（Composition）>【合成和流程图】（Comp Flowchart View）命令或在【合成】（Composition）面板中单击 图标，如图1.6.2所示。

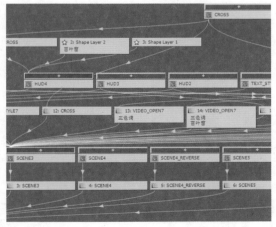

图1.6.2

提示：

　　【流程图】（Flowchart）面板只用来显示项目中素材之间的关系，用户不能够通过该面板改变素材之间的关系，也不能添加新的素材。

1.7 素材面板与预览面板

利用【素材】（Footage）面板可以对素材进行编辑，比较常用的就是切入与切出时间的编辑。它与【图层】（Layer）面板比较相似，但各自的功能不同。导入【项目】（Project）面板的素材都可以在【素材】（Footage）面板中打开，如图1.7.1所示。

图 1.7.1

想要打开【素材】（Footage）面板，可以在【项目】（Project）面板中用鼠标的左键双击素材的名称。可以在这里对素材单独进行编辑，然后再调入【合成】（Composition）面板中。

预览面板的主要功能是控制播放素材的方式，用户可以用RAM方式预览，使画面变得更加流畅，但一定要保证有很大的内存作为支持，如图1.7.2所示。

【预览】面板的上方部分是用来对动画预览进行操作的。

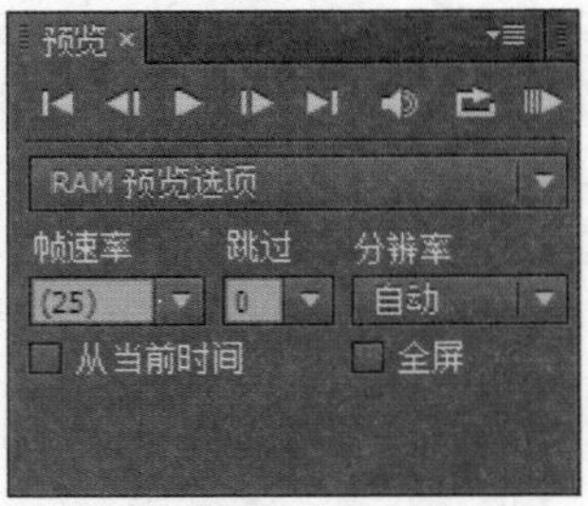

图1.7.2

- ：对【合成】（Composition）面板中的合成影像或动画层进行预览。
- ：使时间指针至下一帧或上一帧。
- ：可以使时间指针跳至开始或结束的位置。
- ：声音开关。
- ：播放动画的方式，依次为只播放一次，循环播放，巡回播放。
- ：内存预览，就是把数据暂时放在内存中，这样预览速度会加快。

【预览】（Time Controls）面板的下方部分包含下面的项目。

- 帧速率（Frame Rate）：设置帧比率，就是每秒播放的帧数。
- 跳过（Skip）：这里可以设置储存预览时跳跃多少帧储存一次，默认为0，也就是每帧都储存，并进行预览。
- 分辨率（Resolution）：用来设置储存预览时的画面质量。
- 从当前时间（From Current Time）：从当前帧开始。
- 全屏（Full Screen）：全屏显示。

1.8 信息面板与音频面板

【信息】（Info）面板会显示鼠标所在位置图像的颜色和坐标信息，默认状态下【信息】（Info）面板为空白，只有鼠标在【合成】（Composition）面板和【图层】（Layer）面板中才会显示，如图1.8.1所示。

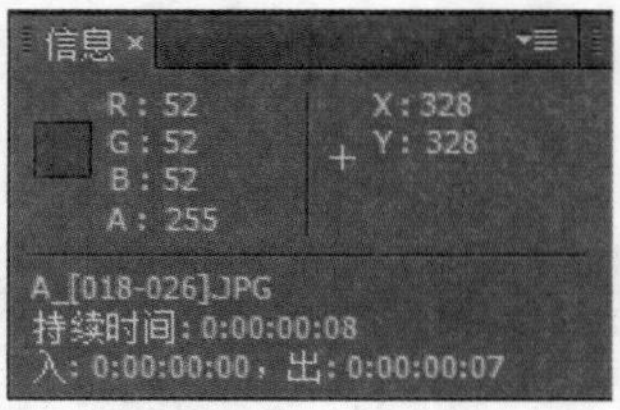

图 1.8.1

显示音频的各种信息。该面板没有太多的设置，包括对声音的级别控制和级别单位，Audio Clipping用于警告声音文件的溢出，如图1.8.2所示。

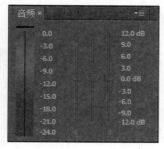

图 1.8.2

1.9 效果和预设面板及对齐面板

效果和预设面板中包括了所有的滤镜效果，如果给某层添加滤镜效果可以直接在这里选择使用，和Effect菜单的滤镜效果相同。【效果和预设】（Effects& Presets）面板中有【动画预设】（Animation Presets）项，是After Effects自带的一些成品动画效果，可以供用户直接使用。【效果和预设】（Effects& Presets）面板为我们提供了上百种滤镜效果，通过滤镜能对原始素材进行各种方式的变幻调整，创造出惊人的视觉效果，如图1.9.1所示。

图 1.9.1

【对齐】（Align）面板的主要功能是按某种方式来排列多个图层，如图1.9.2所示。

图 1.9.2

【将图层对齐到】（Align Layers）栏中是对

图层进行排列对齐。

- 水平线左对齐。
- 水平中心对齐。
- 水平右对齐。
- 垂直的顶部对齐。
- 垂直中心对齐。
- 垂直底部对齐。

【分布图层】（Distribute Layers）栏中是对图层进行分布。

- 垂直顶部分布。
- 垂直中心分布。
- 垂直底部分布。
- 水平左侧分布。
- 水平中心分布。
- 水平右侧分布。

对齐工具主要针对合成内的物体，下面我们来看一下对齐工具是如何使用的，首先在Photoshop中建立三个图层，分别绘制出三个不同颜色的图形，如图1.9.3所示。

图1.9.3

将文件存成PSD格式，然后导入After

Effects中，导入种类选择【合成】，在图层选项中选择【可编辑的图层样式】，如图1.9.4所示。

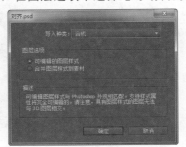

图1.9.4

在【项目】面板中双击导入的合成文件，可以在【时间轴】面板看到三个层，我们在【合成】面板中选中三个图层，然后单击【对齐】面板中的命令按钮就可以了，如图1.9.5所示。

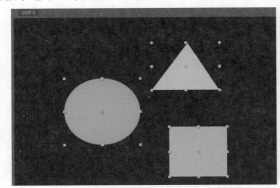

图1.9.5

提示：

以上介绍的是After Effects CC面板中最常用到的基础面板，如果用户希望全面了解After Effects CC的全部面板，可以选择【窗口】（Window）>【工作区】（Workspace）>【所有面板】（All Panels）命令。显示所有面板后，将看到许多新的面板，其中有用于为素材施加特殊效果的【效果控制】（Effect Control）面板，用于显示和处理合成图像内层级关系的【图层】（Layer）面板，用于提供节点项目浏览的【流程图】（Flowchart）面板，用于渲染最终作品的【渲染队列】（Render Queue）面板。这些面板在最初显示状态都显示为非激活状态，只有创建一个项目，并选择项目中一个素材时，对应面板才会被激活。

如果电脑上的After Effects 显示面板与我们给出图片不同，可以选择【窗口】（Window）>【工作区】（Workspace）>【重置】（Reset）命令，将After Effects面板恢复到默认设置状态。

在通常情况下，我们并不会一次使用所有的面板中的命令，而且同时显示所有命令面板也会使操作空间变得非常拥挤。合理安排面板位置，将节省出足够工作空间。

第2章

动画的制作

本章详细介绍After Effects中动画的制作。关键帧是创建动画的关键，熟练使用关键帧技术是每个动画师必修的功课，本章将介绍关键帧技术的相关内容，深入讲解在时间轴面板中调节关键帧的技巧。

2.1 如何使画面动起来

动画是基于人的视觉原理来创建的运动图像。当我们观看一部电影或电视画面时，我们会看到画面中的人物或场景都是顺畅自然的，而仔细观看，看到的画面却是一格格的单幅画面。之所以看到顺畅的画面，是因为人的眼睛会产生视觉暂留，对上一个画面的感知还没消失，下一个画面又会出现，就会给人以动的感觉。在短时间内观看一系列相关联的静止画面时，就会将其视为连续的动作。

关键帧（Key frame）是一个从动画制作中引入的概念，即在不同时间点对对象属性进行调整，而时间点间的变化由计算机生成。我们制作动画的过程中，要首先制作能表现出动作主要意图的关键动作，这些关键动作所在的帧，就叫做动画关键帧。二维动画制作时，由动画师画出关键动作，助手填充关键帧间的动作。在After Effects中是由系统帮助用户完成这一繁琐的过程。

After Effects的动画关键帧制作主要是在【时间轴】（Timeline）面板中进行的，不同于传统动画，After Effects可以帮助用户制作更为复杂的动画效果，可以随意的控制动画关键帧，这也是非线性后期软件的优势所在。

2.1.1 创建关键帧

关键帧的创建都是在【时间轴】（Timeline）面板中进行的，所谓创建关键帧就是对图层的属性值设置动画，展开层的【变换】（Transform）属性，每个属性的左侧都有一个钟表图标，这是关键帧记录器，是设定动画关键帧的关键。单击该图标，激活关键帧记录，从这时开始，无论是在【时间轴】（Timeline）面板中修改该属性的值，还是在【合成】（Composition）面板中修改画面中物体，都会被记录下关键帧。被记录的关键帧在时间线里出现一个◆关键帧图标，如图2.1.1所示。

在【合成】（Composition）面板中物体会形成一条控制线，如图2.1.2所示。

图2.1.1

图2.1.2

同时 ⏱ 关键帧记录器右侧的 📈【图表编辑器】（Graph Editor）图标也会被激活，利用曲线编辑器可以宏观上控制动画的节奏。单击【时间轴】（Timeline）面板中的【图表编辑器】（Graph Editor）图标，激活曲线编辑模式，如图2.1.3所示。

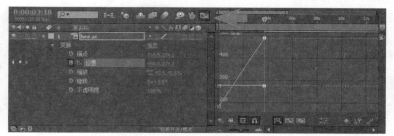

图2.1.3

我们把时间指示器移动到两个关键中间的位置，修改【位置】（Position）属性的值，时间线上又添建了一个关键帧，如图2.1.4所示。

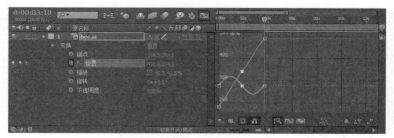

图2.1.4

在【合成】（Composition）面板中可以观察到物体的运动轨迹线也多出了一个控制点。也可以使用钢笔工具直接在【合成】面板动画曲线上添加一个控制点，如图2.1.5所示。

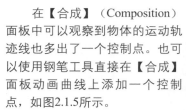

图2.1.5

再次单击【时间轴】（Timeline）面板中的【图表编辑器】（Graph Editor）图标，在面板中单击右键切换到编辑速度图表模式，关键帧图标发生了变化。在【合成】（Composition）面板中调节控制器的手柄，【时间轴】（Timeline）面板中的关键帧曲线也会随之变化，如图2.1.6所示。

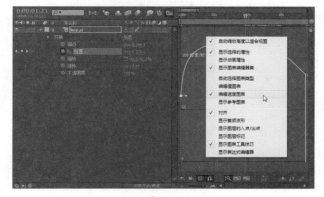

图2.1.6

2.1.2　编辑关键帧

1. 选择关键帧

在【时间轴】（Timeline）面板中用鼠标单击要选择的关键帧，如果要选择多个关键帧，按住Shift键，单击选中要选择的关键帧，或者在【时间轴】（Timeline）面板中用鼠标拖动出一个选择框，选取需要的关键帧，如图2.1.7所示。

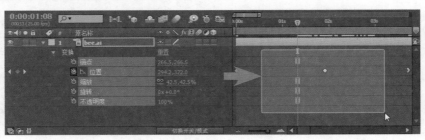

图2.1.7

时间指示器是设置关键帧的重要工具，准确的控制时间指示器是非常必要的。在实际的制作过程中，一般使用快捷键来控制时间指示器。快捷键"I""O"用来调整时间指示器到素材的起始和结尾处，按住Shift键移动时间指示器，指示器会自动吸附到邻近的关键帧上。

2. 复制和删除关键帧

选中需要复制的关键帧，选择【编辑】（Edit）>【复制】（Copy）命令，将时间指示器移动至被复制的时间位置，选择【编辑】（Edit）>【粘贴】（Paste）命令，粘贴关键帧到该位置。关键帧数据被复制后，可以直接转化成文本，在Word等文本软件中直接粘贴，数据将以文本的形式展现。

删除关键帧很简单，选中需要删除的关键帧，按下键盘上的Delete键，就可以删除该关键帧。

3. 关键帧显示方式

在【时间轴】（Timeline）面板中（单击【时间轴】（Timeline）面板右上角三角图标展开），选择【使用关键帧索引】（Use Keyframe Indices）选项，关键帧将以数字的形式显示，如图2.1.8所示。

图2.1.8

2.2 动画路径的调整

在After Effects中，动画的制作可以通过各种手段来实现，使用曲线来控制的制作动画是常见的手法。在图形软件中常用Bezier手柄来控制曲线，熟悉Illustrator的用户对这个工具并不陌生，这是电脑艺术家用来控制曲线的最佳手段。在After Effects中，我们用Bezier曲线来控制路径的形状。在【合成】（Composition）面板中用户可以使用 【钢笔工具】（pen Tool）来修改路径曲线。

Bezier曲线包括带有控制手柄的点。在【合成】（Composition）面板中可以观察到，手柄控制着曲线的方向和角度，左边的手柄控制左边的曲线，右边的手柄控制右边的曲线，如图2.2.1所示。

在【合成】（Composition）面板中，使用 【添加"顶点"工具】（Add Vertex Tool）工具，为路径添加一个控制点，可以轻松改变物体的运动方向，如图2.2.2所示。

用户可以使用 【选取工具】（Selection Tool）来调整曲线的手柄和控制点的位置。使用 【钢笔工具】（Pen Tool）工具时可以直接按下Ctrl键将【钢笔工具】（pen Tool）切换为【选取工具】（Selection Tool）。

虚线点的密度对应了时间的快慢，点越密物体运动的越慢。控制点在路径上的相对位置主要靠调整

【时间轴】（Timeline）面板中关键帧的位置，如图2.2.3和图2.2.4所示。

图2.2.1

图2.2.2

图2.2.3

图2.2.4

按下小键盘的数字键"0"快捷键，播放动画，可以观察到蜜蜂在路径上的运动一直朝着一个方向，并没有随着路径的变化改变方向。这是因为没有开启【自动定向】（Auto-Orient）命令。选择【图层】（Layer）>【变换】（Transform）>【自动定向…】（Auto-Orient）命令，弹出【自动方向】（Auto-Orient）对话框，如图2.2.5所示。

图2.2.5

选中【沿路径定向】（Orient Along Path）选项，单击【确定】按钮。按下小键盘的数字键"0"快捷键，播放动画，可以观察到蜜蜂在随着路径的变化运动，如图2.2.6所示。

图2.2.6

2.3 动画的播放

在After Effects中主要使用【预览】面板来控制动画的播放，可以使用RAM方式预览，使画面变得更加流畅，但一定要保证有很大的内存作为支持，如图2.3.1所示。

图2.3.1

- ▶：对【合成】（Composition）面板中的合

成影像或动画层进行预览。

- ▶ ◀：使时间指针至下一帧或上一帧。

- ◀ ▶：可以使时间指针跳至开始或结束的位置。

- ◀)：声音开关。

- → ↻ ↺：播放动画的方式，依次为只播放一次，循环播放，循回播放。

- ▶：RAM预览，就是把数据暂时存放在内存中，这样预览速度会加快。

- 帧速率（Frame Rate）：设置帧比率，就是每秒播放的帧数。

- 跳过（Skip）：这里可以设置储存预览时跳

跃多少帧储存一次，默认为0，也就是每帧都储存，并进行预览。

- 分辨率（Resolution）：用来设置储存预览时的画面质量。
- 从当前时间（From Current Time）：从当前帧开始播放。
- 全屏（Full Screen）：全屏显示。

【清理】（Purge）命令主要用于清除内存缓冲区域的暂存设置。选择【编辑】下的【清理】命令就会弹出相关命令菜单，该命令非常实用，在实际制作过程中由于素材量不断加大，一些不必要的操作和预览影片时留下的数据残渣会大量占用内存和缓存，制作中不时的清理是很有必要的。建议在渲染输出之前进行一次对于内存的全面清理，如图2.3.2所示。

图 2.3.2

【清理】（Purge）命令菜单如下：

- 【所有内存与磁盘缓存】：将内存缓冲区域中的所有储存信息与磁盘中的缓存清除。
- 【所有内存】（All）：将内存缓冲区域中的所有储存信息清除。
- 【撤销】（Undo）：清除内存缓冲区中保存的操作过的步骤。
- 【图像缓存内存】（Image Caches）：清除RAM预览时系统放置在内存缓冲区的预览文件，如果你在预览影片时无法完全播放整个影片，可以通过这个命令来释放缓存的空间。
- 【快照】（Snapshot）：清除内存缓冲区中的快照信息。

2.4 动画曲线的编辑

调整动画曲线是动画师的关键技能，【图表编辑器】（Graph Editor）是After Effects中编辑动画的主要平台，曲线的调整大大提高了动画制作的效率，使关键帧的调整直观化，操作简易，功能强大。对于使用过三维动画软件或二维动画软件的读者应该对【图表编辑器】功能不陌生，我们将通过该小节，向大家详细介绍【图表编辑器】面板的各种功能。

【图表编辑器】是一种曲线编辑器，在许多动画软件中都配备【图表编辑器】。当我们没有选择任何一个已经设置关键帧的属性时，【图表编辑器】（Graph Editor）内将不显示任何数据和曲线。当用户对层的某个属性设置了关键帧动画后，单击【时间轴】（Timeline）面板中的按钮就可以进入【图表编辑器】（Graph Editor）面板，如图2.4.1所示。

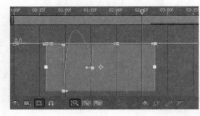

图 2.4.1

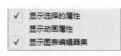

图 2.4.2

：可以用不同的方式来显示【图表编辑器】（Graph Editor）面板中的动画曲线，单击这个按钮会弹出下拉菜单，如图2.4.2所示。

> 【显示选择的属性】（Show Selected Properties）：在【图表编辑器】（Graph Editor）面板中只显示已选择的有动画的素材属性。

> 【显示动画属性】（Show Animated Properties）：在【图表编辑器】（Graph Editor）面板中同时显示一个素材中所有的动画曲线。

> 【显示图表编辑器集】（Show Graph Editor Set）：显示曲线编辑器的设定。

图：这个按钮用来选择动画曲线的类型和辅助选项。单击该按钮会弹出下拉菜单。在任意图层中设置多个关键帧时，该功能帮助过滤当前不需要显示的曲线，使我们直接找到需要修改的关键帧的点，如图2.4.3所示。

图 2.4.3

> 【自动选择图表类型】（uto-Select Graph Type）：是自动显示动画曲线的类型。

> 【编辑值图表】（Edit Value Graph）：编辑数值曲线，如图2.4.4所示。

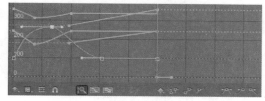

图 2.4.4

> 【编辑速度图表】（Edit Speed Graph）：编辑速率曲线，如图2.4.5所示。

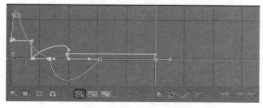

图 2.4.5

> 【显示参考图表】（Show Reference Graph）：显示参考类型的曲线，如图2.4.6所示。

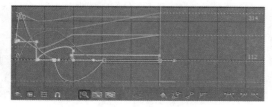

图 2.4.6

提示：

当我们选择【自动选择图表类型】（Auto-Select Graph Type）和【显示参考图表】（Show Reference Graph）时，【图表编辑器】（Graph Editor）中常出现两种曲线，一种是带有可编辑定点（在关键帧处出现小方块）的曲线，一般为白色或浅洋红色。另一种是红色和绿色。但不带有编辑点的曲线。

我们以Position的X，Y属性设置关键帧动画为例，向大家解释这两种曲线的区别。当我们对图层在X，Y属性上设置关键帧后，After Effects将自动计算出一个速率数值，并绘制出曲线。在默认状态【自动选择图表类型】（Auto-Select Graph Type）被激活的情况下，After Effects认为在【图表编辑器】（Graph Editor）中速率调整对整体调整更有用，而X，Y的关键帧的调整则应该在合成图像中进行。因此大多数情况下，【速度曲线】（Speed Graph）被After Effects作为默认首选曲线显示出来。

我们可以通过直接选择【编辑值图表】（Edit Value Graph）来调整设置关键帧属性的曲线。这样一般是为了清楚控制单个属性变化。当我们只是调整一个轴上某个关键帧点时，对应曲线上的关键帧点也会被选择。如果只是改变当前关键帧的数值，对应轴上的关键帧控制点不受影响。但移动某个轴上关键帧控制点在时间轴上的位置时，对应另一个轴上关键帧控制点将随之改变在时间轴上的位置。这告诉我们在After Effects中，是不支持对当个空间轴独立引用关键帧的。

> 【显示音频波形】（Show Audio Waveforms）：显示音频的波形，如图2.4.7所示。

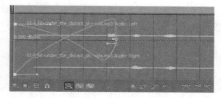

图 2.4.7

> 【显示图层的入点/出点】（Show Layer In/Out Points）：显示切入和切出点，如图2.4.8所示。

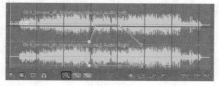

图2.4.8

> 【显示图层标记】（Show Layer Markers）：显示层的标记。

> 【显示图表工具技巧】（Show Graph Tool Tips）：显示曲线上的工具信息，如图2.4.9所示。

图 2.4.9

- 【显示表达式编辑器】（Show Expression Editor）：显示表达式编辑器，如图2.4.10所示。

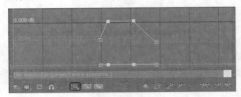

图 2.4.10

- 【允许帧之间的关键帧】（Allow Keyframes Between Frames）：允许关键帧在帧之间切换的开关。如果关闭该属性，拖动关键帧时将自动与精确的数值对齐。如果激活这个开关，则可以将该关键帧拖动到任意时间点上。但是使用【变换盒子】（Transform Box）缩放一组关键帧时，无论该属性是否激活，被缩放关键帧都将落在帧之间。

  同时选择多个关键帧时，显示转换方框工具，利用此工具可以同时对多个关键帧进行移动和缩放操作，如图2.4.11所示。

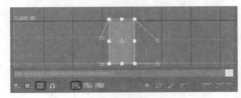

图 2.4.11

提示：

可以通过移动【变换盒子】（Transform Box）的中心点位置来改变缩放的方式。首先移动中心位置后，再按住Ctrl，并拖动鼠标。缩放框将按照中心点新的位置来缩放关键帧。
如果想反转关键帧，只需要将其拖到缩放框另一侧即可。
按住Shift拖动其一角，将按比例对框进行缩放操作。
按住Ctrl+Alt再拖动其一角，将让框一端逐渐减少。
按住Ctrl+Alt+Shift再拖动其一角，将在上下方向上移动框的一边。
按住Alt再拖动角手柄使框变斜。

- 打开或关闭吸附功能。

- 打开或关闭使曲线自动适应【图表编辑器】（Graph Editor）面板。
- 该按钮可以使所选择的关键帧适应【图表编辑器】（Graph Editor）面板的大小。
- 该按钮可以使全部的动画曲线适应【图表编辑器】（Graph Editor）面板的大小。
- 该按钮用来编辑所选择的关键帧。单击它弹出下拉菜单，如图2.4.12所示。

图 2.4.12

- 第一项显示了所选择的关键帧的坐标位置。单击这个命令会弹出【锚点】（Position）对话框，在这里可以设置关键帧的精确位置，如图2.4.13所示。

图 2.4.13

- 【编辑值】（Edit Value）：这个命令和上一个命令一样，单击这个命令会弹出【位置】（Position）对话框。
- 【转到关键帧时间】：转到所选关键帧当前时间点。
- 【选择相同关键帧】（Select Equal Keyframes）：选择相等的关键帧。
- 【选择前面的关键帧】（Select Previous Keyframes）：选择当前关键帧以前的所有关键帧。
- 【选择跟随关键帧】（Select Following Keyframes）：选择当前关键帧以后的所有关键帧。
- 【切换定格关键帧】（Toggle Hold Keyframe）：可以使所选择的关键帧持续到下一个关键帧，才发生变化。在【合成】（Composition）面板中的关键帧之间动画路径显示为直线，如图2.4.14所示。【图表编辑器】（Graph Editor）面板中的动画曲线显示为如图2.4.15所示。

图 2.4.14

图 2.4.15

- 【关键帧插值】（Keyframe Interpolation）：可以打开【关键帧插值】（Keyframe Interpolation）面板，用来改变关键帧的切线，如图2.4.16所示。

图 2.4.16

- 【漂浮穿梭时间】（Rove Across Time）：为空间属性链接交叉时间。
- 【关键帧速度】（Keyframe Velocity）：可以打开【关键帧速度】（Keyframe Velocity）面板，用来修改关键帧的速率，如图2.4.17所示。

图 2.4.17

> 【关键帧辅助】（Keyframe Assistant）：这里可以弹出一个菜单，并且对关键帧进行各种控制，如图2.4.18所示。

图 2.4.18

：使关键帧保持现有的动画曲线。

：使关键帧前后的控制手柄变成直线。

：使关键帧的手柄转变为自动的贝塞尔曲线。

：使所选择的关键帧前后的动画曲线快速的变的平滑。

：使所选择的关键帧的动画曲线变的平滑。

在【图表编辑器】（Graph Editor）面板的空白处单击鼠标右键，会弹出一个菜单，这个菜单的命令和 按钮、 按钮的菜单命令是一样的，如图2.4.19所示。

图 2.4.19

在一个关键帧上单击鼠标右键，也会弹出一个菜单，这个菜单的命令和 按钮下的菜单一样。

2.5 关键帧应用：关键帧动画实例

下面我们通过一个实例来熟悉关键帧功能的应用。

 选择【合成】（Composition）>【新建合成】（New Composition）命令，创建一个新的合成影片，如图2.5.1所示。

02 新建一个固态层作为背景，也可以改变【合成】（Composition）面板的背景颜色，选择【合成】（Composition）>【背景颜色】（Background Color）命令或按下Ctrl+Shift+B快捷键，弹

出【背景颜色】（Background Color）对话框，选择颜色，设置为【白色】以方便观察效果。

03 选择【文件】（File）>【导入】（Import）>【文件…】（File…）命令，将背景图片导入【项目】（Project）面板。

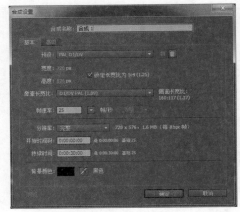

图2.5.1

04 选中图片文件，拖入【时间轴】（Timeline）面板。可以观察到图片在【合成】（Composition）面板中显示出来，如图2.5.2所示。

05 在【时间轴】（Timeline）面板中选中其中一个层，同时隐藏其他层（为了便于观察效果），选择【钢笔工具】（Pen Tool），在【合成】（Composition）面板中绘制一个花卉的图案，注意绘制的路径必须是封闭的，这样才能产生【遮罩】（Mask）的效果，如图2.5.3所示。

06 绘制的时候要注意花卉的结构和叶片的疏密变化，不同造型的花卉应该使用不同的背景图片，用同样的方法绘制四个花朵，如图2.5.4所示。

图2.5.2 　　　　　　　　图2.5.3 　　　　　　　　图2.5.4

07 因为花卉的形状是随意建立的，所以要调整【锚点】（Anchor Point）的位置到花心的位置。在【时间轴】（Timeline）面板中选中要修改的层，展开属性列表，选择【变换】（Transform）>【锚点】（Anchor Point）属性，修改【锚点】（Anchor Point）的值，如图2.5.5所示。

图2.5.5

08 观察【合成】（Composition）面板中【锚点】（Anchor Point）的位置，调整至花心，如图2.5.6所示。

09 用同样的方法调整其与花卉【锚点】（Anchor Point）位置到花心，如图2.5.7所示。

图2.5.6 　　　　　　　　图2.5.7

10 选中其中一朵做关键帧动画，在【时间轴】（Timeline）面板中选中该层，展开属性列表，选择【变换】（Transform）>【缩放】（Scale）属性。移动时间指示器到初始位置，单击【缩放】

（Scale）属性右侧的 钟表图标，为【缩放】（Scale）属性设置关键帧，如图2.5.8所示。

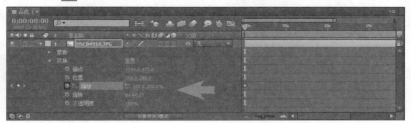

图2.5.8

11 选中刚才设定好的关键帧，向右拖动。这是一种在实际制作中常用的关键帧设置方法，在初始位置设置最大值，然后把关键帧向右侧拖动，不用移动时间指示器就可以继续设置第一个关键帧，如图2.5.9所示。

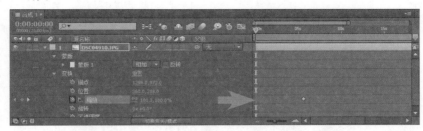

图2.5.9

12 设置初始位置的【缩放】（Scale）属性为0%，这样就作出了一个简单的缩放动画，如图2.5.10所示。

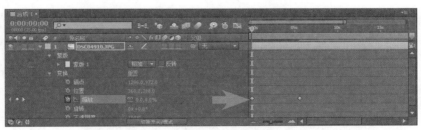

图2.5.10

13 拖动时间指示器到一个关键帧右侧一点的位置，修改【缩放】（Scale）属性为90%，这样【缩放】（Scale）属性的值就有一个从0%到97%，再到90%的一个变化过程，如图2.5.11所示。

图2.5.11

14 为什么要多建立一个这样的关键帧呢？因为在真实世界中，花卉在展开花瓣时，当伸展为最大时会有一个微小的收缩过程，这个关键帧的设置恰恰模拟了这一过程，使得画面更加生动，如图2.5.12所示。

15 按下小键盘的数字键"0"，播放动画观察效果，如果不满意放大的时间过程，可以通过调整关键帧的位置。修改后两个关键帧的时间位置为0:00:00:12和0:00:00:16，如图2.5.13所示。

图2.5.12　　　　　　　　　　　　　　　　　　　图2.5.13

16 在现实世界中，任何从静到动的运动都由一个加速的过程，我们要把花卉的生长动画调整为一个加速的过程，使用【图表编辑器】（Graph Editor）要比一帧一帧的设置关键帧要快得多。单击【时间轴】（Timeline）面板中的 【图表编辑器】（Graph Editor）图标，打开曲线编辑模式，如图2.5.14所示。

图2.5.14

17 观察该动画的运动曲线，没有过渡，控制点间是直线连接的，这表明运动速度是匀速的。使用 【选取工具】（Selection Tool）来调整曲线，如图2.5.15所示。

图2.5.15

18 按下小键盘的数字键"0"，播放动画观察效果，花卉放大的过程是一个加速的过程。再次单击【时间轴】（Timeline）面板中的 【图表编辑器】（Graph Editor）图标，关闭曲线编辑模式。调整【时间轴】（Timeline）面板中时间指示器上方的滑杆，使整个时间先被显示出来，如图2.5.16所示。

图2.5.16

19 下面我们需要设置花卉的旋转动画，选中该层的【旋转】（Rotation）属性，把时间指示器调整到初始位置，单击【旋转】（Rotation）属性右侧的钟表图标，为【旋转】（Rotation）属性设置关键帧，如图2.5.17所示。

图2.5.17

⑳ 把时间指示器移动到结束的位置，修改【旋转】（Rotation）属性为360度，如图2.5.18所示。

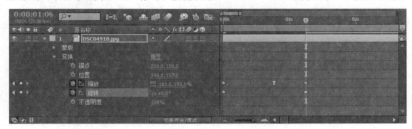

图2.5.18

㉑ 下面我们要对其他层设置同样的属性，有了设定好的关键帧，就没必要一个一个重新设定其他层的关键帧。把时间指示器移动到初始位置，选中需要复制的关键帧，选择【编辑】（Edit）>【复制】（Copy）命令，选中被复制关键帧的层，选择【编辑】（Edit）>【粘贴】（Paste）命令，粘贴关键帧到该位置。有了这四个设定好的层，可以调整其大小和位置，使画面显得错落有致，如图2.5.19所示。

图2.5.19

2.6　跟踪动画

2.6.1　跟踪和稳定

在我们使用了运动跟踪或稳定后，在素材上会出现一个跟踪范围的方框，如图2.6.1所示。

图 2.6.1

外面的方框为搜索区域，里面的方框为特征区域，一共有八个控制点，用鼠标可以改变整个区域的大小和形状。搜索区域的作用是定义下一帧的跟踪，搜索区域的大小与跟踪物体的运动速度有关，

通常被跟踪物体的运动速度越快，两帧之间的位移就越大，这时搜索区域也要相应的增大。特征区的作用是定义跟踪目标的范围，系统会记录当前跟踪区域中图像的亮度以及物体特征，然后在后续帧中以该特征进行跟踪。

> **提示：**
>
> 在进行设置跟踪时，要确保跟踪区域具有较强的颜色和亮度特征，与周围有较强的对比度。如果有可能的话，在前期拍摄时就要定义好跟踪物体。

还有跟踪区域内的小十字形是跟踪点。跟踪点与跟踪层的定位点或滤镜效果点相连，它表示在跟踪过程中，跟踪层或效果点的位置。在跟踪完之后，跟踪点的关键帧将被添加到相关的属性层中。

在设置完后，可以单击【分析】（Analyze）按钮进行正式的跟踪御览。如果效果不满意，可以单击鼠标或按任意键停止跟踪，重新对设置进行修改，或单击【重置】（Reset）按钮，恢复为默认设置后重新进行新的设置。如果对跟踪结果满意，可以单击【应用】（Apply）按钮将跟踪施加到目标层。

2.6.2 跟踪操作实例

01 保证【时间轴】（Timeline）面板中有两层素材，一个为跟踪的目标层，也可以叫做背景层；另一个为用来跟踪背景层的跟踪层，如图2.6.2所示。

02 然后选择要跟踪的目标层，如2.6.3所示。

图 2.6.2 　　　　　　　图 2.6.3

03 可以单击【跟踪器】（Tracker Controls）面板中的【跟踪运动】（Track Motion）按钮，或者执行【动画】（Animation）>【跟踪运动】（Tracker Motion）命令，目标层上会出现跟踪范围的方框，如图2.6.4所示。

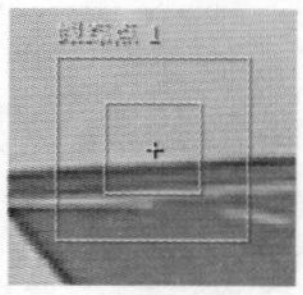

图 2.6.4

04 在影像预览区域中设置运动特征区域、搜索区域、跟踪点以及跟踪时间。

05 用鼠标单击【选项】（Options）按钮进行必要的设置。

06 单击【分析】（Analyze）栏中的▶按钮进行跟踪预览，如果满意的话可以单击Apply按钮对目标层施加运动跟踪。

2.6.3 稳定操作实例

01 在【时间轴】（Timeline）面板中选择要进行运动稳定的目标层，然后单击【跟踪器】（Tracker Controls）面板中的【稳定运动】（Stabilize Motion）按钮，或者执行【动画】（Animation）>【稳定运动】

（Stabilizer Motion）命令，如图2.6.5所示。

图 2.6.5

02 在【跟踪器】（Tracker Controls）面板中【跟踪类型】（Track Type）的下拉菜单中会自动选择【稳定】（Stabilizer），如果不是要改选成【稳定】（Stabilizer）项。

03 设置运动特征区域、搜索区域、跟踪点以及跟踪时间，如图2.6.6所示。

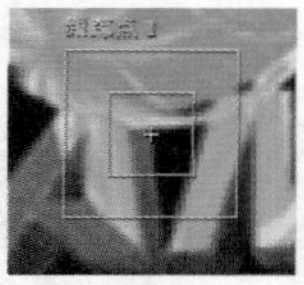

图 2.6.6

04 单击【分析】（Analyze）按钮，开始跟踪。如果对稳定效果不满意，可以按下任意键停止，重新进行设置，再次跟踪。

05 最后稳定满意时，可以单击【应用】（Apply）按钮，对目标层施加运动稳定效果。

2.6.4 摇摆器（The Wiggler）面板

【摇摆器】（The Wiggler）面板可以随时间的变化随机地改变层的任意属性，比如层的位移、大小以及透明度等。在使用【摇摆器】（The Wiggler）时，用户至少要选择两个关键帧。使用【摇摆器】（The Wiggler）可以在指定的限制内更精确模拟自然的动作，如图2.6.7所示。

图 2.6.7

- 【应用到】（Apply To）：可以从该项中选择所需要的曲线表类型。当选择的关键帧是空间改变属性的关键帧，也就是涉及到X、Y、Z轴时，可以选择【空间路径】（Spatial Path）添加运动的偏移量，或者选择【时间图表】（Temporal Graph）添加速度的偏移量。如果用户所选定的不是空间变化属性的关键帧，可以只选择【时间图表】（Temporal Graph）。

- 【杂色类型】（Noise Type）：这里可以指定归结于随机式分布像素值（噪音）的偏移类型。
  - ➤ 【平滑】（Smooth Noise）：可以创建出比较缓和的偏移。
  - ➤ 【成锯齿状】（Jagged）：可以创建出锯齿的运动效果。
- 【维数】（Dimensions）：这个选项有四项供你选择。
  - ➤ X：添加在X轴项上的偏移。
  - ➤ Y：添加在Y轴项上的偏移。
  - ➤ 所有相同（All the Same）：可以对所有的轴项添加相同数值的偏移。
  - ➤ 所有独立（All Independently）：可以为每个轴项添加不同数值的偏移。
- 【频率】（Frequency）：可以设置每秒为所选择的关键帧添加多少关键帧。较低的值只可以产生临时的偏移，而较高的值可以产生较多的不稳定。
- 【数量级】（Magnitude）：这个选项可以设置偏移量的最大尺寸。
- 【应用】（Apply）：预览最终效果。

2.6.5　动态草图（Motion Sketch）面板

　　该面板可以对鼠标的运动进行记录，从而实现层动画的设置，如图2.6.8所示。

图 2.6.8

- 【捕捉速度为】（Capture speed at）：这里的百分数可以设置动作的记录速率。100%可以将播放速度精确的设置为鼠标运动的速度；大于100%可以设置播放速度大于鼠标运动的速度；小于100%可以设置播放速度小于鼠标运动的速度。
- 【平滑】（Show）：这个栏下有两个选项，

【线框】（Wireframe），在记录运动路径时，可以显示层的轮廓；【背景】（Background），在记录运动路径时，可以显示【合成】（Composition）面板中的背景画面。
- 【开始捕捉】（Start Capture）：单击该按钮就开始绘制了。

2.6.6　记录运动路径

01 首先要在【时间轴】（Timeline）面板中，选定一个所要记录运动的层。

02 在【时间轴】（Timeline）面板中设置好运的区域范围，如图2.6.9所示。

图 2.6.9

03 在【动态草图】（Motion Sketch）面板中设置好需要的参数。

04 最后单击【开始捕捉】（Start Capture）按钮就可以进行绘制了。

2.6.7　平滑器（The Smoother）面板

　　【平滑器】（The Smoother）面板主要为用户提供对层动画的修改，使其动画效果更加的平滑。选择【窗口】（Window）>【平滑器】（The Smoother）命令可以打开【平滑器】（The Smoother）面板。利用该面板可以通过添加或者删除关键帧对动画进行平滑设置，面板如图2.6.10所示。

图 2.6.10

　　可以选择一个动画的路径，然后在【平滑器】（The Smoother）面板中设置【容差】（Tolerance）值，这个值越大删除的关键帧就越多，从而可以创建出比较平滑的动画。

2.7　动画菜单

　　【动画】（Animation）菜单组命令主要用于控制动画的设置，包括一些关键帧设置、运动控制、运动追踪和稳定等，如图2.7.1所示。

图 2.7.1

2.7.1 保存动画预设与在mocha AE中跟踪

【保存动画预设】（Save Animation Preset）命令主要用于将一组做好的动画关键帧保存起来，以便于下次直接调用。

【在mocha AE中跟踪】命令会将现有项目在mocha中打开，这个软件被绑定进After Effects中，主要用来弥补自带跟踪器的不足。

2.7.2 将动画预设应用于

【将动画预设应用于…】（Apply Animation Preset）命令主要用于调用保存过的动画。

下面我们介绍一下【动画预设】（Animation Preset）命令的使用方法：

01 在【时间轴】（Timeline）面板中建立两个【纯色图层】，分别为A层和B层，如图2.7.2所示。

图2.7.2

02 展开A层的【变换】（Transform）属性列表，设置【位置】（Position）属性的关键帧，如图2.7.3所示。

图2.7.3

03 选中【位置】（Position）属性（如果只选中层，【保存动画预设】（Save Animation Preset）命令将显示为灰色不能使用），执行【动画】（Animation）>【保存动画预设】（Save Animation

Preset）命令,弹出对话框引导用户将【动画预设】（Animation Preset）储存起来，【动画预设】（Animation Preset）文件后缀为FFX。

04 选中B层展开【变换】（Transform）属性列表，选中【位置】（Position）属性，执行【动画】（Animation）>【将动画预设应用于…】（Apply Animation Preset）命令，选中刚才保存的【动画预设】（Animation Preset）文件，我们可以看到B层的【位置】（Position）属性被赋予动画关键帧，这与A层的关键帧数据是一致的，如图2.7.4所示。

图2.7.4

不同的属性间的动画预设是不能通用的，所以用户在执行前要确认其一致性。

2.7.3 最近动画预设与浏览预设

【最近动画预设】（Recent Animation Preset）命令主要用于调用最近使用的保存动画。

【浏览预设】（Browse Preset）命令主要用于通过Adobe Bridge软件浏览动画预设。

2.7.4 添加关键帧与切换定格关键帧

【添加关键帧】（Add Keyframe）命令主要用于为时间指示器所指位置添加一个关键帧。在执行该命令前必须先选择层中的一个属性。

【切换定格关键帧】（Toggle Hold Keyframe）命令主要用于保持关键帧的状态不变，至下一个关键帧突然发生变化。

2.7.5 关键帧插值

【关键帧插值】（Keyframe Interpolation）命令主要用于插入关键帧，如图2.7.5所示。

图 2.7.5

- 【临时插值】（Temporal Interpolation）：设置在时间上改变一个属性。
  - 【当前设置】（Current Settings）：关键帧的当前插值设置。
  - 【线性】（Linear）：线型状态，如图2.7.6所示。

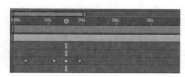

图 2.7.6

- 【贝塞尔曲线】（Bezier）：贝塞尔曲线。
  - 【连续贝塞尔曲线】（Continuous Bezier）：持续贝塞尔曲线，如图2.7.7所示。

图 2.7.7

  - 【自动贝塞尔曲线】（Auto Bezier）：自动贝塞尔曲线，如图2.7.8所示。

- 【定格】（Hold）：保持第一个关键帧不变，至下一个关键帧突然发生变化，如图2.7.9所示。

图 2.7.8

图 2.7.9

2.7.6 关键帧速度

【关键帧速度…】（Keyframe Velocity）命令主要用于设置关键帧的速率，如图2.7.10所示。

图 2.7.10

- 【进来速度】（Incoming Velocity）：设置进入关键帧的速率。
- 【输出速度】（Outgoing Velocity）：设置离开关键帧的速率。

可以设置【速度】（Speed），单位为像素／秒，还可以设置其【影响】（Influence）。

01 在【时间轴】（Timeline）窗口中为素材【位置】（Position）属性设置关键帧，如图2.7.11所示。

02 单击【时间轴】（Timeline）窗口中📊曲线编辑器按钮，打开【图表编辑器】（Graph Editor）窗口，如图2.7.12。

图 2.7.11

图 2.7.12

03 选择需要编辑的关键帧，这个关键帧会变成实心的黄色方块，然后执行【动画】（Animation）>【关键帧速度…】（Keyframe Velocity）命令进行精确设置设置。

2.7.7 关键帧辅助

【关键帧辅助】（Keyframe Assistant）命令主要用于使用不同的方式改变关键帧的速率，如图2.7.13所示。

- 【RPF摄像机导入】（RPF Camera Import）：导入RLA或RPF数据的摄像机层。
- 【将表达式转换为关键帧】（Convert Expression to Keyframes）：将表达式转化为关键帧。
- 【将音频转换为关键帧】（Convert Audio to Keyframes）：将音频振幅转换为关键帧。
- 【序列图层】（Sequence Layers）：自动将素材排列顺序，如图2.7.14所示。

图 2.7.13

图 2.7.14

- 【重叠】（Overlap）：相互覆盖所排列的层，如图2.7.15所示。
- 【持续时间】（Duration）：设置层之间的持续时间。
- 【过渡】（Transition）：设置覆盖层之间的交叉混合的方式共三种：
  > 关（Off）：关闭覆盖层之间的效果。
  > 溶解前景图层（Dissolve Front Layer）：设置前景层发生渐变，有淡出的效果。
  > 交叉溶解前景和背景图层（Cross Dissolve Front and Back Layers）:设置前景和背景层都会有渐变效果。

图 2.7.15

大小，颜色等动画属性。

【添加文本选择器】（Add Text Selector）命令主要用于添加Text选择器，命令设置在其他章文本效果应用中详细讲解。

【移除所有的文本动画器】（Remove All Text Animators）命令主要用于移除所有文本动画属性。

- 【指数比例】（Exponential Scale）：用于模拟真实的镜头加速。
- 【时间反向关键帧】（Time-Rerverse Keyframes）：当我们要为一些带循环关系的素材设置关键帧的时候，例如门的开与关，电视画面显示与消失，可以通过选择已经设置好的关键帧然后单击【时间反向关键帧】（Time-Rerverse Keyframes）命令，这样所选择的关键帧动画过程将被反转过来。
- 【缓入】（Easy Ease In）：设置所选进入关键帧的速率。
- 【缓出】（Easy Ease Out）：设置所选择离开关键帧的速率。
- 【缓动】（Easy Ease）：设置进入和离开所选择的关键帧的速率。

【添加表达式】（Add Expression）命令主要用于添加表达式。该命令在表达式应用中详细讲解。

【单独尺寸】（Separate Dimensions）命令主要用于将属性中多个尺寸进行分离，这样方便用户单独对某个尺寸设置关键帧。

【跟踪摄像机】（Track Camera）命令主要用于3D 摄像机跟踪器效果对视频序列进行分析以提取摄像机运动和 3D 场景数据。

【变形稳定器VFX】（Deformation Stabilizer VFX）命令主要用于稳定跟踪动作。

跟踪运动（Track Motion）命令主要用于创建跟踪动作。

【跟踪此属性】（Track This Property）命令主要用于跟踪属性。

【显示动画属性】（Reveal Animating Properties）命令主要用于显示当前层中所有动画关键帧属性。

【显示修改的属性】（eveal Modified Properties）令主要用于显示层中参数修改过但没有设置动画关键帧的属性。

 2.7.8 其他命令

【动画文本】（Animate Text）命令主要用于设置Text动画，可以为Text添加各种位移、旋转、

2.8 合成菜单

【合成】（Composition）菜单是After Effects的基础，主要用来设置合成影像的相关参数，输出渲染合成影像等功能。任何的动画都是建立在【合成】的基础之上，【合成】菜单中的部分命令也可以在【合成】（Composition）面板中直接操作，如图2.8.1所示为【合成】菜单。

新建合成(C)...	Ctrl+N
合成设置(T)...	Ctrl+K
设置海报时间(E)	
将合成裁剪到工作区(W)	
裁剪合成到目标区域(I)	
添加到 Adobe Media Encoder 队列...	Ctrl+Alt+M
添加到渲染队列(A)	Ctrl+M
添加输出模块(D)	
后台缓存工作区域	Ctrl+返回
取消后台缓存工作区域	
预览(P)	▶
帧另存为(S)	▶
渲染前	
保存 RAM 预览(R)...	Ctrl+Numpad 0
合成和流程图(F)	Ctrl+Shift+F11
合成微型流程图(N)	Tab

图 2.8.1

2.8.1 新建合成

【新建合成】（New Composition）命令主要用于新建一个合成影像，在弹出的【合成设置】（Composition Setting）对话框中可以设置合成影像的具体参数，如图2.8.2所示。

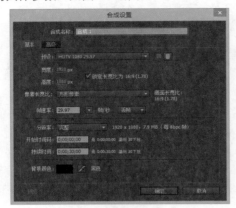

图 2.8.2

- 【合成名称】（Composition Name）：设置【合成】（Composition）的名称。

  1.【基本】（Basic）设置选项

- 【预设】（Preset）：设置【合成】（Composition）的框架格式。（相关的格式会在其他章节详细介绍，在这里就不再重复了。）
- 【宽度】（Width）：设置【合成】（Composition）的宽度。
- 【高度】（Height）：设置【合成】（Composition）的高度。
- 【锁定长宽比】（Lock Aspect Ratio to）：锁定面板的宽高比。
- 【像素长宽比】（Pixel Aspect Ratio）：设置【合成】（Composition）的像素宽高比。
- 【帧速率】（Frame Rate）：设置【合成】（Composition）的帧速率，
- 【分辨率】（Resolution）：设置【合成】（Composition）的显示分辨率大小，分辨率的大小会影响到最后影像渲染输出的质量。也可以在【合成】（Composition）面板随时修改，如果整个项目很大，建议使用较低的分辨率，这样可以加快预览速度，在输出影片时再调整为【完整】（Full）类型分辨率。【合成】的四种分辨率图像质量依次递减，也可以选择【自定义】项自定义分辨率，如图2.8.3所示。

图2.8.3

- 【开始时间码】（Start Timecode）：设置【合成】（Composition）的起始时间。
- 【持续时间】（Duration）：设置【合成】（Composition）的持续时间。
- 【背景颜色】（Background Color）：主要用于设置【合成】（Composition）的背景颜色，我们看到的【合成】背景颜色是黑色，其实并不是这样的，默认合成是一个透明的空层，没有颜色，设置黑色只是为了观察方便，也可以设置为透明色便于观察带有通道的图层。

  2.【高级】（Advanced）设置选项

该选项如图2.8.4所示。

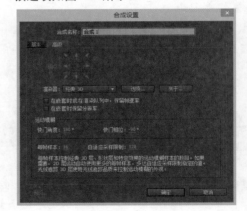

图 2.8.4

- 【锚点】（Anchor）：设置【合成】（Composition）的中心点。
- 【快门速度】（Shutter Angle）：设置快门的角度，控制运动模糊的强度。
- 【快门相位】（Shutter Phase）：设置快门的相位，控制运动模糊的方向。
- 【渲染器】（Rendering Plug-in）：设置三维渲染时使用的硬件渲染引擎。
  - 【光线追踪3D】（Standard 3D）：支持运

动模糊、阴影、灯光，深度等效果，但是不能对三维空间中交叉的层产生正确的隐藏效果。

> 【光线追踪3D】渲染器无法渲染以下特性：混合模式、轨道遮罩、图层样式、持续栅格化图层上的蒙版和效果，包括文本和形状图层、带收缩变化的3D预合成图层上的蒙版和效果、保留基础透明度。

> 【经典3D】（Advanced 3D）：支持所有的对象进行标准的3D渲染，素材层可以按照任何方式进行交错，并可以产生正确的抗锯齿效果。

● 【在嵌套时或在渲染队列中，保留帧速率】（Preserve Frame Rate When nested or in render queue）：控制是否保持嵌套合成影像的帧速率。

● 【在嵌套时保留分辨率】（Preserve Resolution when nested）：控制是否保持嵌套合成影像的分辨率。

2.8.2　合成设置与设置海报时间

【合成设置】（Composition Settings）命令主要用于再次修改对【合成】（Composition）的设置，在编辑的过程中发现合成的一些参数并不是我们想要的设置，选中想要修改的合成，执行此命令就可以重新设置合成，该命令会经常被用到，请牢记其快捷键为Ctrl+K。

【设置海报时间】（Set Poster Time）命令用于预览合成画面时，设置预览画面的海报时间，将时间指示器移动至想要设置画面的时间点，执行该命令，当我们再次选中合成时，项目预览所显示的画面就是该时间的画面。

2.8.3　将合成裁剪到工作区

【将合成裁剪到工作区】（Trim Comp to Work Area）命令主要用于剪切超出工作区域的素材层，在实际工作中一般会创建一个较长时间的合成，但是在编辑即将结束时，才发现合成时间大于出片时间，执行该命令可以直接将多余的合成部分剪切掉，如图2.8.5和图2.8.6所示。

图 2.8.5

图 2.8.6

2.8.4　裁剪合成到目标区域

【裁剪合成到目标区域】（Crop Comp to Region of Interest）命令主要用于裁剪【合成】（Composition）面板中心区的大小。这个命令要配合面板中的 【目标区域】（Region of Interest）工具使用，如图2.8.7～图2.8.9所示。

图 2.8.7

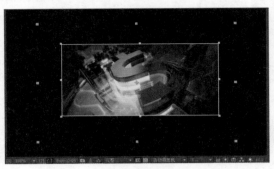

图 2.8.8

图 2.8.9

2.8.5 其他命令

【添加到Adobe Media Encoder队列】命令用于将渲染的序列添加到Pr的输出模块Media Encoder中进行渲染。

【添加到渲染队列】（Add To Render Queue）命令主要用于将当前【合成】（Composition）添加到渲染队列中。

【添加输出模块】（Add Output Module）命令主要用于添加渲染输出的模块，可以设置不同的输出渲染模式，一次性渲染出多种影片格式。

【后台缓存工作区域】：当 RAM 缓存在标准预览期间已满时，系统可以将已渲染项存储到硬盘中。【时间轴】、【图层】和【素材】面板的时间标尺中的蓝条标记缓存到磁盘的帧。使用【后台缓存工作区域】在继续工作的同时为合成的工作区域填充磁盘缓存。当对下游合成或预合成进行更改时，会经常使用此命令，此功能可以作用于多个合成。

【取消后台缓存工作区域】：取消后台预览工作模式。

【预览】（Preview）命令用于用户以不同模式的预览【合成】（Composition），如图2.8.10所示。

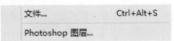

图 2.8.10

- 【RAM预览】（RAM Preview）：RAM预览模式。
- 【音频预览】（Audio Preview）：音频预览模式。

【帧另存为】（Save Frame As）命令主要用于保存【合成】（Composition）的当前选中帧，如图2.8.11所示。

图 2.8.11

- 【文件】（File）：弹出面板，用户可以设置要保存的文件格式。
- 【Photoshop图层】（Photoshop Layers）：将当前帧保存为PSD的文件格式。【合成】（Composition）中的所有层也将以Photoshop的层的方式被保存。

【渲染前】（Make Movie）命令主要用于渲染输出影片，相关设置会在输出章节详细讲解。

【保存RAM预览】（Save RAM Preview）命令主要用于将RAM预览结果保存起来。

【合成和流程图】（Comp Flowchart View）命令主要用于显示【合成】（Composition）的Flowchart面板，如图2.8.12所示。

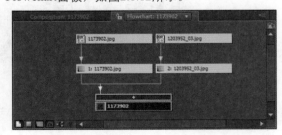

图 2.8.12

【合成微型流程图】（Compositopn Mini-Flowchart）命令主要用于打开一个迷你的【流程图】Flowchart面板。

第3章

图层的管理

通过上个章节读者应该对于创建一个合成有了一定的了解，在每一个合成中我们都可以建立多个【图层】（layer），类似于Photoshop中的图层的概念，这也是After Effects对于初学者来说上手较快的原因，大部分在时间轴里的操作都和（Photoshop）中差不多。在本章中会详细介绍After Effects中的层与遮罩的概念与应用。【图层】（layer）的概念在After Effects中具有核心的位置，一切的操作都围绕层展开，【图层】（layer）不仅仅和动画时间紧密相连，也是调整画面效果的关键。遮罩是控制画面效果的必要手段，灵活的运用【遮罩】（Mask）可制作出复杂的动画。层与遮罩是密不可分的，【遮罩】（Mask）的效果是建立在层的基础之上的，熟悉和掌握这一概念是学习After Effects的基础。

3.1 图层的概念

Adobe公司发布的图形软件中，都对【图层】（layer）的概念有着很好的诠释，大部分读者都有使用Photoshop或Illustrator的经历，在After Effects中层的概念与之大致相同，只不过Photoshop中的层是静止的，而After Effects的层大部分用来实现动画效果，所以与层相关的大部分命令都是为了使层的动画更加丰富。After Effects的层所包含的元素远比Photoshop的层所包含的丰富，不仅是图像素材，还包括了声音、灯光、摄影机等等。即使读者是第一次接触到这种处理方式，也能很快上手。我们在生活中见过一张完整图片，放到软件中处理时都会将画面上不同元素分到不同层上面去。比如一张人物风景图，远处山是远景放在远景层，中间湖泊是中景，放到中景层，近处人物是近景，放在近景层。为什么要把不同元素分开而不是统一到一个层呢？这样的好处在于给作者更大空间去调整素材间关系。当作者完成一幅作品后发现人物和背景位置不够理想时，传统绘画只能重新绘制，而不可能把人物部分剪下来贴到另外一边去。而在After Effects软件中，各种元素是分层的，当发现元素位置搭配不理想时，是可以任意调整的。特别是在影视动画制作过程中，如果将所有元素放在一个图层里，工作量是十分巨大的。传统制作动画片是将背景和角色都绘制在一张透明塑料片上，然后叠加上去拍摄，软件中使用【图层】（layer）的概念就是从这里来的，如图3.1.1所示。

图3.1.1

在After Effects中层相关的操作都在【时间轴】（Timeline）面板中进行，所以层与时间是相互关联的，所有影片的制作都是建立在对素材的编辑，After Effects中包括素材，摄像机，灯光和声音都以层的形式在【时间轴】（Timeline）面板中出现，层以堆栈的形式排列，灯光和摄像机一般会在层的最上方，因为它们要影响下面的层，位于最上方的摄像机将是视图的观察镜头，如图3.1.2所示。

图3.1.2

3.2 时间轴面板介绍

After Effects中关于图层的大部分操作都是在【时间轴】（Timeline）面板中操作的。它以图层的

形式把素材逐一摆放，同时可以对每个图层进行位移、缩放、旋转、打关键帧、剪切、添加效果等操作。【时间轴】（Timeline）面板在默认状态下是空白，只有在导入一个合成素材时才会显示出来。

3.2.1 时间轴面板的基本功能

【时间轴】（Timeline）面板的功能主要是控制合成中各种素材之间的时间关系，素材与素材间是按照层的顺序排列的，每个层的时间条长度代表了这个素材的持续时间。用户可以对每层的素材设置关键帧和动画属性。我们先从它的基本区域入手，如图3.2.1所示。

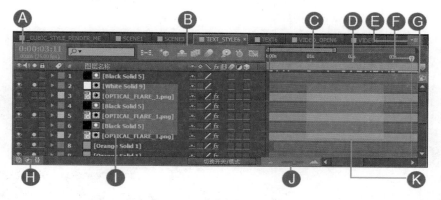

图 3.2.1

A——这里显示的是【合成】中时间指针所在的时间位置，通过单击此处直接输入时间指示器所要指向的时间节点，可以输入一个精确的数字来移动时间指针的位置；后面显示的是【合成】的帧数以及帧速率，如图3.2.2所示。

B——这个区域主要是一些功能按钮。

- 在【时间轴】（Timeline）面板中查找素材，可以通过名字直接搜索到素材。

- ：打开迷你【合成微型流程图】（Flowchart）面板，如图3.2.3所示。

- ：该按钮是用来控制是否显示草图3D功能。

- ：该按钮可以用来显示或隐藏【时间轴】（Timeline）面板中处于【消隐】状态的图层。【消隐】状态是After Effects给层的显示状态定的一种拟人化的名称。通过显示和隐藏层功能来限制显示层的数量，简化工作流程，提高工作效率。隐藏消隐层如图3.2.4所示。

图 3.2.2

图 3.2.3

（小人缩下去的层为消隐层）

（按下隐藏消隐层按钮）

图3.2.4

- ● ▦：【帧混合】总按钮，控制是否在图像刷新时启用【帧混合】效果。一般情况下，应用帧混合时只会在需要的层中打开帧混合按钮，因为打开总的帧混合按钮会降低预览的速度。

提示：

当使用了Time-Stretch或者Time-Remap后，可能会使原始的动画的帧速率发生改变，而且会产生一些意想不到的效果，这时就可以使用帧混合对帧速率进行调整。

- ● ◢：【运动模糊】按钮可以控制是否在【合成】（Composition）面板中应用【运动模糊】效果。在素材层中单击◢按钮，就给这个层添加了运动模糊。用来模拟电影中摄影机使用的长胶片曝光效果。
- ● ◉：【变化】按钮是在对素材某项数值设置关键帧后，再插入一个随机值，使我们创建的效果更多样化。单击【变化】（BrainStorm）按钮后，将出现一个包含九个预览窗口的面板。这九个预览窗口分别显示当前添加【变化】（BrainStorm）效果后的的九个不同阶段的变化效果。我们可以取消某个面板内的【变化】（BrainStorm）效果，而只针对某个阶段使用【变化】（BrainStorm）效果，如图3.2.5所示。

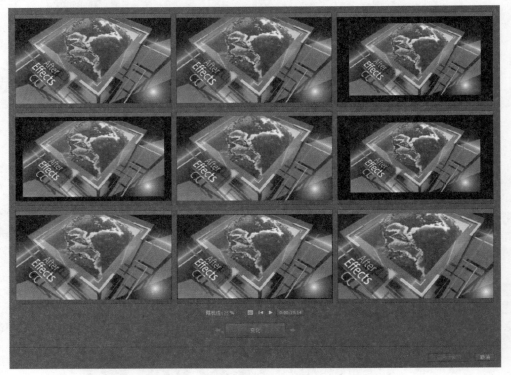

图 3.2.5

- ● ▦：【自动关键帧】按钮在激活时，如果修改【图层】的属性可以自动记录并建立关键帧。
- ● ▦：该按钮可以快速的进入曲线编辑面板，在这里可以方便的对关键帧进行属性操作，如图3.2.6所示。

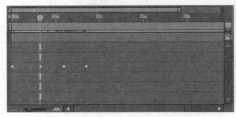
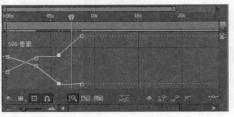

图 3.2.6

C——这里的两个小黄箭头用来指示时间导航器的起始和结束位置，通过拉动黄点可以将时间指示器进行缩放，该操作会被经常使用！

D——这里属于工作区域，它前后的黄色标记可以拖动，用来控制预览或渲染的时间区域，如图3.2.7所示。

图 3.2.7

E——该三角型的按钮是菜单按钮，用鼠标单击弹出一个下拉菜单，这个菜单是用来管理【时间轴】（Timeline）面板的显示，如图3.2.8所示。

图 3.2.8

● 【浮动面板】（Undock Panel）：可以使【时间轴】（Timeline）面板成为一个独立的窗口。

● 【浮动帧】（Undock Frame）：可以使【时间轴】（Timeline）面板所在的这个结构区域成为一个独立的窗口。

● 【关闭面板】（Close Panel）：关闭当前面板。

● 【关闭其他时间轴面板】（Close other Frame）：关闭当前面板以外的所有面板

● 【关闭帧】（Close Frame）：关闭时间轴面板。

● 【最大化帧】（Maximize Frame）：使这个结构面板在After Effects面板中最大化或还原。

● 【合成设置】（Composition Settings）：可以打开【合成设置】（Composition Settings）面板对当前的【合成】（Composition）进行设置。

● 【列数】（Columns）：用于控制【时间轴】（Timeline）面板中各个栏的显示，如图3.2.9所示。

图 3.2.9

● 【显示缓存指示器】（Show Cache Indicators）：这一项可以显示或隐藏时间标尺下面的缓存标记，它为绿色，如图3.2.10所示。

图 3.2.10

● 【隐藏消隐图层】（Hide Shy Layers）：隐藏或显示消隐层。

● 【启用帧混合】（Enable Frame Blending）：启用或关闭帧混合功能。

● 【启用运动模糊】（Enable Motion Blur）：启用或关闭运动模糊。

● 【实时更新】（Live Update）：打开或关闭动态预览。

● 【草图3D】（Draft 3D）：打开或关闭草图3D效果。

● 【使用关键帧图标】（Use Keyframe Icons）：关键帧显示为标记，如图3.2.11所示。

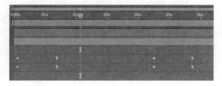

图 3.2.11

● 【使用关键帧索引】（Use Keyframe Indices）：关键帧显示为数字，如图3.2.12所示。

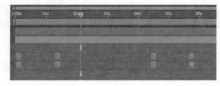

图 3.2.12

F——这里是时间指针，它是一个黄色的小三角，下面连接一条红色的线，可以很清楚的辨别时间指针在当前时间标尺中的位置。在蓝色三角的上面还有一个红色的小线条，它表示当前时间在导航栏中的位置，如图3.2.13所示。

图 3.2.13

导航栏中的蓝色标记都是可以用鼠标拖动的，这样就很方便我们来控制时间区域的开始和结束；对时间指针的操作，可以用鼠标直接拖动，也可以直接在时间标尺的某个位置单击，使时间指针移动到新的位置。

提示：

除了鼠标拖动外，最有效且最精准移动时间指针的方法是使用对应的快捷键。我们将这些常用控制指针快捷键介绍给大家。
Home键是将时间指针移动到第一帧，End键是将时间指针移动到最后一帧；Page Up键是将时间指针移动到当前位置的前一帧；Page Down键是将时间指针移动到当前位置的后一帧；Shift+Page Up键是将时间指针移动到当前位置的前10帧；Shift+Page Down键是将时间指针移动到当前位置的后10帧；Shift+Home键是将时间指针移动到【工作区】（Work Area的）【工作区开头】（In）点上；Shift+Home键是将时间指针移动到【工作区】（Work Area）的【工作区结尾】Out点上。

G——该按钮是用来打开【时间轴】（Timeline）面板所对应的【合成】（Composition）面板。

H——【时间轴】（Timeline）面板左下角的按钮，是用来打开或关闭一些常用的面板。当我们将这些开关都打开时，【时间轴】（Timeline）中显示大部分我们需要的数据，这非常直观，但是却牺牲了宝贵的操作空间，时间条的显示几乎全部给覆盖了。

● ：打开或关闭【图层开关】（Switches）面板，如图3.2.14所示。

● ：打开或关闭【模式】（Modes）面板。按下快捷键F4也可以快速切换到该面板，如图3.2.15所示。

图 3.2.14   图 3.2.15

● ：打开或关闭【入】（In）、【出】（Out）、【持续时间】（Duration）和【伸缩】（Stretch）面板。【时间伸缩】（Time Stretch）最主要的功能是对图层进行时间反转，产生条纹效果，如图3.2.16所示。

图 3.2.16

这个区域是【时间轴】（Timeline）面板的功能面板，共有13个面板，在默认状态下只显示了几个常用面板，并没有完全显示，如图3.2.17所示。

图 3.2.17

在每个面板的上方单击鼠标右键，或者用面板菜单都可以打开用来控制功能面板显示的下拉菜单，如图3.2.18所示。下面我们对这些面板逐一进行介绍。

图 3.2.18

● 【A/V功能】（A/V Features）：这个面板可以对

素材进行隐藏、锁定等操作，如图3.2.19所示。

> 👁 ：这个按钮可以控制素材在【合成】（Composition）中的显示或隐藏。

> 🔊 ：这个按钮可以控制音频素材在预览或渲染时是否起作用。

> ⬤ ：这个按钮可以控制素材的单独显示。

> 🔒：这个按钮用来锁定素材，锁定的素材是不能进行编辑的。

● 【标签】（Label）：该面板显示素材的标签颜色，它与【项目】（Project）面板中的标签颜色相同。当我们处于一个合作项目时合理使用标签颜色就变得非常重要，一个小组往往会有一个固定标签颜色对应方式，比如红色用于非常重要的素材，绿色是音频，能很快找到我们需要的素材大类，然后很快从中找出我们需要的素材名。在使用颜色标签时，不同类素材请尽量使用对比强烈的颜色，同类素材可以使用相近的颜色，如图3.2.20所示。

● # ：这个面板显示的是素材在【合成】（Composition）中的编号。After Effects中的图层索引号一定是连续的数字，如果出现前后数字不连贯，则说明在这两个层之间有隐藏图层。当我们知道需要图层编号时，只需要按数字键盘上对应的数字键就能快速切换到对应图层上。例如按数字键盘上的9号键，将直接选择编号为9的图层。如果图层的编号为双数或3位数，则只需要连续按对应的数字就可以切换到对应图层上。例如编号为13的图层，我们先按下数字键盘上的1，After Effects先切换到编号为1的图层上，然后按下3，After Effects将切换到编号中有1但随后数字为3的图层。需要注意的是，输入两位和两位以上的图层编号时，输入连续数字时间间隔不要少于1秒，否则After Effects将认为第二次输入数次为重新输入。例如，我们输入数字键上的1，然后隔3秒再输入5，After Effects将切换到编号为5的图层，而不是切换到编号为15的图层，如图3.2.21所示。

图 3.2.19　　　图 3.2.20　　　图 3.2.21

● 【源名称】（Source Name）：它用来显示素材的图标、名字和类型，如图3.2.22所示。

● 【注释】（Comment）：该面板是注解面板，单击可以在其中输入要注解的文字，如图3.2.22所示。

● 【开关】（Switches）：该面板是转换面板，它可以控制图层的显示和性能，如图3.2.24所示。

图 3.2.22　　　　　图 3.2.23　　　　　图 3.2.24

> ⊕ ：消隐层按钮，它可以设置图层的消隐属性，通过【时间轴】（Timeline）面板上方的 按钮来隐藏或显示该层。把需要隐藏图层的【消隐】（shy）开关按钮激活是无法产生隐藏效果的，必须要在激活【时间轴】（Timeline）面板上方的Shy开关总按钮情况下，单个图层的【消隐】（shy）功能才能产生效果。

> ☀ ：这个按钮是矢量编译功能开关，它可以控制【合成】（Composition）中的使用方式和嵌套质量，并且可以将Adobe Illustrator矢量图像转化为像素图像。

> ⬛ ：这个按钮可以来控制素材的现实质量， ⬛为草图， ／为最好质量。特别是对大量素材同时缩放和旋转时调整质量开关能有效提高效率。

> fx ：该按钮可以关闭或打开层中的滤镜效果。当我们给素材添加滤镜效果时，After Effects将对素材滤镜效果进行计算，这将占用大量CPU资源。为提高效率，减少处理时间，我们有时需要关闭一些层的滤镜效果。

> ▦ ：这个是帧混合的按钮，可以为素材添加帧混合功能。

> ◎ ：运动模糊按钮，可以为素材添加动态模糊效果。

> ◎ ：这个按钮可以打开或关闭调整层，将原素材转化为调整层。

> ◉ ：3D图层按钮，可以转化该层为3D层。转化为3D层后，将能在三维空间中移动和修改。

● 【模式】（Mode）：该面板可以设置图层的叠加模式和轨迹遮罩类型，如图3.2.25所示。
【模式】（Mode）栏下的是叠加模式；T栏下可以设置保留该层的不透明度；TrkMat栏下的是轨迹遮罩菜单。

● 【父级】（Parent）：该面板可以指定一个层

为另一个层的父层，在对父层进行操作时，子层也会相应的变化，如图3.2.26所示。

图 3.2.25　　　　　图 3.2.26

提示：

在这个面板中有两栏，分别有两种父子连接的方式。第一个是拖动一个层的 ◎图标到目标层，这样原层就成为目标层的父层。第二个是在后面的下拉菜单中选择一个层作为父层。

● 【键】（Keys）：这个面板可以为用户提供一个关键帧操纵器，通过它可以为层的属性打开关键帧，还可以使时间指针快速跳到下一个或上一个关键帧处，如图3.2.27所示。

图 3.2.27

提示：

在【时间轴】（Timeline）面板中不显示【键】（Keys）面板时，打开素材的属性折叠区域，在【A/V功能】（A/V Features）面板下方也会出现关键帧操纵器。

● 【入】（In）：该面板可以显示或改变素材层的切入时间，如图3.2.28所示。
● 【出】（Out）：该面板可以显示或改变素材层的切出时间，如图3.2.29所示。

图 3.2.28　　　　　图 3.2.29

提示：

如果需要将图层的【入】（In）点快速准确移动到当前时间点，最佳方法是使用键盘上的[键，将【出】（Out）点对位到当前时间点的快捷键是]键。

● 【持续时间】（Duration）：该面板可以来查看或修改素材的持续时间，如图3.2.30所示。

图 3.2.30

在数字上单击，会弹出【时间伸缩】（Time Stretch）面板，在这个面板中可以精确的设置层的持续时间，如图3.2.31所示。

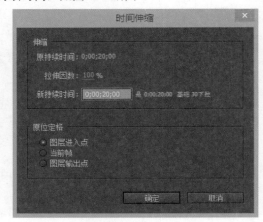

图 3.2.31

● 【伸缩】（Stretch）：可以查看或修改素材的延迟时间，如图3.2.32所示。

图 3.2.32

在数字上单击，也会弹出【时间伸缩】（Time Stretch）面板，在这里可以精确的改变素材的持续时间。

J——这里是时间缩放滑块，它和导航栏的功能差不多，都可以对【合成】（Composition）的时间进行缩放，只是它的缩放是以时间指针为中轴的，而且没有导航栏准确，如图3.2.33所示。

图 3.2.33

K——这个区域是用来放置素材堆栈的，当把一个素材调入【时间轴】（Timeline）面板中后，该区域会以层的形式显示素材，用户可以把素材直接从【项目】（Project）面板中把需要的素材拖曳到【时间轴】（Timeline）面板中，并且任意摆放它们的上下顺序，如图3.2.34所示。

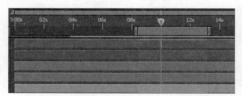

图 3.2.34

3.2.2 时间轴面板中图层操作

在时间轴面板中针对【图层】的操作是After Effects操作的基础，初学者要认真掌握这个小节的操作，这会使你的工作事半功倍。

● 移动

位于最上方的层将被显示在画面的最前面，在【时间轴】（Timeline）面板中用户可以用鼠标拖动层，调整位置，也可以通过快捷键操作。层的位置决定了层的优先级，上面层的元素遮挡下面层里的元素。比如背景元素一定是在最下面层里的，角色一般在中间层或最上面层，如图3.2.35所示。

图3.2.35

● 重复

【重复】（Duplicate）命令主要用于将所选择的对象直接复制，与【复制】（Copy）命令不同，【重复】（Duplicate）命令是直接复制，并不将拷贝对象存入剪贴板。用户使用【重复】（Duplicate）命令复制层时，会将被复制层的所有属性，包括关键帧、遮罩，效果等一同复制。该操作的快捷键是Ctrl+D，如图3.2.36所示。

图 3.2.36

● 拆分

【拆分图层】（Split Layer）命令主要用于分裂层，在【时间轴】（Timeline）面板中用户可以使用该命令将层任意切分，从而创建出两个完全独立的层，分裂后的层中仍然包含着原始层的所有关键帧。在【时间轴】（Timeline）面板中用户可以使用时间指示器来指定分裂的位置，把时间指示器移动到你想要分裂的时间点，执行【编辑】（Edit）>【拆分图层】（Split Layer）命令，就可以分裂选中的层。该操作的快捷键是Ctrl+Shift+D，如图3.2.37和图3.2.38所示。

图 3.2.37

After Effects CC高手成长之路

图 3.2.38

● 提升工作区域

【提升工作区域】（Lift Work Area）命令主要用于删除【时间轴】（Timeline）面板中处于工作区域中的一个或多个层的部分，并且把分开的两部分分别放在一个独立的层中。

【提升工作区域】（Lift Work Area）命令具体操作步骤如下：

01 在【时间轴】（Timeline）面板中，调入一个或多个层，如图3.2.39所示。

图 3.2.39

02 将时间指示器移动到你要删除区域的开始时间处，然后按下快捷键B键，这时时间标尺的开头就会跳到时间指示器的位置，如图3.2.40所示。

图 3.2.40

03 再将时间指示器移动到要删除区域的结束位置，然后按快捷键N键，时间标尺的结尾就会跳到时间指示器的位置，如图3.2.41所示。

图 3.2.41

04 最后执行【编辑】（Edit）>【提升工作区域】（Lift Work Area）命令，删除所有层在时间标尺中的部分，如图3.2.42所示。

图 3.2.42

● 提取工作区

【提取工作区】（Extract Work Area）命令主要用于把【时间轴】（Timeline）面板中处于工作区域中的层删除，不同于【提升工作区域】（Lift Work Area）命令，【提取工作区】（Extract Work Area）命令会自动的把层剩余的两部分连接起来。

【提取工作区】（Extract Work Area）命令具体操作步骤如下：

01 在【时间轴】（Timeline）面板中，将时间标尺通过上面的方法移动到你想要删除层的区域，如图3.2.43所示。

图 3.2.43

02 执行【提取工作区】（Extract Work Area）命令，如图3.2.44所示。

图 3.2.44

● 标记层

在【时间轴】（Timeline）面板中可以看到，每个层都用不同的颜色做出了标记，以便于区分不同的层。也可以改变层的颜色，在层的序号前的彩色方形图标上单击鼠标，弹出菜单，用户可以选择不同的颜色。选择菜单中【选择标签组】（Select Label Group）命令，可同时选中同一颜色类型的层，选择菜单【无】（None）命令，层的颜色将变成灰色。当用户需要处理复杂场景时，往往素材量大，这时候就需要用合理颜色标记来区分不同素材。比如主要角色所在层统一用黄色，背景用深褐色，有树木的用绿色，天空层用蓝色等。合理使用色彩标记将方便团队间沟通与合作，提高协作效率，如图3.2.45所示。

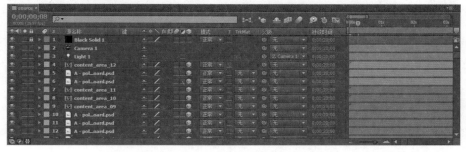

图3.2.45

如果这几种颜色不能满足用户的需要，可以通过选择【编辑】（Edit）>【首选项】（Preferences）>【标签】（Label Colors…）命令，弹出【标签】（Label Colors）对话框，设定自己喜欢的颜色作为色标，如图3.2.46所示。

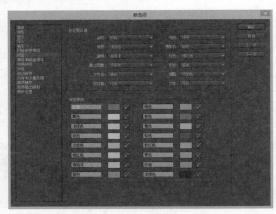

图3.2.46

● 显示 / 隐藏层

用户可以通过各种手段暂时把层隐藏起来，这样做的目的是为了方便操作，当用户项目中的层越来越多时，这些操作是很有必要的。特别是给层做动画时，过多层会影响需要调整的素材效果，并且降低预览速度。适当减少不必要层的显示，能够大大提高制作效率。

当用户想要隐藏某一个层时，单击【时间轴】（Timeline）面板中该层最左边的 图标，眼睛图标会消失，该层在【合成】（Composition）面板中将不能被观察到，再次单击，眼睛图标出现，层也将被显示出来。

这样虽然能在【合成】（Composition）面板中隐藏该层，但在【时间轴】（Timeline）面板中该层依然存在，一旦层的数目非常多时，一些暂时不需要再编辑的层在【时间轴】（Timeline）面板中隐藏起来是很有必要的，可以使用Shy Layer工具来隐藏层。

在【时间轴】（Timeline）面板中选中想要隐藏的层，单击层的 图标，这时图标会变成 图标，这时单击【时间轴】（Timeline）面板中的 图标，所有标记过【消隐】（Shy）的层都不会在【时间轴】（Timeline）面板中显示，但在【合成】（Composition）面板中依然显示，这样既不影响用户观察画面效果，又可以成功的为【时间轴】（Timeline）面板减肥。当素材大量堆积在一起，而我们又不可能随意改动素材层位置的时候，使用【消隐】（Shy）方式能够在不改变层与层间叠加关系的同时，将不相连的层尽量显示在一起。

还有一种工具可以批量隐藏层，这就是【独奏】（Solo）工具。在【时间轴】（Timeline）面板中查到【独奏】（Solo）栏，单击想要隐藏层对应的开关 图标，我们发现该层以下的层都被隔离了起来，不在【合成】（Composition）面板中显示，如图3.2.47所示。

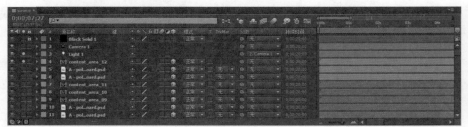

图3.2.47

3.2.3　图层属性

After Effects主要功能就是创建运动图像，通过对【时间轴】（Timeline）面板中图层的参数控制可以给层作各种各样的动画。图层名称的前面，都有一个 小按钮，用鼠标单击它，就可以打开层的属性参数，如图3.2.48所示。

图 3.2.48

- 【锚点】（Anchor Point）：这个参数可以在不改变层的中心的同时移动层。它后面的数值可以通过鼠标单击输入，也可以用鼠标直接拖动来改变。
- 【位置】（Position）：这个参数就可以给层作位移。
- 【缩放】（Scale）：它可以控制层的放大缩小。在它的数值前面有一个按钮，这个按钮可以控制层是否按比例来缩放。
- 【旋转】（Rotation）：控制图层的旋转。

- 【不透明度】（Opacity）：控制层的透明度。

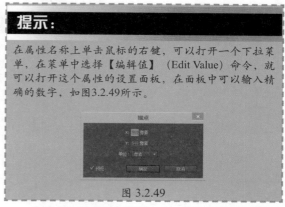

提示：

在属性名称上单击鼠标的右键，可以打开一个下拉菜单，在菜单中选择【编辑值】（Edit Value）命令，就可以打开这个属性的设置面板，在面板中可以输入精确的数字，如图3.2.49所示。

图 3.2.49

在设置图层的动画时，给图层设置关键帧是一个重要的手段，下面我们来看一下怎样给图层设置关键帧：

01 打开一个要制作动画的图层的参数栏，把时间指针移动到要设关键帧的位置，如图3.2.50所示。

图 3.2.50

02 在【位置】（Position）属性中有一个按钮，用鼠标单击它，就会看到在时间指针的位置给【位置】（Position）设置了一个关键帧，如图3.2.51所示。

图 3.2.51

03 然后改变时间指针的位置，再用鼠标拖动【位置】（Position）的参数，前面的参数可以修改层在横向的移动，后面的参数可以修改层在竖直方向上的移动。修改了参数后，会发现在时间指针的位置自动打上了一个关键帧，如图3.2.52所示。

图 3.2.52

这样就做好了一个完整的层移动的动画，别的参数都可以这样去打关键帧来建立动画。

提示：

在关键帧上双击鼠标的左键，可以打开【位置】（Position）面板，在这里可以精确的设置该属性，从而改变关键帧的位置。

我们可以通过许多方法来查看【时间轴】（TimeLine）和【图表编辑器】（Graph Editor）中元素的状态，大家可以根据不同情况来选择，可以使用快捷键来将时间标记停留的当前帧的视图放大和缩小，如果用户的鼠标带有滚轮的话，只需要按住键盘上的Shift键再滚动鼠标上的滚轮，就可以快速缩放视图。按住Alt键再滚动鼠标上的滚轮将动态放大或缩小时间线。

3.2.4 蒙版的创建

当一个素材被合成到一个项目里时，需要将一些不必要的背景去除掉，但并不是所有素材的背景都是非常容易被分离出来的，这是必须使用【蒙版】（Mask）将背景遮罩。【蒙版】被创建时也会作为图层的一个属性显现在属性列表里，如图3.2.53所示。

图3.2.53

【蒙版】（Mask）是一个用路径绘制的区域，控制透明区域和不透明区域的范围。在After Effects中用户可以通过遮罩绘制图形，控制效果范围等各种富于变化的效果。当一个【蒙版】（Mask）被创建后，位于【蒙版】（Mask）范围内的区域是可以被显示的，区域范围外的图像将不可见，如图3.2.54所示。

图3.2.54

在After Effects中可以使用【矩形工具】（Rectangular Mask Tool）和【椭圆工具】（Elliptical Mask Tool）等工具创建规则的【蒙版】Mask，也可以通过使用【钢笔工具】（Pen Tool）随意创建【蒙版】（Mask）。但毕竟After Effects作为一款后期软件的【蒙版】（Mask）工具是有限的，可以使用Photoshop或Illustrator等软件，把建好的路径文件导入项目，也可以作为【蒙版】（Mask）使用。

3.2.5 蒙版的属性

每一个【蒙版】（Mask）被创建后，所在层的属性中都会多出一个【蒙版】（Mask）属性，通过对这些属性的操作可以精确的控制【蒙版】（Mask），如图3.2.55所示。

图3.2.55

● 【蒙版路径】（Mask Shape）：控制【蒙版】（Mask）的外型。可以通过对【蒙版】（Mask）的每个控制点设置关键帧，对层中的物体作动态的遮罩。单击右侧的 形状... 图标，弹出【蒙版形状】（Mask Shape）对话框，可以精确调整【蒙版】（Mask）的外型，如图3.2.56所示。

图3.2.56

● 【蒙版羽化】（Mask Feather）：控制【蒙版】（Mask）范围的羽化效果。通过修改Feather值可以改变【蒙版】Mask控制范围内外间的过渡范围。两个数值分别控制不同方向上的羽化，单击右侧的 🔗 图标，可以取消两组数据的关联。如果单独羽化某一侧边界可以产生独特的效果，如图3.2.57所示。

0.0, 0.0 pixels　　　　　100.0, 0.0 pixels

图3.2.57

● 【蒙版不透明度】（Mask Opacity）：控制【蒙版】（Mask）范围的不透明度。

● 【蒙版扩展】（Mask Expansion）：控制【蒙版】（Mask）的扩张范围。在不移动【蒙版】（Mask）本身的情况下，扩张【蒙版】（Mask）的范围，有时也可以用来修改转角的圆化，如图3.2.58所示。

图3.2.58

　　默认建立的【蒙版】（Mask）的颜色是柠檬黄色的，如果层的画面颜色和【蒙版】（Mask）的颜色一致，可以单击该【蒙版】（Mask）名称左边的彩色方块图标修改不同的颜色。

　　【蒙版】（Mask）名称右侧的 相加 ▼ 遮罩混合模式图标，单击会弹出下拉菜单，可以选择不同的【蒙版】（Mask）混合模式，如图3.2.59所示。

图3.2.59

● 【无】（None）：【蒙版】（Mask）没有添加混合模式，如图3.2.60所示。

● 【相加】（Add）：【蒙版】（Mask）叠加在一起时，添加控制范围。对于一些能直接绘制出的特殊曲面遮罩范围可以通过多个常规图形的遮罩效果相加计算后获得。其他混合模式也可以使用相同思路来处理，如图3.2.61所示。

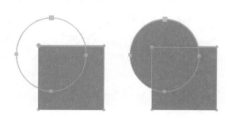

图3.2.60　　　　　　图3.2.61

● 【相减】（Subtract）：【蒙版】（Mask）叠加在一起时，减少控制范围，如图3.2.62所示。

● 【交集】（Intersect）：【蒙版】（Mask）叠加在一起时，相交区域为控制范围，如图3.2.63所示。

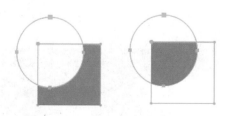

图3.2.62　　　　　　图3.2.63

● 【变亮&变暗】（Lighten& Darken）：【蒙版】（Mask）叠加在一起时，相交区域会加亮或减暗该功能必须作用在不透明度小于

100%的【蒙版】（Mask）上，才能显示出效果，如图3.2.64所示。

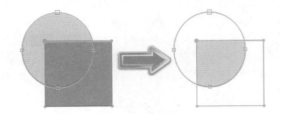

图3.2.64

- 【差值】（Difference）：【蒙版】（Mask）叠加在一起时，相交区域以外的控制范围，如图3.2.65所示。

在混合模式图标的右侧的【反转】（Inverted）选项如果被勾选，【蒙版】（Mask）的控制范围将被反转，如图3.2.66所示。

图3.2.65　　　　　　图3.2.66

3.2.6　蒙版插值

【蒙版插值】（Smart Mask Interpolation）面板可以为遮罩形状的变化创建平滑的动画，从而使遮罩的形状变化更加自然，如图3.2.67所示。

3.2.7　形状图层

图 3.2.67

- 【关键帧速率】（Keyframe Rate）：设置每秒添加多少个关键帧。
- 【关键帧字段】（Keyframe Fields）：设置在每个场（Field）中是否添加关键帧。
- 【使用线性顶点路径】（Use Linear Vertex Paths）：设置是否使用线性顶点路径。
- 【抗弯强度】（Bending Resistance）：设置最易受到影响的【蒙版】（Mask）的弯曲值的变量。
- 【品质】（Quality）：设置两个关键帧之间【蒙版】（Mask）外形变化的品质。
- 【添加蒙版路径顶点】（Add Mask Shape Vertices）：设置【蒙版】（Mask）外形变化的顶点的单位和设置模式。
- 【匹配法】（Matching Method）：设置两个关键帧之间【蒙版】（Mask）外形变化的匹配方式。
- 【使用1：1顶点匹配】（Use 1:1 Vertex Matches）：设置两个关键帧之间【蒙版】（Mask）外形变化的所有顶点一致。
- 【第一顶点匹配】（First Vertices Match）：设置两个关键帧之间【蒙版】（Mask）外形变化的起始顶点一致。

使用路径工具绘制图形时，当我们选中某个图层时绘制出来的是【蒙版】Mask，当我们不选中任何图层时绘制出的图形将成为【形状图层】。形状图层的属性和【蒙版】不同，其属性类似于Photoshop的形状属性，如图3.2.68所示。

图3.2.68

我们可以在After Effects中绘制形状，亦可以使用AI等矢量软件进行绘制，然后将路径导入After Effects再转换为【形状】，首先将AI文件导入项目，将其拖动到【时间轴】面板，在该图层上单击右键选择【从矢量图层创建形状】命令，将AI文件转换为【形状】。可以看到矢量图层变成了可编辑模式，如图3.2.69所示。

图3.2.69

在After Effects中无论是【蒙版】【形状】【绘画描边】【动画图表】，都是依赖于路径形成的，所以绘制时基本的操作是一致的。【路径】包括【段】和【顶点】。【段】是连接顶点的直线或曲线。【顶点】定义路径的各段开始和结束的位置。

一些Adobe公司的应用程序使用术语【锚点】和【路径点】来引用顶点。通过拖动【路径顶点】、每个顶点的方向线（或切线）末端的方向手柄，或路径段自身，更改路径的形状。

要创建一个新的形状图层，在【合成】面板中进行绘制之前请按F2取消选择所有图层。我们可以使用下面任何一种方法创建形状和形状图层：

使用【形状工具】或【钢笔工具】绘制一个路径。通过使用形状工具进行拖动创建形状或蒙版和使用钢笔工具创建贝塞尔曲线形状或蒙版。

使用菜单【图层】>【从文本创建形状】命令将文本图层转换为形状图层上的形状。

我们也可以首先建立一个形状图层，通过选择【图层】>【新建】>【形状图层】命令创建一个新的空形状图层。当选中□●T路径类型工具时，在工具栏的右侧会出现相关的工具调整选项。在这里我们可以设置【填充】和【描边】等参数，这些操作在形状图层的属性中也可以修改，如图3.2.70所示。

图3.2.70

被转换的形状也会将原有的编【组】信息保留下来，每一个组里的【路径】【填充】属性都可以单独进行编辑并设置关键帧，如图3.2.71所示。

图3.2.71

提示：

由于After Effects并不是专业绘制矢量图形的软件，我们并不建议在After Effects中绘制复杂的形状，还是建议读者在AI这类矢量软件中进行绘制再导入After Effects中进行编辑。但是在导入路径时也会出现许多问题，并不是所有Illustrator文件功能都被保留。示例包括：不透明度、图像和渐变。包含数个路径的文件可能导入非常缓慢，且不提供反馈。

该菜单命令一次只对一个选定的图层起作用。如果我们将某个Illustrator文件导入为合成（即，多个图层），则无法一次转换所有这些图层。不过，也可以将文件导入为素材，然后使用该命令将单个素材图层转换为形状。所以在导入复杂图形时建议分层导入。

使用【钢笔工具】绘制贝塞尔曲线，通过拖动方向线来创建弯曲的路径段。方向线的长度和方向决定了曲线的形状。在按住 Shift 键的同时拖动可将方向线的角度限制为 45°的整数倍。在按住 Alt 键的同时拖动可以仅修改引出方向线。将【钢笔工具】放置在希望开始曲线的位置，然后按下鼠标按键，如图3.2.72所示。

将出现一个顶点，并且【钢笔工具】指针将变为一个箭头，如图3.2.73所示。

拖动以修改顶点的两条方向线的长度和方向，然后释放鼠标按键，如图3.2.74所示。

图3.2.72　　　　　　　　　　图3.2.73　　　　　　　　　　图3.2.74

贝塞尔曲线的绘制并不容易掌握，建议读者反复练习，在大多数图形设计软件中，曲线的绘制都是基于这一模式，所以必须熟练掌握，直到能自由随意的绘制出自己需要的曲线为止。

在实际的制作过程中，我们会经常在制作出动画后发现需要使用动画的路径作为其他动画例如粒子效果的运动路径，这时需要将动画路径转换为【蒙版】或【形状】以用于下一步的动画制作。

首先【时间轴】面板中，选中要从其中复制运动路径的【位置】属性或【锚点属性】的名称，按住 Shift 键的同时选中这些关键帧。执行【编辑】>【复制】命令。在要创建【蒙版】的合成中选中图层，选择【图层】>【蒙版】>【新建蒙版】命令，然后在【时间轴】面板中，单击要从运动路径将关键帧复制到其中的蒙版的【蒙版路径】属性的名称。执行【编辑】>【粘贴】命令，该路径就会被转为【蒙版】，转换为形状的操作方法也大致相同，如图3.2.75和图3.2.76所示。

图3.2.75

图3.2.76

3.2.8　遮罩实例

下面我们通过一个简单的实例来熟悉遮罩功能的应用。

- 选择【合成】（Composition）>【新建合成】（New Composition）命令，创建一个新的合成影片，设置如图3.2.77所示。

图3.2.77

- 选择【文件】（File）>【导入】（Import）>【文件】（File…）命令导入背景图片和光线图片，在【项目】（Project）面板中选中图片，拖动鼠标，把文件拖入【时间轴】（Timeline）面板。

- 在【项目】（Project）面板中选中图片"光01"，拖动鼠标，把文件拖入【时间轴】（Timeline）面板。调整该图片层的混合模式为【相加】（Add）模式，如图3.2.78所示。

图3.2.78

- 通过层混合把光线图片中的黑色部分隐藏，如图3.2.79所示。

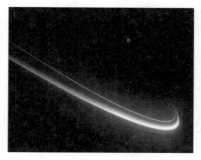

图3.2.79

- 选中"光"所在的层，在【合成】（Composition）面板中调整光线至合适的位置，选择【钢笔工具】（Pen Tool）绘制一个封闭的【蒙版】（Mask），如图3.2.80所示。

图3.2.80

- 在【时间轴】（Timeline）面板中展开光.jpe层的属性，选中【蒙版1】（Mask1），修改【蒙版羽化】（Mask Feather）值为559像素，如图3.2.81所示。

图3.2.81

- 可以观察到【蒙版】（Mask）遮挡的光线部分，有了平滑的过渡，如图3.2.82所示。

图3.2.82

- 在【合成】（Composition）
  面板中移动【蒙版】
  （Mask）到光线的最左边，
  如图3.2.83所示。

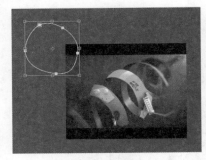

图3.2.83

- 在【时间轴】（Timeline）
  面板中，把时间指示器调整
  到起始位置，单击【蒙版路
  径】（Mask Path）属性左
  边的 ⏱ 钟表图标，为【蒙
  版】（Mask）的外形设置
  关键帧，如图3.2.84所示。

图3.2.84

- 【蒙版形状】（Mask Shape）属性的关键帧动画主要是通过修改【蒙版】（Mask）的控制点在画面
  中的位置，从而设定关键帧。把时间指示器调整到0：00：00：05的位置，选中【蒙版】（Mask）
  的控制点向右侧移动，如图3.2.85所示。

- 把时间指示器调整到0：00：00：10的位置，选中【蒙版】（Mask）的控制点继续向左侧移动，如
  图3.2.86所示。

- 把时间指示器调整到0：00：00：15的位置，选中【蒙版】（Mask）的控制点继续向左侧移动。光
  线将完全被显示出来，然后按下小键盘的数字键"0"，播放动画观察效果，可以看到光线从无到
  有划入画面，如图3.2.87所示。

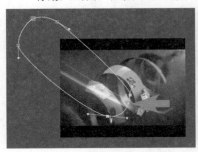

图3.2.85

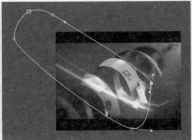

图3.2.86

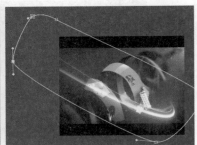

图3.2.87

- 为了让图片产生光线划过的效果，在光线被划入的同时又要出现划出的效果，这样才能产生光线飞
  速划过的效果，如图3.2.88所示。

图3.2.88

- 把时间指示器调整到0：00：00：10的位置，选中【蒙版】（Mask）右侧的控制点向左侧移动，如图3.2.89所示。
- 把时间指示器调整到0：00：00：15的位置，选中【蒙版】（Mask）右侧的控制点向继续左侧移动，如图3.2.90所示。
- 把时间指示器调整到0：00：00：20的位置，选中【蒙版】（Mask）左侧的控制点向继续右侧移动，直到完全遮住光线，如图3.2.91所示。

 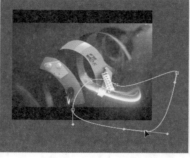 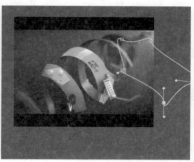

图3.2.89　　　　　　　　　　图3.2.90　　　　　　　　　　图3.2.91

- 按下小键盘的数字键"0"，播放动画观察效果，可以看到光线划过画面。我们使用一张静帧图片，利用【蒙版】（Mask）工具，制作出光线划过的动画效果。

3.3 图层的显示

3.3.1 图层面板

【图层】（Layer）面板可以对层进行剪辑、绘制遮罩等操作，双击【合成】（Composition）面板中的每一层都可以在【图层】（Layer）面板中打开它们，如图3.3.1所示。

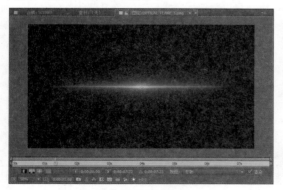

图 3.3.1

把素材在【图层】（Layer）面板中打开后，可以对层单独做切入点和切出点，以及在整个【合成】（Comp）中的持续时间、遮罩设置、调节滤镜控制等。

3.3.2 图层面板工具

- 在【图层】（Layer）面板中包括 和 按钮，它们可以控制素材的切入点和切出点的位置。利用此功能可以控制一个动态素材在【合成】（Comp）只显示某一段内容。分别把【图层】（Layer）面板中的时间指针移动到切入和切出位置，再单击这两个按钮，就可以设置这个层的切入点和切出点，如图3.3.2所示。

原始素材

设置了切入和切出点后

图 3.3.2

- 在【图层】（Layer）面板中还可以控制遮罩。打开【图层】（Layer）面板，然后在面板中单击鼠标的右键，会弹出用于控制遮罩的下拉菜单，它与【图层】（Layer）>【蒙版】（Mask）菜单功能相同，如图3.3.3所示。

新建蒙版	Ctrl+Shift+N
蒙版形状...	Ctrl+Shift+M
蒙版羽化...	Ctrl+Shift+F
蒙版不透明度...	
蒙版扩展...	
重置蒙版	
移除蒙版	
移除所有蒙版	
模式	▶
反转	Ctrl+Shift+I
已锁定	
运动模糊	▶
羽化衰减	▶
解锁所有蒙版	
锁定其他蒙版	
隐藏锁定的蒙版	

图 3.3.3

3.3.3 图层面板中的按钮与图层属性

【图层】（Layer）面板中的大部分按钮与【合成】（Composition）面板中的相同，只是多了一个■按钮，它的功能是快速切换到【合成】（Composition）面板。

每种类型的层被建立以后，在【时间轴】（Timeline）面板中都会出现相应的【变换】（Transform）属性，展开后下拉属性大致相同，如图3.3.4所示。

图3.3.4

● 【锚点】（Anchor Point）：控制锚点位置。锚点用来控制在对层作旋转、移动等操作时的中心偏移值，如图3.3.5所示。

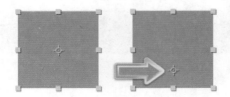

图3.3.5

● 【位置】（Position）：控制层在项目中的位置。

● 【缩放】（Scale）：控制层的缩放。

● 【旋转】（Rotation）：控制层的旋转。

● 【不透明度】（Opacity）：控制层的不透明度。

这是层的基本属性，每种属性都可以做动画，不同的操作会为层添加更多不同的属性，只要属性的左边有 ⏱ 钟表图标，该属性就可以被制作为动画。

3.3.4 图层的分类

在【时间轴】（Timeline）面板中可以建立各种类型的层，选择【图层】（Layer）>【新建】（New…）命令，在弹出菜单中可以选择新建层的类型，如图3.3.6所示。

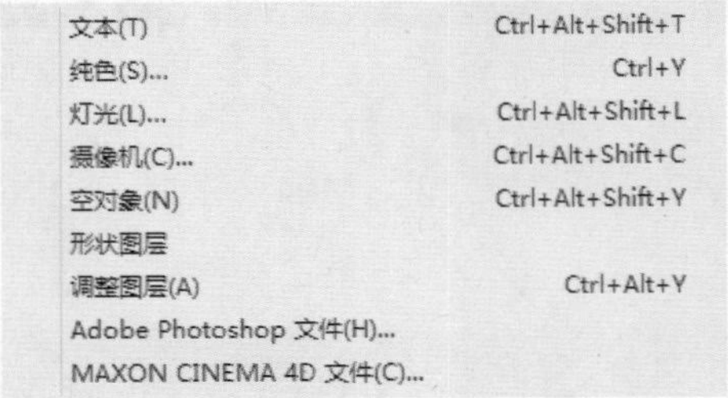

文本(T)	Ctrl+Alt+Shift+T
纯色(S)...	Ctrl+Y
灯光(L)...	Ctrl+Alt+Shift+L
摄像机(C)...	Ctrl+Alt+Shift+C
空对象(N)	Ctrl+Alt+Shift+Y
形状图层	
调整图层(A)	Ctrl+Alt+Y
Adobe Photoshop 文件(H)...	
MAXON CINEMA 4D 文件(C)...	

图3.3.6

● 【文本】（Text）：建立一个文本层，也可以直接用【文字工具】（Type Tool）直接在【合成】（Composition）面板中建立。【文本】（Text）层是最常用图层，在后期软件中添加文字效果比在其他三维软件或图形软件中制作有更大自由度和调整空间。

● 【纯色】（Solid）：纯色层，是一种含有固体颜色形状的层。这是经常要用的一种层，在实际的应用中会经常为【纯色】（Solid）层添加效果、遮罩，以达到需要的画面效果。选择【纯色】（Solid）命令时，会弹出【纯色设置】（Solid Setting）对话框。通过该对话框可以对【纯色】（Solid）层进行设置，层的【大小】（Size）最大可以建立到32000×32000像素，也可以为【纯色】（Solid）层设置各种颜色，并且系统会为不同的颜色自动命名，名字与颜色相关，也可以自己命名。我们单击 制作合成大小 按钮，可以使新建的【纯色】（Solid）层的尺寸与项目的尺寸相一致。

● 【灯光】（Light）：建立灯光。在After Effects中灯光都是以层的形式存在的，并且会一直在堆栈层的最上方。

- 【摄像机】（Camera）：建立摄像机。在After Effects中摄像机都是以层的形式存在的，并且会一直在堆栈层的最上方。

- 【空对象】（Null Object）：建立一个虚拟物体层。当用户建立一个【空像素】（Null Object）层时，除了【透明度】（Opacity）属性，【空像素】（Null Object）层拥有其他层的一切属性。该类型层主要用于在编辑项目时，当需要为一个层指定父层级时，但又不想在画面上看到这个层的实体，而建立的一个虚拟物体，可以对它实行一切操作，但在【合成】（Composition）面板中是不可见的，只有一个控制层的操作手柄框，如图3.3.7所示。

图3.3.7

- 【形状图层】（Shape Layer）：允许用户使用【钢笔工具】（Pen Tool）和几何体创建工具来绘制实体的平面图形。如果用户直接在素材上使用【钢笔工具】（Pen Tool）和几何体创建工具，绘制出的将是针对该层的遮罩效果。

- 【调整图层】（Adjustment Layer）：建立一个调整层。【调整图层】（Adjustment Layer）主要用来整体调整一个【合成】（Composition）项目中的所有层，一般该层位于项目的最上方。用户对层的操作，如添加效果时，只对一个层起作用，【调整图层】（Adjustment Layer）的作用就是用来对所有层统一调整。

- 【Adobe Photoshop文件】（Adobe Photoshop File..）：建立一个PSD文件层。建立该类型层的同时会弹出一个对话框，让用户指定PSD文件保存的位置，该文件可以通过Photoshop来编辑。

- 【MAXON CINEMA 4D文件】（MAXON CINEMA 4D File）：建立一个C4D文件层。建立该类型层的同时会弹出一个对话框，让

用户指定C4D文件保存的位置，该文件可以通过CINEMA 4D来编辑。

3.3.5 图层的子化

【子化】（parenting）这个概念，在很多软件里都有，Maya中使用父子物体的功能是制作复杂动画的基础，Photoshop中相对应的概念是组合或链接，但功能上大体相当。Parenting功能允许一个层继承另一个层的【变换】（Transform）属性，也就是说当父物体的某些属性改变时，子物体的相应属性也跟着改变。

子化（parenting）可以链接子父层之间的【变换】（Transform）属性，但【不透明度】（Opacity）属性是个例外，该属性并不随着父物体改变。这并不是软件工程师疏漏了这一点，而是因为传统动画的制作过程的影响，【不透明度】（Opacity）属性属于物体外观的范畴。

值得注意的是，为物体添加的属性如：文本的动画属性，这些属性制作的动画是不能被子化到被链接层中的。

下面我们通过一个简单的练习来熟悉【子化】（parenting）功能的应用。

01 选择【合成】（Composition）>【新建合成】（New Composition）命令，创建一个新的合成影片，设置如图3.3.8所示。

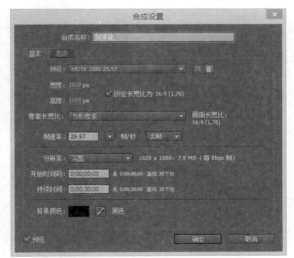

图3.3.8

02 选择 T.文本工具，新建一个文本层，输入文字，如图3.3.9所示。

03 再创建几个文本层，也可以在【时间轴】

（Timeline）面板中直接选中文本层，按下Ctrl+D快捷键，复制多个层，如图3.3.10所示。

图3.3.9　　　　　　　　　　　　　　　　　图3.3.10

04 调整文本的位置，使其相互间错落有致，如图3.3.11所示。

05 在【时间轴】（Timeline）面板中，修改第一个建立的文本层的【变换】（Transform）属性，【调整】（Anchor Point）的位置，移动到文本的中心。设置【位置】（Posittion）属性，单击左侧的钟表图标，制作关键帧动画，使文本可随意的颤动，幅度不要太大，如图3.3.12所示。

图3.3.11　　　　　　　　　　　　　　　　　图3.3.12

06 把设置好动画的层作为父物体，单击【时间轴】（Timeline）面板右上方的三角图标，选择【列数】（Columns）>【父级】（Parent）命令，勾选该命令。在【时间轴】（Timeline）面板中会出现【父记】（Parent）栏，如图3.3.13所示。

图3.3.13

07 单击其他层的图标（螺旋线图标），拖动鼠标至设置好动画的层，可以看到有一条连线建立在两个层之间。松开鼠标，可以看到被链接层的【父级】（Parent）栏的名称已经从【无】（None）改为父层的名称，如图3.3.14所示。

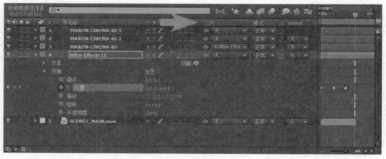

图3.3.14

08 用同样的方法依次把其他几个层都链接给设定好动画的层，这就是After Effects中子化（parenting）一个层的方法，如图3.3.15所示。

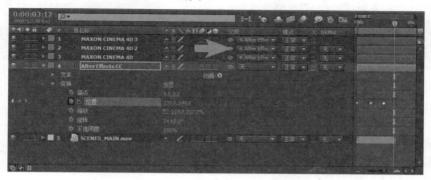

图3.3.15

09 按下小键盘的数字键"0"，播放动画观察效果，其他的几个层会随着父层做出一样的动画效果，但子层的【变换】（Transform）属性值并没有变化。

提示：

细心的用户会发现，如果拖动鼠标没有链接上某个层，连线会像卷尺一样缩回去，Adobe的工程师把这个过程作了一个动画，连线像是被自动卷回去的，这个细小的细节体现出了软件的人性化和工程人员的幽默感。在另一个后期软件Shake中，节点间的连线也有类似的效果，当用户用力晃动节点时，连线会脱落，多有创意的点子。

3.3.6 流程图面板

除了使用图层方式观察编辑素材外，还可以通过流程图模式观察合成，大多数高级后期软件都是以这种节点的方式进行编辑的。【流程图】（Flowchart View）面板可以观察整个【合成】（Comp）中素材之间的流程进程的，它和一些节点式的合成软件很相似，但是它的功能比较单一，只能用来观察，不能用来实际的操作，如图3.3.16所示。

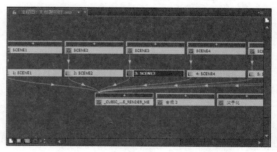

图 3.3.16

3.3.7 流程图面板

打开【流程图】（Flowchart View）面板的方式有两种，第一种是直接在【合成】（Composition）面板中单击下方的 ⊞ 按钮；另一种方式是，执行【合成】（Composition）>【合成和流程图】（Comp Flowchart View）命令。这两种方式都可以直接打开【流程图】（Flowchart View）面板。

在【流程图】（Flowchart View）面板中，可以看到所有的【合成】（Compositing）和所有的层，以及每层施加的各种滤镜和各种设置。初次打开，可以单击【合成】（Compositing）上的加号。

- ◻：显示或隐藏素材流程。
- ◼：显示或隐藏固态层。
- ◼：显示或隐藏层级，如图3.3.17所示。

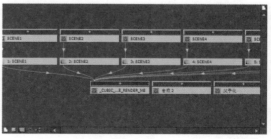

显示层级

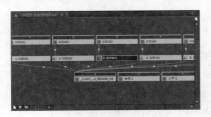

隐藏层级

图 3.3.17

- ：显示或隐藏滤镜，如图3.3.18所示。

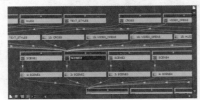

显示滤镜

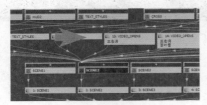

隐藏滤镜

图 3.3.18

- ：可以利用这个按钮来设置链接层与滤镜之间链接线显示方式，分别是曲线方式和折线方式，如图 3.3.19所示。

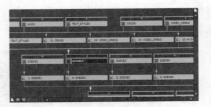

图 3.3.19

- ：可以利用这个按钮来设置流程的方向，单击它有下拉菜单出现，如图3.3.20所示。
- 在【流程图】（Flowchart View）面板中的空白位置单击鼠标的右键，会弹出一个下拉菜单，它的命令和我们刚才介绍的按钮功能相同，如图3.3.21所示。
- 在每个节点上单击鼠标右键，也会弹出下拉菜单，这个菜单可以用来更改每个节点的显示颜色，如图3.3.22所示。

图 3.3.20　　　图 3.3.21　　　图 3.3.22

3.4　图层菜单

　　【图层】（Layer）菜单中包含着与层相关的各种操作，大部分命令在【时间轴】（Timeline）面板也可以实现，After Effects中的编辑操作是以层作为基础的，熟练掌握层相关的操作是非常重要的，如图3.4.1所示。

图 3.4.1

3.4.1 新建

【新建】（New）命令主要用于创建各种类型After Effects中存在的层，可以根据不同的要求详细设定各种类型层的参数。该命令在图层的分类小节已经介绍过，在这里就不再复述了。

3.4.2 纯色设置

建立一个纯色图层时，该命令会变为【纯色设置】（Layer Settings）命令，主要对已经建立的各种类型的层重新修改设置，当选中某一种类型的层，【设置】（Setting）前会更改成为该类型层的名称、颜色和其他参数，如图3.4.2所示。

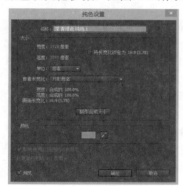

图 3.4.2

3.4.3 打开图层

【打开图层】（Open Layer）命令主要用于打开层的图层面板，图层面板主要用于对层实施一些特殊操作，如图3.4.3所示。

图 3.4.3

3.4.4 打开图层源

【打开图层源】Open Source Window命令主要

用于打开当前素材的Source面板，Source面板主要用于浏览素材，如图3.4.4所示。

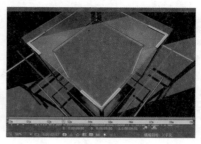

图 3.4.4

3.4.5 在资源管理器中显示与蒙版

该命令可以通过资源管理器浏览素材在电脑上的位置，我们在替换素材时会经常使用到这个命令。

【蒙版】（Mask）命令主要用于对【蒙版】（Mask）进行相关操作。二级菜单中用户可以对【蒙版】（Mask）进行更为复杂的操作，如图3.4.5所示。

图 3.4.5

- 【新建蒙版】（New Mask）：创建一个【蒙版】（Mask）。（Mask的相关操作会在第10章层与遮罩应用中详细讲解。
- 【蒙版形状】（Mask Shape）：设置【蒙版】（Mask）的形状和尺寸。
- 【蒙版羽化】（Mask Feather）：设置【蒙版】（Mask）的羽化效果。
- 【蒙版不透明度】（Mask Opacity）：设置【蒙版】（Mask）的不透明度。
- 【蒙版扩展】（Mask Expansion）：设置【蒙版】（Mask）的扩张范围。在不移动【蒙版】（Mask）本身的情况下，扩张【蒙版】（Mask）的范围，有时也可以用来修改转角的圆化。
- 【重置蒙版】（Reset Mask）：设置【蒙版】

（Mask）的属性恢复为默认的状态。

- 【移除蒙版】（Remove Mask）：移除当前选中的遮罩。

- 【移除所有蒙版】（Remove All Mask）：移除所有的遮罩。

- 【模式】（Mode）：设置Mask的混合模式。（【蒙版】（Mask）的混合模式相关操作会在第10章层与遮罩应用中详细讲解。

- 【反转】(Inverse)：反转【蒙版】(Mask)的区域。

- 【已锁定】(Locked)：锁定【蒙版】(Mask)。

- 【运动模糊】（Motion Blur）：设置【蒙版】（Mask）的运动模糊效果。

- 【与图层相关】（Same as Layer）：与【蒙版】（Mask）所在层的运动模糊效果相同。

- 【开】（On）：打开运动模糊效果。

- 【关】（Off）：关闭运动模糊效果。

- 【解锁所有蒙版】（Unlocked All Masks）：解除所有锁定状态的【蒙版】（Mask）。

- 【锁定其他蒙版】（Lock Other Masks）：锁定未被选中的【蒙版】（Mask）。

- 【隐藏锁定图层】（Hide locked Masks）：隐藏被锁定的【蒙版】（Mask）。

3.4.6 蒙版和形状路径

【蒙版和形状路径】（Mask and Shape Path）命令是由之前版本对【蒙版】（Mask）的编辑命令分离出来的独立面板，如图3.4.6所示。

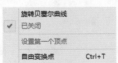

图3.4.6

- 【旋转贝塞尔曲线】（RotoBezier）：转换【蒙版】（Mask）为由贝塞尔曲线形式控制，使用这种形式用户可以随意修改曲线，如图3.4.7所示。

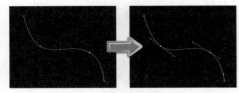

图3.4.7

- 【已关闭】（Closed）：闭合没有封闭的【蒙版】（Mask）。

- 【设置第一个顶点】（Set First Vertex）：设置【蒙版】（Mask）的起始点。【蒙版】（Mask）起始点的位置对于一些命令和操作是至关重要的，这些效果会沿着【蒙版】（Mask）实施效果，用户必须为这些操作设置一个动画起始点，【设置第一个顶点】（Set First Vertex）命令正是解决了这些问题。

- 【自由变换点】（Free Transform Points）：设置【蒙版】（Mask）的自由转换点。

3.4.7 品质与开关

【品质】（Quality）命令主要用于设置画面的质量等级的，不同于【合成】面板中的品质设置，该命令可以单独控制某个图层的显示品质。

- 【最佳】（Best）：最佳质量，选中该项画面将显示【子像素位置】（Sub pixel Positioning），【抗锯齿】（Anti-Aliasing）等全部外挂滤镜的效果。

- 【草图】（Draft）：草图质量，选中该项，画面将显示粗糙。

- 【线框】（Wireframe）：线框质量，选中该项画面将显示为一个线框。

- 【双立方】：该选项可以在缩放图像时最大程度地保证图像质量，使生成的图像不失真，它是默认的缩放方式。

- 【双线性】：该选项提供较差但较快的显示算法。

【开关】（Switches）命令主要用于切换层的相关操作，需要打开【时间轴】（Timeline）面板中的【开关】（Switches）栏，如图3.4.8所示。

图3.4.8

- 【隐藏其他视频】（Hide Other Video）：隐藏其他视频层，使其他的层都不可见。

- 【显示所有视频】（Show All Video）：显示所有的视频层。

- 【解锁所有图层】（Unlock All Layers）：解除所有的锁定层。

- 【消隐】（Shy）：设置为【消隐】（Shy）层。【消隐】（Ｓｈｙ）层在【合成】（Composition）面板中可以显示，但是在【时间轴】（Timeline）面板中将不会被显示出来，也可以单击【时间轴】（Timeline）面板中的命令按钮。

- 【锁定】（Lock）：锁定选中的层，可以在【时间轴】（Timeline）面板中设置对应的按钮。

- 【音频】（Audio）：打开或关闭素材中的音频。

- 【视频】（Video）：显示或隐藏素材图像。

- 【独奏】（Solo）：单独显示某个层。

- 【效果】（Effect）：打开或关闭素材中的滤镜效果。

- 【折叠】（Collapse）：设置嵌套合成影像的使用方式和质量。

- 【运动模糊】（Motion Blur）：打开或关闭素材中的运动模糊效果。

- 【调整图层】（Adjustment Layer）：打开或关闭调节层。

3.4.8 变换

【变换】（Transform）命令主要用于对层的属性实施各种变换外形的精确操作，在二级菜单中命令用户可以调整层的【定位点】（Anchor Point）、【位置】（Position）、【缩放】（Scale）、【方位】（Orientation）、【旋转】（Rotation）、【不透明度】（Opacity）等，这与【时间轴】（Timeline）面板中层的【变换】（Transform）属性都一一对应，如图3.4.9所示。

图3.4.9

- 【重置】（Reset）：恢复层的所有属性为默认值。

- 【锚点】（Anchor Point）：精确设置层的定位点在画面中的位置，可以在弹出的对话框中输入坐标位置。

- 【位置】（Position）：精确设置层在画面中的位置，可以在弹出对话框中输入坐标位置。

- 【缩放】（Scale）：精确设置层的缩放，可以在弹出对话框中输入宽度和高度。

- 【方向】（Orientation）：精确设置3D层的方位，可以在弹出对话框中输入X\Y\Z轴的角度。

- 【旋转】（Rotation）：精确设置层的缩放旋转，可以在弹出对话框中输入旋转的角度。

- 【不透明度】（Opacity）：精确设置层的不透明度，可以在弹出对话框中输入不透明度的百分比。

- 【水平翻转】（Flip Horizontal）：该命令用于将素材在水平方向翻转。

- 【垂直翻转】（Flip Vertical）：将素材在垂直方向上翻转。

- 【视点居中】（Center In View）：将素材调整到窗口的中心位置。

- 【适合复合】（Fit to Comp）：使素材适应于【合成】（Composition）的尺寸，需要注意的是用户如果对原始尺寸小于该【合成】（Composition）尺寸的素材实施此操作时，最终的画面质量将得不到保证，如图3.4.10所示。

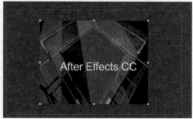

图3.4.10

- 【适合复合宽度】（Fit to Comp Width）：使素材适应于【合成】（Composition）的宽度。

● 【适合复合高度】（Fit to Comp Height）：使素材适应于【合成】（Composition）的高度

● 【自动定向】（Auto-Orientation）：控制【合成】（Composition）的自动方位旋转，如图3.4.11所示。

> **提示：**
>
> 上面的【适合复合】（Fit to Comp）、【适合复合宽度】（Fit to Comp Width）和【适合复合高度】（Fit to Comp Height）三个命令在实际的工作中会经常被使用到，需要注意的是对于素材我们有一个编辑的原则，这就是只能将素材缩小，将素材拉伸是不建议的，这样会带来最终影片的质量损失，所以一定要谨慎使用。

图 3.4.11

3.4.9 时间与帧混合

【时间】（Time）命令主要用于对素材的时间控制，After Effects整合了原版本的相关命令放入二级菜单中，如图3.4.12所示。

图 3.4.12

● 【启用时间重映射】（Enable Time Remapping）：重新映射素材时间。执行命令后系统自动会在素材的起始和结束位置设定关键帧，用户可以通过控制关键帧自由的控制素材的播放时间。

下面我们介绍一下【时间重映射】（Time Remap）命令的操作。选中【时间轴】（Timeline）面板中的素材层，执行【启用时间重映射】（Enable Time Remapping）命令，可以看到在素材的起始和结束位置有两个关键帧。选中结束位置的关键帧，向左侧拖动，按下小数字键盘的"0"键，预览素材，我们会发现素材加快了播放速度，画面中的动作加速了，如图3.4.13所示。

图3.4.13

移动时间指示器到两个关键帧中间的位置，单击最左侧的添加关键帧图标 ◀ ◆ ▶ ，为素材添加一个关键帧，如图3.4.14所示。

图3.4.14

单击【时间轴】（Timeline）面板中的曲线编辑器 图标，展开动画曲线，可以看到，新添加的关键帧为动画曲线添加了一个控制点，如图3.4.15所示。

图3.4.15

在此移动时间指示器，为素材添加两个关键帧，如图3.4.16所示。

图3.4.16

移动控制点到指定位置，注意不要移动第一和第二个控制点，如图3.4.17所示。

图3.4.17

五个关键帧划分出四段时间区域，分别展现出不同的时间播放效果，A：正常播放 B：加速或减速播放（两个关键帧的时间距离大于正常播放时间，素材将减速播放，反之亦然） C：冻结播放 D：倒退播放，用户可以遵循这一规律，自由的通过控制曲线从而控制素材的播放速度。

● 【时间反向图层】（Time-Reverse Layer）：使素材动画倒退播放（起始位置与结束位置与原素材相反），如图3.4.18所示。

图 3.4.18

● 【时间伸缩】（Time Stretch）：延长或缩短素材动画的播放时间，在弹出的【时间伸缩】（Time-Stretch）对话框中用户可以设置缩放的百分比，在【时间轴】（Timeline）面板中也可以修改这一数据，如图3.4.19和图3.4.20所示。

图 3.4.19

图 3.4.20

● 【冻结帧】（Freeze Frame）：冻结素材动画中的某一帧，如图3.4.21所示。

图 3.4.21

【帧混合】（Frame Blending）命令主要用于融合帧与帧之间的画面，使之过渡更加平滑。

当素材的帧速率与【合成】（Composition）的帧速率不一致时，After Effects会自动补充中间缺失的帧或跳跃播放，但这样的播放模式会产生画面的抖动，在使用了【帧混合】（Frame Blending）命令以后会消除抖动，但浏览和渲染速度会减慢。After Effects提供了两种【帧混合】（Frame Blending）模式，分别为Frame Mix和Pixel Motion，两种模式优势不同，用户可以自己选择，Frame Mix模式的渲染时间较少，但不如Pixel Motion模式的画面效果好。用户也可以在【时间轴】（Timeline）面板中通过单击【帧混合】（Frame Blending）图标█开启【帧混合】（Frame Blending）模式。

3.4.10　3D图层与参考线图层

【3D图层】（3D Layer）命令主要用于将当前选中的层转化为3D层，用户也可以在【时间轴】（Timeline）面板中激活3D层。

【3D图层】（3D Layer）命令主要用于将当前选中的层转化为引导层，在【时间轴】（Timeline）面板中素材的名称前会出现引导层的图标。引导层作为【合成】（Composition）面板的参考，用户可以用于视频和音频上的参考，也可以用于保存注解。需要注意的是引导层将不能被渲染显示在最终的画面效果中，在嵌套合成影像中的引导层将不能被显示在父合成影像中，如图3.4.22所示。

图3.4.22

3.4.11　环境图层与添加标记

在使用光线追踪渲染器时，可使用 3D 素材或嵌套合成图层作为场景周围的球状映射环境。可以将普通的图片转换为【环境图层】，选中该图层执行命令即可，在图片层 █ EV.jpg 旁边会出现一个环境图层图标，转换后图片可以参与反射，如图3.4.23所示。

图3.4.23

【添加标记】（Add Marker）命令主要用于在【时间轴】（Timeline）面板中层的时间条上添加标记，如图3.4.24所示。

图 3.4.24

用户可以双击标记，在弹出的【图层标记】（Maker）对话框中为标记添加注释，如图3.4.25所示。

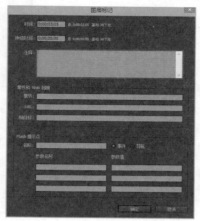

图 3.4.25

3.4.12 保持透明度与混合模式

【保持透明度】（Preserve Transparency）命令主要用于层在【合成】（Composition）面板中显示时保持透明度。执行该命令可以利用下层的透明通道来使上层透明。

【混合模式】（Blending Mode）命令主要用于混合上下层的画面效果。这是After Effects的一个常用命令，通过不同层的画面相互叠加，产生出绚丽的画面效果，也可以在【时间轴】（Timeline）面板中直接修改层的融合模式，如图3.4.26所示。

图 3.4.26

● 【正常】类别：正常、溶解、动态抖动溶解。除非不透明度小于源图层的 100%，否则像素的结果颜色不受基础像素的颜色影响。"溶解"混合模式使源图层的一些像素变成透明的。

● 【正常】（Normal）：层的正常叠加模式，After Effects的基础融合模式。上一层画面完全不对下一层重叠的画面产生影响。

- 【溶解】（Dissolve）：将层的画面分解成像素形态的矩形点，【溶解】（Dissolve）模式是根据【不透明度】（Opacity）属性来决定点分布的密度的，画面中显示了【不透明度】（Opacity）属性为80%时的画面效果。
- 【动态抖动溶解】（Dancing Dissolve）：与【溶解】（Dissolve）模式相同。但是【动态抖动溶解】模式对层之间的融合区域进行了随机的动画，如图3.4.27所示。

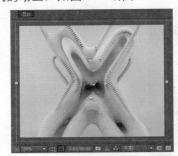

图3.4.27

- 【减少】类别：变暗、相乘、颜色加深、经典颜色加深、线性加深、较深的颜色。这些混合模式往往会使颜色变暗，其中一些混合颜色的方式与在绘画中混合彩色颜料的方式大致相同。
- 【变暗】（Darken）：重叠的画面色彩中，突出深色的部分。混合时系统检查每个通道中的色彩信息，并选择基色或混合色中的较暗颜色作为结果色，比混合色亮的颜色将被替换。
- 【相乘】（Multiply）：减色混合模式。基色与混合色相乘，形成一种光线透过两张叠加在一起的幻灯效果，结果呈现一种较暗的效果。任何颜色与黑色相乘产生黑色，与白色相乘则保持不变。
- 【颜色加深】（Color Burn）：通过增加对比度使基色变暗以反映混合色，如果混合色为黑色和白色时不产生变化。
- 【经典颜色加深】（Classic Color Burn）：通过增加对比度使基色变暗以反映混合色，优化于【颜色加深】（Color Burn）模式。
- 【线性加深】（Linear Burn）：通过减小亮度使基色变暗以反映混合色，但与白色混合不产生任何效果。
- 【较深的颜色】（Darker color）：每个结果像素是源颜色值和相应的基础颜色值中的

较深颜色。"深色"类似于"变暗"，但是"深色"不对各个颜色通道执行操作，如图3.4.28所示。

图3.4.28

- 【添加】类别：相加、变亮、滤色、颜色减淡、经典颜色减淡、线性减淡、较浅的颜色。这些混合模式往往会使颜色变亮，其中一些混合颜色的方式与混合投影光的方式大致相同。我们在实现粒子和光线效果时会使用这类叠加模式。
- 【相加】（Add）：将基色与混合色相加，得到更为明亮的颜色。混合色为纯黑或基色为纯白时，均不发生变化。这是一种常用的混合模式，常用于加亮粒子的效果。
- 【变亮】（Lighten）：与变暗模式正好相反，混合时系统检查每个通道中的色彩信息，并选择基色或混合色中的较亮颜色作为结果色，比混合色亮暗的颜色将被替换。
- 【屏幕】（Screen）：加色混合模式，相互反转混合画面颜色，将混合色的补色与基色相乘，呈现出一种较亮的效果。
- 【颜色变淡】（Color Dodge）：通过减小对比度使基色变亮以反映混合色，如果混合色为黑色不产生变化，画面整体变亮。
- 【经典颜色变淡】（Classic Color Dodge）：通过减小对比度使基色以反映混合色，优化于【颜色变淡】（Color Dodge）模式。
- 【线性变淡】（Linear Doge）：用于查看每个通道中的颜色信息，并通过增加亮度使基色变亮以反映混合色，与黑色混合则不发生变化。
- 【较浅的颜色】（lighter color）：每个结果像素是源颜色值和相应的基础颜色值中的较亮颜色。"浅色"类似于"变亮"，但是"浅色"不对各个颜色通道执行操作，如图3.4.29所示。

图3.4.29

图3.4.30

- 【复杂】类别：叠加、柔光、强光、线性光、亮光、点光、纯色混合。这些混合模式对源和基础颜色执行不同的操作，具体取决于颜色之一是否比50%灰色浅。

- 【叠加】（Overlay）：复合或过滤色，具体取决于基色。颜色在现有像素上叠加，同时保留基色的明暗对比。该模式对于中间色调影响较明显，对于高亮度区域和暗调区域影响不大。

- 【柔光】（Soft Light）：可以产生柔和的光照效果，使颜色变亮或变暗，具体取决于混合色。此效果与发散的聚光灯照在图像上相似。

- 【强光】（Hard Light）：模拟强光照射，复合或过滤色彩，具体取决于混合色。此效果与耀眼的聚光灯照在图像上相似。如果混合色比50%灰色亮，则图像变亮，就像过滤后的效果。这对于向图像中添加高光非常有用。如果混合色比50%灰色暗，则图像变暗，就像复合后的效果。这对于向图像中添加暗调非常有用。

- 【线性光】（Linear Light）：通过减小或增加亮度来加深或减淡颜色，具体取决于混合色。

- 【高光】（Vivid Light）：通过增加或减小对比度来加深或减淡颜色，联合了【颜色变淡】（Color Dodge）模式和【颜色加深】（Color Burn）模式。

- 【点光】（Pin Light）：替换比混合色暗或亮的颜色，这取决与混合色的颜色，联合了【变亮】（Lighten）模式和【变暗】（Darken）模式。

- 【纯色混合】（Hard Mix）：该模式可以增加原始层遮罩下方可见层的对比度，遮罩的大小决定了对比区域的大小，如图3.4.30所示。

- 【差异】类别：差值、经典差值、排除、相减、相除。这些混合模式基于源颜色和基础颜色值之间的差异创建颜色。

- 【差值】（Difference）：重叠的深色部分反转为下层的色彩，从基色中减去混合色，或从混合色中减去基色，具体取决于哪一个颜色的亮度值更大。

- 【经典差值】（Classic Difference）：从基色中减去混合色，或从混合色中减去基色。

- 【排除】（Exclusion）：与【差值】（Difference）模式相同，但补色对比弱了一些，创建一种与差值模式相似但对比度更低的效果。与白色混合将反转出基础颜色，与黑色混合不发生变化。

- 【相减】（Subtract）：从基础颜色中减去源颜色。如果源颜色是黑色，则结果颜色是基础颜色。

- 【相除】（Divide）：基础颜色除以源颜色。如果源颜色是白色，则结果颜色是基础颜色。在 32-bpc 项目中，结果颜色值可以大于 1.0，如图3.4.31所示。

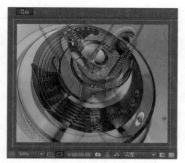

图3.4.31

- 【HSL】类别：色相、饱和度、颜色、发光度。这些混合模式将颜色的 HSL 表示形式的一个或多个组件（色相、饱和度和发光度）从基础颜色传递到结果颜色。

- 【色相】（Hue）：这是一种利用HSL色彩进行合成的模式，用基色的亮度和饱和度以及混合色的色相创建结果色。
- 【饱和度】（Saturation）：用基色的亮度和色相以及混合的饱和度创建结果色，如果原有色没有饱和度将不能产生效果。
- 【颜色】（Color）：用基色的亮度以及混合色的色相和饱和度创建结果色，保留了层中灰阶，主要用来给画面上色。
- 【发光度】（Luminosity）：用基色的色相和饱和度以及混合色的亮度创建结果色，如图3.4.32所示。

图3.4.32

- 【遮罩】类别：模板 Alpha、模板亮度、轮廓 Alpha、轮廓亮度。这些混合模式实质上将源图层转换为所有基础图层的遮罩。
- 【模板 Alpha】（Stencil Alpha）：穿过【模板】（Stencil）层的Alpha通道显示多个层。
- 【模板亮度】（Stencil Luma）：通过【模板】（Stencil）层的像素亮度显示多个层。
- 【轮廓 Alpha】（Silhouette Alpha）：该模式可以通过层的Alpha通道在几层间剪切出一个洞，区域内显示下层的色彩。
- 【轮廓亮度】（Silhouette Luma）：该模式可以通过层上像素的亮度在几层间切出一个洞，使用它时，层中较亮的像素比较暗的像素透明。
- 【Alpha添加】（Alpha Add）：底层与目标层的Alpha通道共同建立一个无痕迹的透明区域。
- 【冷光预乘】（Luminescent Premul）：该模式可以将层的透明区域像素和底层作用，在Alpha通道边缘产生透镜和光亮效果，如图3.4.33所示。

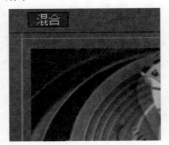

图3.4.33

3.4.13 下一个混合模式与上一个混合模式

【下一个混合模式】（Next Blending Mode）命令主要用于选择下一个混合模式。

【上一个混合模式】（Previous Blending Mode）命令主要用于选择上一个混合模式。

3.4.14 跟踪遮罩

【跟踪遮罩】（Track Matte）命令主要用于将【合成】（Composition）中某个素材层前面或Timeline面板中素材层中某素材层上面的层设为透明的轨道遮罩层，如图3.4.34所示。

图 3.4.34

- 【没有轨道遮罩】（No Track Matte）：底层的图像以正常的方式显示出来。
- 【Alpha遮罩】（Alpha Matt）：利用素材的Alpha通道创建轨迹遮罩。
- 【Alpha反转遮罩】（Alpha Inverted Matte）：反转Alpha通道遮罩。
- 【亮度遮罩】（Luma Matte）：利用素材层的亮度创建遮罩。
- 【亮度反转遮罩】（Luma Inverted Matte）：反转亮度遮罩。

3.4.15 图层样式

【转换为可编辑样式】（Convert to Editable Styles）：转换为可编辑形态。

【全部显示】（Show All）：展示全部。

【全部移除】（Remove All）：移除全部。

【投影】（Drop Shadow）：为素材添加下拉阴影，增加景深感，使素材具有一个逼真的立体效果。

【内阴影】（Inner Shadow）：为素材添加一个内阴影，增加素材的立体感。

【外发光】（Outer Glow）：为素材添加一种外部发光。

【斜面和浮雕】（Bevel and Emboss）：为素材添加倒角和浮雕效果，可以使一些平面的素材表现出立体感。

【光泽】（Satin）：为素材添加丝绸般的光亮效果。

【颜色叠加】（Color Overlay）：为素材添加颜色叠加效果。

【渐变叠加】（Gradient Overlay）：为素材添加渐变叠加效果。

【描边】（Stroke）：为素材添加一个边缘，如图3.4.35所示。

图3.4.35

3.4.16 组合形状、排列及转换

【组合形状】（Group Shapes）命令主要用于将层内的形状元素打组在一起，方便编辑。

【取消组合形状】（Ungroup Shapes）命令主要用于将层内打组在一起的形状元素打散。

【排列】与转换相关的这几个命令在操作的时候会被经常使用，由于单击菜单操作繁琐，所以要牢记快捷键，相关菜单显示如图3.4.36所示。

图3.4.36

【将图层置于顶层】（Bring Layer To Front）：移动当前层到所有层的最前面。

【使图层前移一层】（Bring Layer Forward）：将当前层向前移动一层。

【使图层后移一层】（Send Layer To Back）：将当前层向后移动一层。

【将图层置于底层】（Send Layer Backward）：移动当前层到最后一层。

【转换图层合成】（Convert To Editable Text）：将外部文本文件转变为可编辑文本。

【从文本创建形状】（Create Shapes from Text）：将文本转换为形状。

【从文本创建蒙版】（Create Masks from Text）：将文本转换为蒙版。

【从矢量图层创建形状】（Create Shapes from Vector Layer）：将矢量图形转换为形状。

3.4.17 摄像机

【摄像机】（Camera）：主要用于创建3D摄像机，执行命令后将建立一个立体3D控件，被作用合成将会变成立体显示方式，如图3.4.37所示。

图3.4.37

系统会自动为合成建立立体3D控件和3D眼镜

效果，通过调整效果参数可以控制3D画面效果，如图3.4.38所示。

图3.4.38

3.4.18 自动跟踪

【自动跟踪】（Auto-trace）命令主要用于将层的Alpha通道转化为一个或多个遮罩，也可以使用层的【红】（Red）、【绿】（Green）、【蓝】（Blue）通道来创建遮罩，如图3.4.39所示。

图 3.4.39

- 【当前帧】（Current Frame）：为当前帧创建遮罩。
- 【工作区】（Work Area）：在工作区中创建遮罩层关键帧。
- 【通道】（Channel）：选择遮罩的通道类型。
- 【模糊】（Blur）：指定在进行阈值取样之前对图层的模糊大小，单位是"像素"。
- 【容差】（Tolerance）：设置遮罩路径轨迹与通道图形的接近程度，单位是"像素"。
- 【最小区域】（Minimum Area）：设置遮罩路径轨迹与通道图形最小差值。
- 【阈值】（Threshold）：指定遮罩轨迹的绘制区域。大于该参数值的区域被影射为白色

不透明的区域；小于该参数值的区域被影射为黑色透明区域。
- 【圆角值】（Apply to new layer）：在一个新的纯色图层中创建遮罩。

3.4.19 预合成

【预合成】（Pre-Compose）命令主要用于建立【合成】（Composition）中的嵌套层。当我们制作的项目越来越复杂时，可以利用该命令选择合成影像中的层再建立一个嵌套合成影像层，这样可以方便用户管理，在实际的制作过程中，每一个嵌套合成影像层用于管理一个镜头或效果，创建的嵌套合成影像层的属性可以重新编辑，如图3.4.40所示。

图 3.4.40

- 【保留'XX'中的所有属性】（Leave All Attributes In）：创建一个包含选取层的新的嵌套合成影像，在新的合成影像中替换原始素材层，并且保持原始层在原合成影像中的属性和关键帧不变。
- 【将所有属性移动到新合成】（Move All Attributes Into The New Composition）：将当前选择的所有素材层都一起放在新的合成影像中，原始素材层的所有属性都转移到新的合成影像中，新合成影像的帧尺寸与源合成影像的一样。
- 【打开新合成】（Open New Composition）：创建后打开新的合成面板。

预合成应用

通过下面这个实例应用，我们会了解预合成命令的基本使用方法，在实际应用中会经常使用预合成来重新组织合成的结构模式。

01 选择【合成】（Composition）>【新建合成】（New Composition）命令，弹出【合成设置】（Composition Settings）对话框，创建一

个新的合成面板，命名为"预合成"，设置控制面板参数，如图3.4.41所示。

02 选择【文件】（File）>【导入】（Import）>【文件】（File）命令，在【项目】（Project）面板选中导入的素材文件，将其拖入【时间轴】（Timeline）面板，图像将被添加到合成影片中，在合成窗口中将显示出图像。选择工具箱中的 **T**【文字工具】（Type Tool）文字工具，系统会自动弹出【字符】（Character）文字工具属性面板，将文字的颜色设为白色，其他参数设置，如图3.4.42所示。

图3.4.41

图3.4.42

03 选择【文字工具】（Type Tool）文字工具，在合成面板中单击，并输入文字"YEAR"， 在【字符】（Character）文字工具属性面板中将文字字体调整为"Orator Std"字体，并调整文字的大小到合适的位置，如图3.4.43所示。

04 再次选择【文字工具】（Type Tool）文字工具，在合成面板中单击，并输入文字"02/03/04/05/06/07/08/09"（使其成为一个独立的文字层），在【段落】（Character）文字工具属性面板中将文字字体调整为"Impact"字体，并调整文字的大小到合适的位置，如图3.4.44所示。

图3.4.43

图3.4.44

05 在【时间轴】（Timeline）面板中展开数字文字层的【变换】（Transform）属性，选中【旋转】（Position）属性，单击属性左边的小钟表图标，为该属性设置关键帧动画。动画为文字层从02向上移动至09，如图3.4.45所示。

图3.4.45

06 按下数字键盘上的"0"数字键，对动画进行预览。可以看到文字不断向上移动，如图3.4.46所示。

图3.4.46

07 在【时间轴】（Timeline）面板中选中数字文字层，按下快捷键Ctrl+Shift+C，弹出【预合成】（Pre-compose）对话框，单击【确定】（OK）键，这样可以将文字层作为一个独立的【合成】（Composition）出现，如图3.4.47所示。

图3.4.47

08 在【时间轴】（Timeline）面板中选中合成后的数字文字层，使用工具箱中的 ▣【矩形工具】（Rectangle Tool），在【合成】（Composition）面板中绘制一个矩形【蒙版】（Mask），如图3.4.48所示。

图3.4.48

09 按下数字键盘上的"0"数字键，对动画进行预览。可以看到文字出现了滚动动画效果，【蒙版】（Mask）以外的文字将不会被显示出来，如图3.4.49所示。

图3.4.49

第4章

三维的应用

本章详细介绍After Effects中3D效果的概念与应用，以及3D图层中灯光和摄像机的操作在实际操作中的应用。3D效果的应用可以大大激发设计者的创作灵感，在多变的三维空间中制作动画对于没有其他三维软件基础的用户是有一定难度的，但3D效果可以帮助我们更好地把握画面的光感以及最终的效果，有了这些更加完美的工具配合其他三维软件，After Effects将发挥出更大地优势。本章节将详细介绍与3D相关的后期制作的内容。

4.1　3D图层的概念

　　3D（三维）的概念是建立在2D（二维）的基础之上的，我们所看到的任何画面都是在2D空间中形成的，不论是静态还是动态的画面，到了边缘只有水平和垂直两种边界，但画面所呈现的效果可以是立体的，这是人们在视觉上形成的错觉。

　　在三维立体空间中，经常用X，Y，Z坐标来表示物体在空间中所呈现的状态，这一概念来自数学体系。X，Y坐标呈现出二维的空间，直观的说就是我们常说的长和宽。Z坐标是体现三维空间的关键，它是指深度，也就是我们所说的远和近。我们在三维空间中可以通过对X，Y，Z三个不同方向坐标值的调整，确定一个物体在三维空间中所在的位置。现在市面上有很多优秀的三维软件，可以完成各种各样的三维效果。After Effects虽然是一款后期处理软件，但也有着很强的三维能力。在After Effects中可以显示2D图层也可以显示3D图层。

> **提示：**
>
> 在After Effects中可以导入和读取三维软件的文件信息，不过并不能像在三维软件中一样，随意的控制和编辑这些物体，也不能建立新的三维物体。这些三维信息在实际的制作过程中主要用来匹配镜头和做一些相关的对比工作。在After Effects CC中加入了C4D文件的无缝连接，这大大加强了After Effects的三维功能，C4D这款软件这几年一直致力于在动态图形设计方向的发展，这次和After Effects的结合进一步确立了在这方面的操作优势。

4.2　3D图层的基本操作

4.2.1　创建3D图层

　　创建3D图层是一件很简单的事，与其说是创建，其实更像是在转换。选择【合成】（Composition）>【新建合成】（New Composition）命令，或者按Ctrl+Y快捷键，新建一个【纯色】（Solid）图层，设置颜色为桔色，这样方便观察坐标轴，然后缩小该图层到合适的大小，如图4.2.1所示。

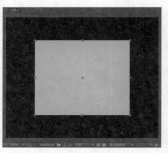

图4.2.1

　　单击【时间轴】（Timeline）面板中 【3D 图层】（3D Layer）按钮下对应的方框，方框内出现 立方体图表，这时该层就被转换成3D图层，也可以通过选择【图层】（Layer）>【3D图层】（3D Layer）命令进行转换。打开【纯色】（Solid）图层的属性列表，会看到多出了许多属性，如图4.2.2所示。

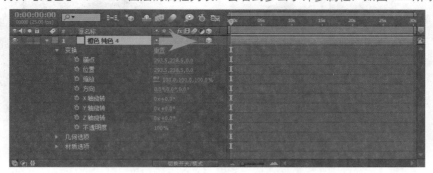

图4.2.2

使用【旋转工具】（Rotation）工具，在【合成】（Composition）面板中旋转该图层，可以看到层的图像有了立体的效果，并出现了一个三维坐标控制器，红色箭头代表X轴（水平），绿色箭头代表Y轴（垂直），蓝色箭头代表Z轴（深度），如图4.2.3所示。

图4.2.3

同时在【信息】（Info）面板中，也出现了3D图层的坐标信息，如图4.2.4所示。

图4.2.4

提示：

如果在合成【合成】（Composition）面板中没有看到坐标轴，可能是因为没有选择该层或软件没有显示控制器，选择【视图】（View）>【视图选项】（View Option）命令，弹出【视图选项】（View Option）对话框，勾选【手柄】（Handles）选项就可以了，如图4.2.5所示。

图4.2.5

4.2.2　基本操作

在图层转换为3D图层后，所有原来的属性都会添加一组数值，用来控制深度上的变化。当用户改变【位置】（Position）属性的数值时，层在移动时会沿着相对应的坐标轴，同时在透视上也有了变化。也可以使用鼠标直接在【合成】（Composition）面板中直接操作，选中坐标轴就可以在这个方向上移动，如图4.2.6和图4.2.7所示。

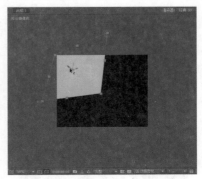

图4.2.6

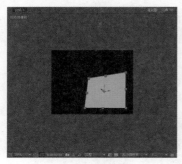

图4.2.7

可以通过使用![icon]【旋转工具】（Rotation）工具，在【合成】（Composition）面板中直接控制层的旋转，如果需要单独在某一个坐标轴方向上旋转，可以把鼠标靠近坐标轴，当鼠标图标上出现该坐标轴的值时，再拖动鼠标就可以实现在单一方向的旋转。如果需要精确控制，可以通过改变相应属性的值来操作。【时间轴】（Timeline）面板中【方向】（Orientation）属性后的三个值分别控制X，Y，Z轴不同的方向，如图4.2.8所示。

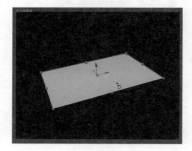

图4.2.8

 ### 4.2.3　观察3D图层

在2D的图层模式下，图层会按照在【时间轴】（Timeline）面板中的顺序依次显示，也就是说位置越靠前，在【合成】（Composition）面板中就会越靠前显示。而当图层打开3D模式时，这种情况就不存在了。图层的前后完全取决于它在3D空间中的位置，如图4.2.9所示。

图4.2.9

这时必须通过不同的角度来观察3D图层之间的关系。单击【合成】（Composition）面板中 活动摄像机 ▼ 按钮，在弹出菜单中选择不同的视图角度，也可选择【视图】（View）>【切换3D视图】（Switch 3D View…）命令切换视图。默认选择的视图为【活动摄像机】（Active Camera），其他视图还包括摄像机视图，六种不同方位视图和三个自定义视图，如图4.2.10所示。

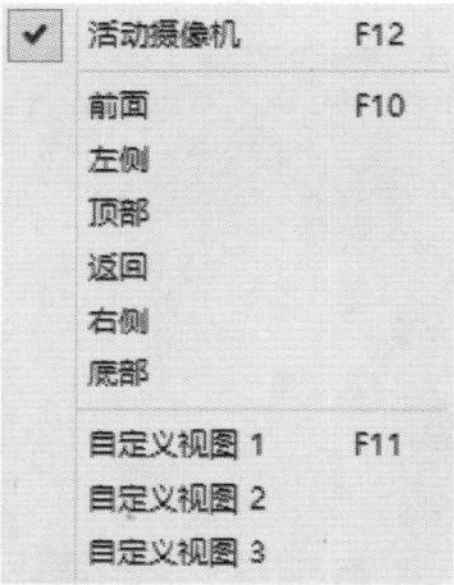

✔	活动摄像机	F12
	前面	F10
	左侧	
	顶部	
	返回	
	右侧	
	底部	
	自定义视图 1	F11
	自定义视图 2	
	自定义视图 3	

图4.2.10

也可以在【合成】（Composition）面板中同时打开四个视图，从不同的角度观察素材，单击【合成】（Composition）面板的 ▼ 【选择视图布局】（Select View Layout）按钮，在弹出菜单中选择【四个视图】（4 View），如图4.2.11所示。

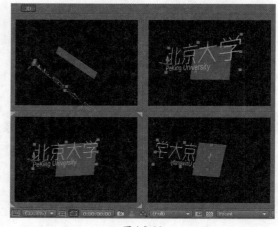

图4.2.11

在【合成】（Composition）面板中对图层实施移动或旋转等操作中，按住Alt键不放，图层在移动时会以线框的方式显示，这样方便用户和操作前的画面作对比，如图4.2.12所示。

图4.2.12

提示：

在实际的制作过程中会通过快捷键在几个窗口之间切换，通过不同的角度观察素材，操作也会方便许多（F10，F11，F12等快捷键）。按Esc键可以快速切换回上一次的视图。

4.2.4　操作实例

01 首先我们要在Photoshop中绘制出背景图案的基本形体和颜色，Photoshop的操作这里就不再详细讲解了。新建一个文件，设置文件的大小和分辨率为PAL D1/DV模式，如图4.2.13所示。

02 创建十多个新的图层，在每一个图层上绘制不同结构的图形。每个图层选择不同的图层融合模式，用来增加画面的图层次感，如图4.3.14所示。

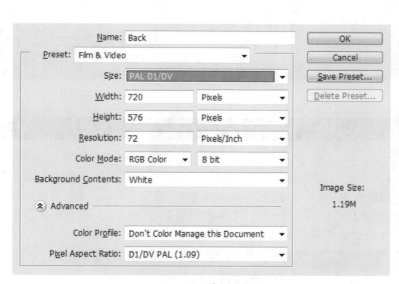

图4.2.13

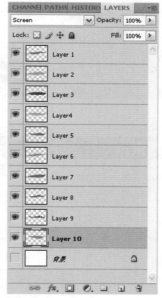

图4.2.14

03 根据画面的需要，进行颜色相互叠加，保持色彩的主调一致，如图4.2.15所示。

图4.2.15

04 打开After Effects，下面为这些图层添加动画效果。将制作好的PSD文件导入After Effects中，选择【文件】（File）>【导入】（Import）>【文件】（File）…命令，弹出对话框，设置【导入种类】（Import Kind）为【合成】（Composition）类型，如图4.2.16所示。

图4.2.16

05 在【项目】（Project）面板中双击该【合成】（Composition），【时间轴】（Timeline）面板中显示出各个图层，（Photoshop）中的图层融合模式也继承到了该【合成】（Composition）的层中，如图4.2.17所示。

06 选中所有图层，单击【开关】（Switches）栏中的立方体图标（如画面中没有【开关】栏可以按下快捷键F4切换），转换图层为3D图层，如图4.2.18所示。

图4.2.17 　　　　　　　　　　　　　　　　图4.2.18

提示：

如果需要对多个图层实施同样的操作时，用户可以一次选中多个图层，这是我们对某一个图层的进行操作，其他被选中的图层也会被实施该操作。

07 在【时间轴】（Timeline）面板中选中Layer1图层，展开其【变换】（Transform）属性，单击【缩放】（Scale）、【Y轴旋转】（Y Rotation）、【不透明度】（Opacity）属性前的钟表图表，为该属性建立关键帧，并修改三个属性的初始值，如图4.2.19所示。

图4.2.19

08 选中Layer1的三个关键帧属性，按下快捷键Ctrl+C，复制属性关键帧。再选中其他图层，按下快捷键Ctrl+V，把属性关键帧粘贴给其他图层的相关属性，如图4.2.20所示。

图4.2.20

09 依次调整每个图层的【Y轴旋转】（Y Rotation）属性的初始值，以25度为单位，依次增加，如图4.2.21所示。

图4.2.21

10 把时间指示器调整到0：00：03：00的位置，修改三个属性的值，【Y轴旋转】（Y Rotation）属性在调整时，单击角度值当数值变为可修改时输入*5，按下Enter键确认。角度值将增大五倍，这种调整数值的方法也适用于其他数值，如图4.2.22所示。

图4.2.22

11 再将时间指示器移动到时间终止处，用同样的方法将【Y轴旋转】（Y Rotation）属性旋转角度加大十倍，其他值保持不变。然后按下小键盘的数字键"0"，播放动画观察效果。图形依次逐渐显现并旋转，如图4.2.23所示。

12 平行的旋转太过呆板，下面我们要使画面产生更佳的立体效果。选择【图层】（Layer）>【新建】（New）>【空对象】（Null Object）命令，创建一个【空对象】（Null Object）图层，这个图层中没有可见的物体，但我们一样可以控制它的相关属性，如图4.2.24所示。

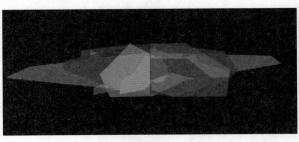

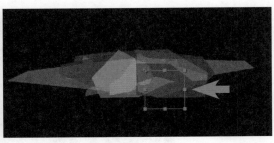

图4.2.23　　　　　　　　　　　　　　　　　　图4.2.24

13 转换【空对象】（Null）图层为3D图层，在【图层名称】处单击右键，在弹出菜单中选中【列数】>【父级】命令，这样【时间轴】面板中就会显示【父级】列表，选中所有图形层，单击【父级】前面的 🌀 螺旋线图标，拖动鼠标至【空1】图层，如图4.2.25所示。

14 可以看到所有图形层的【父级】列表显示【空1】为【父级】图层，这样就可以通过控制【空对象】来统一控制其他图层，如图4.2.26所示。

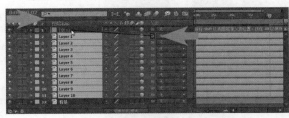

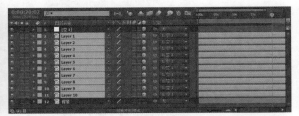

图4.2.25　　　　　　　　　　　　　　　　　　图4.2.26

15 选中【空1】图层，展开【变换】（Transform）属性，把时间指示器调整到初始位置，修改【xyz轴旋转】（X Y Z Rotation）三个属性为25度，如图4.2.27所示，再把时间指示器移动到结束位置，修改【xyz轴旋转】（X Y Z Rotation）三个属性为负25度。

图4.2.27

16 然后按下小键盘的数字键"0"，播放动画观察效果。我们发现其他图层随着【空1】图层在三维空间中旋转，如图4.2.28所示。

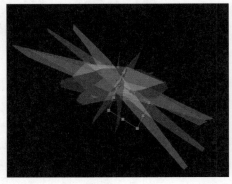

图4.2.28

17 选中所有图层，选择【图层】（Layer）>【预合成】（Pre-compose）命令，弹出【预合成】（Pre-compose）对话框，将所有图层合并，制作成一个新的【合成】（Composition），命名为back，如图4.2.29所示。

18 为了丰富画面效果，在【时间轴】（Timeline）面板中复制back图层，并修改其图层的融合模式为【叠加】类型，如图4.2.30所示。

图4.2.30

图4.2.30

19 移动上面的back图层使其初始时间向后交错，并调整其【不透明度度】（Opacity）属性为50%。然后按下小键盘的数字键"0"，播放动画观察效果。我们看到画面变得更加富于变化，如图4.2.31所示。

20 为了丰富画面的颜色变化，我们为影片添加一个深蓝的渐变背景，如图4.2.32所示。

图4.2.31

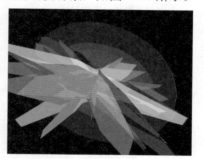
图4.2.32

4.3　灯光图层

灯光可以增加画面光感的细微变化，这是手工模拟无法达到的。我们可以在After Effects中创建灯光，用来模拟现实世界中的真实。灯光在After Effects的3D效果中有着不可替代的作用，各种光线效果和阴影都有赖灯光的支持，灯光图层作为After Effects中的一种特殊的图层，除了正常的属性值外还有着一组灯光特有的属性，我们可以通过对这些属性的设置来控制画面效果。

选择【图层】（Layer）>【新建】（New）>【灯光】（Light）命令来创建一个灯光图层，同时会弹出【灯光设置】（Light Setting）对话框，如图4.3.1所示。

图4.3.1

通过对【灯光设置】（Light Setting）对话框的设置，可以确定灯光的类型和基本属性。

4.3.1 灯光的类型

熟悉三维软件的用户对这几种灯光类型并不陌生，大多数三维软件都有这几种灯光类型，按照用户的不同需求，After Effects提供了四种光源分别为：【平行】（Parallel）、【聚光】（Spot）、【点】（Point）和【环境】（Ambient）。

● 【平行】（Parallel）

光线从某个点发射照向目标位置，光线平行照射。类似于太阳光，光照范围是无限远的，它可以照亮场景中位于目标位置的每一个物体或画面，如图4.3.2所示。

图4.3.2

● 【聚光】（Spot）

光线从某个点发射以圆锥形呈放射状照向目标位置。被照射物体会形成一个圆形的光照范围，可以通过调整【锥形角度】（Cone Angle）来控制照射范围的面积，如图4.3.3所示。

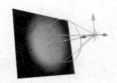

图4.3.3

● 【点】（Point）

光线从某个点发射向四周扩散。随着光源距离物体的远近，光照的强度会衰减。其效果类似于平时我们所见到的人工光源，如图4.3.4所示。

图4.3.4

● 【环境】（Ambient）

光线没有发射源，可以照亮场景中所有物体，但环境光源无法产生投影，通过改变光源的颜色来统一整个画面的色调，如图4.3.5所示。

图4.3.5

提示：

创建好的灯光可以随时在编辑的过程中改变灯光的类型，灯光可以使3D图层的物体产生阴影，但需要注意的是用户必须打开3D图层的【投影】（Cast Shadows）属性，同时要打开一个现实阴影的辅助图层，如图4.3.6所示。

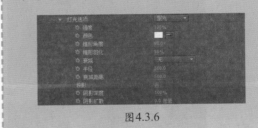

图4.3.6

4.3.2 灯光的操作

我们以【聚光】灯（Spot）为例说明一下灯光的操作，与其他图层一样我们使用【选取工具】对灯光进行操作，不同于其他物体，灯光有两个操控器，在锥形尖顶部的三维操控器，还有一个就是光源方向控制器。我们可以使用【旋转工具】调整灯光的朝向，如图4.3.7所示。

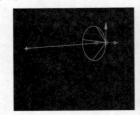

图4.3.7

4.3.3 灯光的属性

在创建灯光时可以定义灯光的属性，也可以

创建后在属性栏里修改。下面我们详细介绍一下灯光的各个属性，如图4.3.8所示。

- 【强度】（Intensity）：控制灯光强度。强度越高，灯光越亮，场景受到的照射就越强。当把【强度】（Intensity）的值为0时，场景就会变黑。如果将场景设置为负值，可以去除场景中某些颜色，也可以吸收其他灯光的强度，如图4.3.9和图4.3.10所示。

图4.3.8　　　　　　　　　　　图4.3.9　　　　　　　　　　　图4.3.10

- 【颜色】（Color）：控制灯光的颜色。
- 【锥形角度】（Cone Angle）：控制灯罩角度。只有【聚光】（Spot）类型灯光有此属性，主要来调整灯光照射范围的大小，角度越大，光照范围越广，如图4.3.11和图4.3.12所示。

图4.3.11　　　　　　　　　　　　　　　　　图4.3.12

- 【锥形羽化】（Cone Feather）：控制灯罩范围的羽化值。只有【聚光】（Spot）类型灯光有此属性，可以是聚光灯的照射范围产生一个柔和的边缘，如图4.3.13和图4.3.14所示。

图4.3.13　　　　　　　　　　　　　　　　　图4.3.14

- 【衰减】（Fall off）：这个概念来源于正式的灯光，任何光线都带有衰减的属性，在现实中当一束灯光照射出去，站在十米开外和百米开外所看到的光的强度是不同的，这就是灯光的衰减。而在After Effects系统中如果不进行设置灯光是不会衰减的，会一直持续的照射下去，【衰减】方式可以设置开启或关闭。
- 【半径】（Radius）：设置【衰减】值的半径。
- 【衰减距离】（Falloff Distance）：设置【衰减】值的距离。
- 【投影】（Casts Shadows）：打开投影。打开该选项，灯光会在场景中产生投影。如果要看到投影的效果，同时要打开图层材质属性中的【接受阴影】（Accepts Shadows）属性。
- 【阴影深度】（Shadow Darkness）：控制阴影的颜色深度。

● 【阴影扩散】（Shadow Diffusion）：控制阴影的扩散。主要用于控制图层与图层之间的距离产生的柔和的漫反射效果，注意图中的阴影变化，如图4.3.15和图4.3.16所示。

图4.3.15

图4.3.16

4.3.4 阴影的细节

如果想在画面中得到较为细腻的阴影细节，需要调整【合成设置】。After Effects中的默认阴影并不是灯光照射生成的，而是由贴图生成，而贴图的分辨率就决定了阴影的细节。

当我们需要提高阴影细节时，选择【合成】>【合成设置】命令，在弹出的面板中单击【选项】按钮，在【经典的3D渲染器选项】面板中提高【阴影图分辨率】的数值。如果使用的是【光线追踪3D】渲染器，则要提高【光线追踪品质】的级别来提高阴影质量，如图4.3.17所示。

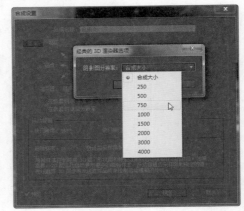

图4.3.17

4.3.5 几何选项

如果使用【光线追踪3D】渲染模式（在【合成】>【合成设置】面板高级选项中更改），当图层被转换为3D图层时，除了多出三维空间坐标的属性还会添加【几何选项】，不同的图层类型被转换为3D图层时，所显示的属性会有所变化，如图4.3.18所示。

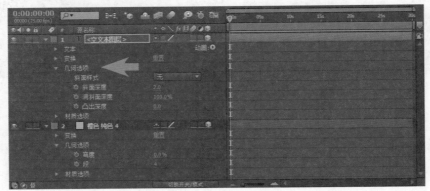

图4.3.18

普通图层在转换为3D图层时会多出【弯度】和【段】两个属性，一个用于控制图层弯曲的度数，另一个用于分解弯曲面所形成的段数，段数越大形成的面越光滑。而【文本图层】和【形状图层】的【几何选项】属性较为复杂。

下面我们建立一个场景学习文本【几何选项】的属性：

首先建立一个【合成】，分别创建【摄像机】和【灯光】，使用【文本工具】在【合成面板】输入文字并调整到合适的位置，如图4.3.19所示。

图4.3.19

这时单击【时间轴】（Timeline）面板中文本图层的 ⬛【3D 图层】按钮下对应的方框，方框内出现 ⬛立方体图表，这时文本图层就被转换成3D图层。展开文本图层的属性，可以看到【几何选项】被添加，如图4.3.20所示。

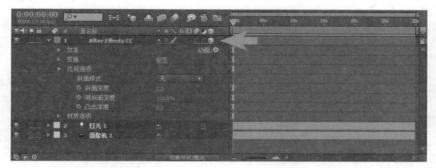

图4.3.20

使用 ⬛【统一摄像机工具】调整摄像机角度，以便于我们观察效果，调整【凸出深度】为30，可以看到立体字的效果形成，如图4.3.21所示。

使用 ⬛【跟踪 Z 摄像机工具】将镜头拉近，将【斜面样式】修改为【凸面】，调整【斜面深度】的值，可以看到画面中文字形成倒角效果，如图4.3.22所示。

图4.3.21

图4.3.22

4.3.6　材质属性

当场景创建灯光后，场景中的图层受到灯光的照射，图层中的属性需要配合灯光。当图层的3D属性打开时，【材质选项】（Material Options）属性将被开启，下面我们介绍一下该属性（当使用光线追踪渲染器时，材质属性会发生变化），如图4.3.23所示。

图4.3.23

- 【投影】（Casts Shadows）：主要控制阴影是否形成，就像一个开关。而透射阴影的角度和明度则取决于【灯光】（Light），也就是说这个功能对应【灯光】（Light）图层，观察这个效果必须先建一盏【灯光】（Light），并打开【灯光】（Light）图层的【投影】（Casts Shadows）属性。【投影】（Casts Shadows）属性有三个选项：【开】（On）打开投影，【关】（Off）关闭投影，【仅】（Only）只显示投影不显示图层。（需要注意的是【灯光】（Light）的【投影】（Cast Shadows）选项也要打开才能投射阴影），如图4.3.24所示。

黑，如图4.3.25所示。

图4.3.25

将【透光率】设置为50%时，可以看到图片的内容被清楚的映衬在阴影中。在实际的工作中我们一般不将投射原物体显示在画面中，只需要投射出的阴影效果就可以了，树叶的影子大多是通过这种方式模拟的，如图4.3.26所示。

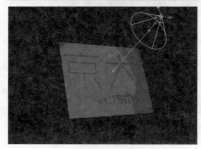

图4.3.24

- 【透光率】（Light Transmission）：控制光线穿过图层的比率。

当用户调大这个值时，光线将穿透图层，而图层的颜色也将继承给投影。适当调整一下该值，将会使投影变得更加真实。设置一个这样的场景用于说明【透光率】的概念，建立一盏灯，将两个图片在三维空间中成九十度角竖立，如果【透光率】的值为0时，画面的阴影部分将一片漆

图4.3.26

- 【接受阴影】（Accepts Shadows）：控制当前图层是否接受其他图层投射的阴影。
- 【接受灯光】（Accepts Light）：控制当前图层本身是否接受灯光的影响，如图4.3.27所示。

图4.3.27

熟悉三维软件的用户对这几个属性不会陌生，这是控制材质的关键属性。因为是后期软件，这些属性所呈现出的效果并不像三维软件中那么明显，如图4.3.28所示。

图4.3.28

- 【环境】（Ambient）：反射周围物体的比率。
- 【漫射】（Diffuse）：控制接受灯光的物体发散比率。该属性决定图层中的物体受到灯光照射时，物体反射的光线的发散率。
- 【镜面强度】（Specular）：光线被图层反射出去的比率。100%指定最多的反射；0%指定无镜面反射。
- 【镜面反光度】（Shininess）：控制镜面高光范围的大小。仅当"镜面"设置大于零时，此值才处于活动状态。100%指定具有小镜面高光的反射。0%指定具有大镜面高光的反射。
- 【金属质感】（Metal）：控制高光颜色。值为最大时，高光色与图层的颜色相同，反之，则与灯光颜色相同。

下面的【反射强度】、【反射锐度】、【反射衰减】、【透明度】、【透明度衰减】、【折射率】等参数为光线追踪独有的渲染属性。

- 【反射强度】：控制其他反射的3D对象和环境映射在多大程度上显示在此对象上。
- 【反射锐度】：控制反射的锐度或模糊度。较高的值会产生较锐利的反射，而较低的值会使反射较模糊。
- 【反射衰减】：针对反射面，控制"菲涅尔"效果的量（即，处于各个掠射角时的反射强度）。
- 【透明度】：控制材质的透明度，并且不同于图层的"不透明度"设置。具有完全透明的表面，但仍然会出现反射和镜面高光。
- 【透明度衰减】：针对透明的表面，控制相对于视角的透明度量。当直接在表面上查看时，透明度将是该指定的值，当以某个掠射角查看时（例如，沿弯曲的对象的边缘直接查看它时）将更加不透明。
- 【折射率】：控制光如何弯曲通过3D图层，以及位于半透明图层后的对象如何显示。

不要小看这些数据的细微差别，影片中物体的细微变化，都是在不断的调试中得到的，只有细致的调整这些数据，才能得到完美的效果。结合【光线追踪3D】渲染器，通过调整图层的【几何选项】和【材质选项】可以调整出三维软件才能制作出的金属效果。

 ## 4.4 摄像机的应用

摄像机主要用来从不同的角度观察场景，其实我们一直在使用摄像机，当用户创建一个项目时，系统会自动的建立一个摄像机，即【活动摄像机】（Active Camera）。用户可以在场景中创建多个摄像机，为摄像机设置关键帧，可以得到丰富的画面效果。动画之所以与不同其他艺术形式，就在于它的观察事物的角度是有着多种方式的，给观众带来与平时不同的视觉刺激。

摄像机在After Effects中也是作为一个图层出现的，新建的摄像机被排在堆栈图层的最上方，用户可以通过选择【图层】（Layer）>【新建】（New）>【摄像机】（Camera）命令创建摄像机，这时会弹出【摄像机设置】（Camera Setting）对话框，如图4.4.1所示。

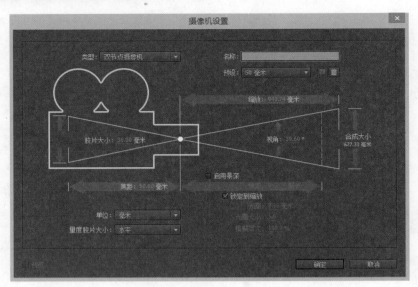

图4.4.1

After Effects中的摄像机和现实中的摄像机一样，用户可以调节镜头的类型、焦距和景深等。After Effects提供了九种常见的摄像机镜头。下面我们简单介绍一下其中的几个镜头类型。

● 15mm广角镜头：镜头可视范围极大，但镜头会使看到的物体拉伸，产生透视上的变形，用这种镜头可以使画面变得很有张力，冲击力很强。

● 200mm鱼眼镜头：镜头可视范围极小，镜头不会使看到的物体拉伸。

● 35mm标准镜头：这是我们常用的标准镜头，和人们正常看到的图像是一致的。

其他的几种镜头类型都是在15mm和200mm之间，选中某一种镜头时，相应的参数也会改变。【视角】（Angle Of View）的值控制可视范围的大小，【胶片大小】（Film Size）指定胶片用于合成图像的尺寸面积，【焦距】（Focal Length）则指定焦距长度。当一个摄像机在项目里被建立以后，可以在【合成】（Composition）面板中调整摄像机的位置参数，可以在面板中看到摄像机的【目标位置】（Point Of Interest），【机位】（Position）等参数，如图4.4.2所示。

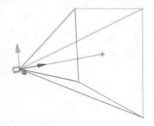

图4.4.2

要调节这些参数，必须在另一个摄像机视图中进行，不能在当前摄像机视图中选择摄像机。工具中的摄像机工具可以帮助用户调整视图角度。这些工具都是针对摄像机工具而设计的，所以在项目中必须有3D图层存在，这样这些工具才能起作用，如图4.4.3所示。

图4.4.3

● ▦【统一摄像机工具】（Unified Camera Tool）：选择该工具后，可以配合鼠标键进行不同摄影机的切换。

● ◉【轨道摄像机工具】（Orbit Camera Tool）：使用该工具可以控制摄像机沿一个轨道运动。

-  【跟踪 XY 摄像机工具】（Track XY Camera Tool）：水平或垂直移动摄像机视图。
- 【跟踪 Z 摄像机工具】（Track Z Camera Tool）：缩放摄像机视图。

下面我们具体介绍一下摄像机图层的Camera Option下的摄像机属性，如图4.4.4所示。

【缩放】（Zoom）：控制摄像机镜头到镜头视线框间的距离。

【景深】（Depth Of Field）：控制是否开启摄像机的景深效果。

图4.4.4

【焦距】（Focus Distance）：控制镜头焦点位置。该属性模拟了镜头焦点处的模糊效果，位于焦点的物体在画面中显得清晰，周围的物体会根据焦点所在位置为半径，进行模糊，如图4.4.5和图4.4.6所示。

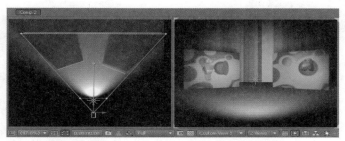

图4.4.5

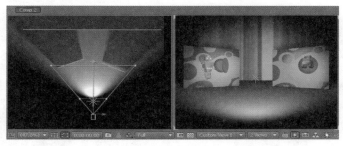

图4.4.6

【光圈】（Aperture）：控制快门尺寸。镜头快门越大，受焦距影响的像素点就越多，模糊范围就愈大。该属性与F-Stop值相关联，F-Stop为焦距到快门的比例。

【模糊层次】（Blur Level）：控制聚焦效果的模糊程度。

【光圈形状】（Iris Shape）：控制模拟光圈叶片的形状模式，由多边形组成，从三边到十边形。

【光圈旋转】（Iris Rotation）：控制光圈旋转的角度。

【光圈圆度】（Iris Roundness）：控制模拟光圈形成的圆滑程度。

【光圈长宽比】（Iris Aspect Ratio）：控制光圈图像的长宽比。

【光圈衍射条纹】（Iris Diffraction Fringe）、【高亮增益】（Highlight Gain）、【高亮阈值】（Highlight Threshold）、【高光饱和度】（Highlight Saturation）属性只有在【经典3D】模式下才会显示，主要用于控制【经典3D】渲染器中高光部分的细节。

提示：

After Effects中的3D效果在实际制作过程中都用来辅助三维软件，也就是说大部分的三维效果都是用三维软件生成的，After Effects中的3D效果多用来完成一些简单的三维效果提高工作的效率，同时模拟真实的光线效果，丰富画面的元素，使影片效果显得更加生动。

4.5 三维综合实例

01 首先在Photoshop中创建一个文字效果，在文字的表面做出一个样式效果，使其带有一定的金属质感（如果不会在Photoshop中制作效果可以打开光盘内的工程文件），如图4.5.1所示。

图4.5.1

02 启动 After Effects ，选择【合成】（Composition）>【新建合成】（New Composition）命令，弹出【合成设置】（Composition Settings）对话框，创建一个新的合成面板，命名为"三维文字"，面板参数如图4.5.2所示。

图4.5.2

03 将在Photoshop中制作完成的平面文字导入After Effects，需要注意的是导入PSD文件时需要选择以【合成】（Composition）方式导入，这样PSD文件中的每个图层都会被单独的导入进来，如图4.5.3所示。

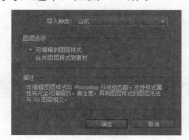

图4.5.3

04 将其中的PSD图层拖入【时间轴】（Timeline）面板中，在【时间轴】（Timeline）面板中，单击右键选择【新建】（New）>【纯色】（Solid）命令（或选择【图层】（Layer）>【新建】（New）>【纯色】（Solid）命令），创建一个固态图层并命名为"背景"，如图4.5.4所示。

图4.5.4

05 首先我们需要将文字图层转化为3D图层，将该图层的 3D图标勾选即可，使用 旋转等工具来操作该图层在三维空间中的位置，如图4.5.5所示。

图 4.5.5

06 在【时间轴】（Timeline）面板中选中文字图层，按下快捷键Ctrl+D复制该图层，展开复制图层的【变换】（Transform）属性，修改【位置】（Position）的参数及【方向】参数，让文字在纵深轴的方向上有所移动，如图4.5.6所示。

图4.5.6

07 在【时间轴】（Timeline）面板中，单击右键选择【新建】（New）>【摄像机】（Camera）命令（或选择【图层】（Layer）>【新建】（New）>【摄像机】（Camera）命令），创建一个摄像机，如图4.5.7示。

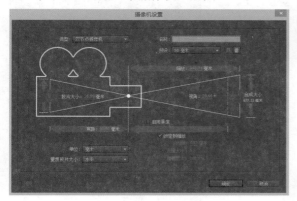

图4.5.7

08 与其他图层不同，摄像机图层是通过独立的工具来控制的，可以在工具架上找到这些工具，如图4.5.8所示。

图4.5.8

09 在【时间轴】（Timeline）面板中，选中文字图层，展开复制图层的【时间轴】属性，选中【位置】（Position）选项，选择【动画】（Animation）>【添加表达式】（Add Expression）命令，为这个参数添加表达式，如图4.5.9所示。

10 可以看到系统自动为参数设定了起始的语句，在后面的位置输入表达式"transform.position+[0, 0, （index-1）*1]"。打开【时间轴】（Timeline）面板的【父级】

（Parent）面板，可以在【时间轴】面板栏上单击右键，在弹出的菜单中勾选【父级】（Parent）选项，如图4.5.10所示。

图4.5.9

图4.5.10

11 选中文字图层，按下快捷键Ctrl+D复制该图层，选中下面的一个图层，按着【父级】（Parent）面板上的螺旋图标，拖动图标至上一个文字图层，如图4.5.11所示。

图4.5.11

12 可以看见下面的那个文字图层的【父级】（Parent）面板中有了上一个图层的名字，这代表两个图层之间建立了父子关系，如图4.5.12所示。

图4.5.12

13 选中下面的那个文字图层，按下快捷键 Ctrl+D复制该图层，不断复制，如图4.5.13 所示。

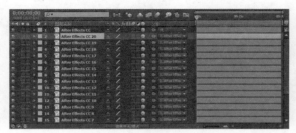

图4.5.13

14 观察【合成】（Composition）面板，可以看到立体的文字效果出来了，并且立体面是光滑的过渡，如图4.5.14所示。

图4.5.14

15 如果觉得图层太多，编辑麻烦，可以通过开启【消隐】功能，将图层隐藏起来，如图4.5.15和图4.5.16所示。

图4.5.15

图4.5.16

第5章

文本与画笔

　　本章详细介绍After Effects中文本与画笔的概念，以及复杂的文本动画的制作。文本的动画制作在影视后期制作中是重点中的重点，用户可以利用文本的基本属性和附加属性制作出复杂的文字动画效果。熟悉和掌握文本的属性是学习文本动画的关键，也可以组合这些属性合成出富于变化的动画效果，这都需要在长期的实践中不断积累经验。

 5.1　文本概述

　　文字动画的制作有很多都是在后期软件中完成的，后期软件并不能使字体有很强的立体感，其优势在于字体的运动所产生的效果。After Effects的文本工具可以制作出用户能够想象出的各种效果，使您的创意得到最好的展现。

5.1.1　创建文本

　　使用【文字工具】可以直接在【合成】面板创建文字，其分为横排和直排两种，当我们创建完成文字后，可以单击工具栏右侧 ▦【切换字符和段落面板】按钮，调整文字的大小、颜色、字体等基本参数，如图5.1.1所示。

图5.1.1

5.1.2　字符面板

　　如果找不到这个面板，可以通过选择【窗口】>【字符】命令激活该面板，这个面板主要在用户编辑文字时，用来设置文字的字体、大小、颜色等，如图5.1.2所示。

图 5.1.2

　　【字符】（Character）面板共分为五个部分，下面分别介绍它的每个部分。

　　第一个部分，这里可以设置文字的字体、颜色、样式等，如图5.1.3所示。

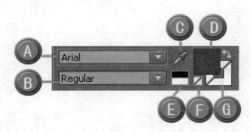

图 5.1.3

　　A——这里可以改变当前所选择的文字的字体，单击后面的小三角按钮会弹出Windows系统中支持的所有字体。

　　B——这里可以改变文字的样式，一般会有【常规】（Regular）、【斜体】（Italic）、【粗体】（Bold）、【粗体斜体】（Bold Italic）四种字形。

　　C——吸管工具，利用它可以在After Effects界面的任意地方将文字的填充色或描边色吸取颜色。

　　D——为文字的填充色。

　　E——可以为填充色或描边色选择黑色或白色。

　　F——可以使填充色或描边色设置为无颜色。

　　G——文字的描边颜色。

　　第二部分，可以调节文字的大小和间距等，如图5.1.4所示。

图5.1.4

- ◌ 🆃：设置字体大小。
- ◌ 🅰：设置行距。
- ◌ 🆅：设置两个字符之间的间距。
- ◌ 🆅：设置所选字符的间距。

　　第三部分，这里来调节文字的描边，如图5.1.5所示。

图5.1.5

- ▤：设置描边宽度。
- 后面的下拉菜单中有四个选项，可以用来选择描边的方式，如图5.1.6所示。

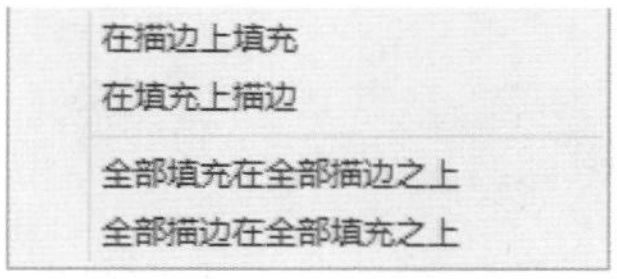

```
在描边上填充
在填充上描边

全部填充在全部描边之上
全部描边在全部填充之上
```

图5.1.6

> 【在描边上填充】（Fill Over Stroke），如图5.1.7所示。

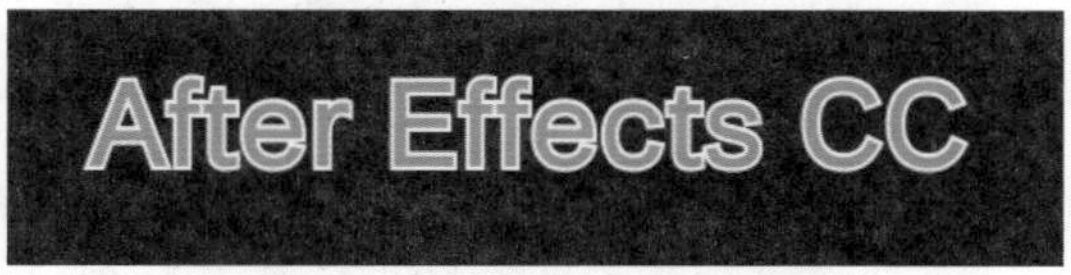

After Effects CC

图5.1.7

> 【在填充上描边】（Stroke Over Fill），如图5.1.8所示。

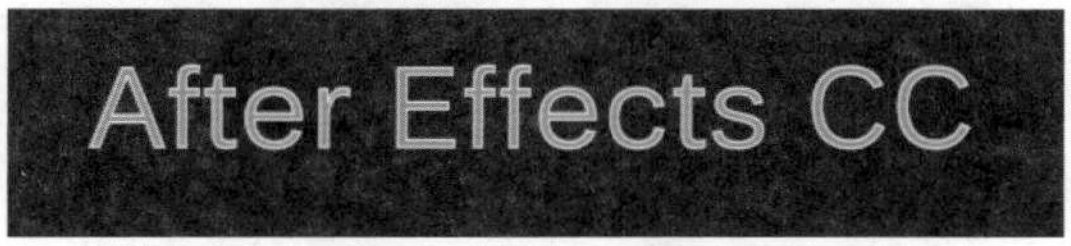

After Effects CC

图5.1.8

> 【全部填充在全部描边之上】（All Fills Over All Strokes），如图5.1.9所示。

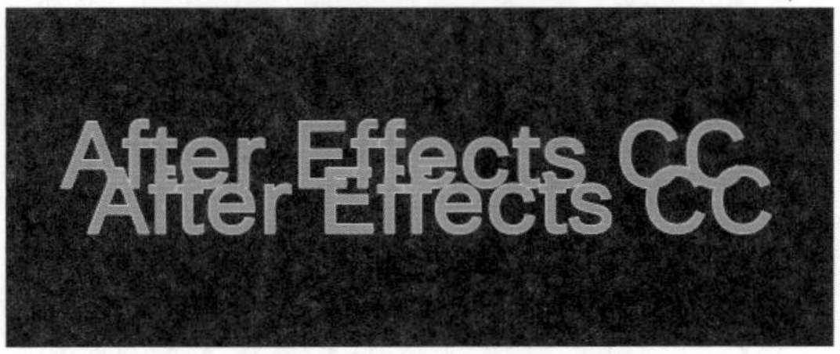

After Effects CC
After Effects CC

图5.1.9

> 【全部描边在全部填充之上】（All Strokes Over All Fills），如图5.1.10所示。

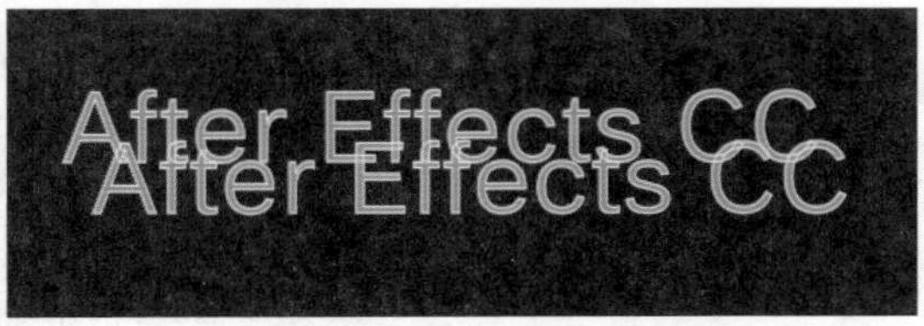

After Effects CC
After Effects CC

图5.1.10

第四部分，这里可以调节文字的放缩和移动，如图5.1.11所示。

- ▥：垂直缩放。
- ▥：水平缩放。

- ▥：设置基线偏移。
- ▥：设置所选字符的比例间距。

图5.1.11

最后这个部分是用来设置文字的字型的，如图5.1.12所示。

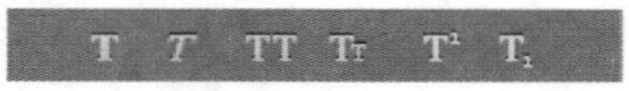

T　T　TT　Tr　T¹　T₁

图5.1.12

- ▥：仿粗体
- ▥：仿斜体
- ▥：全部大写字母。
- ▥：小型大写字母。
- ▥：上标。
- ▥：下标。

5.1.3　段落面板

【段落】（Paragraph）面板可以对一段文字进行缩进、对齐、间距等设置，如图5.1.13所示。

图5.1.13

上方部分的介绍

- ▥：左对齐文本。
- ▥：居中对齐文本。
- ▥：右对齐文本。
- ▥：最后一行左对齐。
- ▥：最后一行居中对齐。
- ▥：用来使段落文字除最后一行外所有文字都分散对齐，水平文字最后一行右对齐，垂直文字最后一行底部对齐。
- ▥：用来使段落文字所有文字行都分散对齐，最后一行将强制使用其分散对话。

下方部分的介绍

- ▥：缩进左边距。
- ▥：缩进右边距。
- ▥：段前添加空格。
- ▥：首行缩进。
- ▥：段后添加空格。

5.2 文本属性

5.2.1 源文本属性

文本层的属性中除了【变换】（Transform）属性，还有【文本】（Text）属性，这是文本特有的属性。【文本】（Text）属性中的【源文本】（Source Text）属性可以制作文本相关属性的动画，如：颜色，字体等。利用【字符】（Character）和【段落】（Paragraph）面板中的工具，可以改变文本的属性制作动画。下面就以改变颜色为例，制作一段【源文本】（Source Text）属性的文本动画。

● 选择【合成】（Composition）>【新建合成】（New Composition）命令，新建一个【合成】（Composition），设置如图5.2.1所示。

图5.2.1

● 按Ctrl+Y快捷键，新建一个【纯色层】（Solid），设置颜色为白色，这样方便观察文本的颜色变化，如图5.2.2所示。

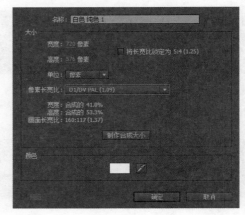

图5.2.2

● 选择工具箱中的 T 工具，建立一个文本层，输入文字，设置文字为黑色，如图5.2.3所示。

After Effects CC

图5.2.3

● 打开【时间轴】（Timeline）面板中文本层的【文本】（Text）属性，单击【源文本】（Source Text）属性前的钟表图标，设置一个关键帧，如图5.2.4所示。

● 移动时间指示器到07s（秒）的位置，在【字符】（Character）面板中单击填充颜色图标，弹出【文本颜色】（Color Picker）对话框，选取改变字体的颜色，如图5.2.5所示。

图5.2.4

图5.2.5

● 在【源文本】（Source Text）属性上建立了一个新的关键帧，同样，在18s（秒）处再建立一个改变颜色的关键帧，如图5.2.6所示。

图5.2.6

提示：

【源文本】（Source Text）属性的关键帧动画是以插值的方式显示，也就是说关键帧之间是没有变化的，在没有播放到下一个关键帧时，文本将保持前一个关键帧的特征，所以动画就像在播幻灯片。

5.2.2 路径选项属性

【文本】（Text）属性下方有一个【路径选项】（Path Options），单击旁边的小三角图标 **▶ 路径选项**，展开下拉菜单，当用户在文本层中建立【蒙版】（Mask）时，就可以在【蒙版】（Mask）的路径上创建动画效果。【蒙版】（Mask）路径在应用于文本动画时，可以是封闭的图形，也可以是开放的路径。下面我们通过一个实例来体验一下【路径选项】（Path Option）属性的动画效果。

选择【合成】（Composition）>【新建合成】（New Composition）命令，新建一个【合成】（Composition），再新建一个固态层作为背景，可以按照【源文本】（Source Text）实例设置。

新建一个文本层，输入文字，选中文本层，使用 ● 【椭圆工具】（Elliptical Mask Tools）工具创建一个【蒙版】（Mask），如图5.2.7所示。

图5.2.7

在【时间轴】（Timeline）面板中，展开文本层下的【文本】（Text）属性，单击【文本】（Text）旁的小三角图标 **▶ 文本**，展开【路径选项】（Path Options）下的选项，在【路径】（Path）下拉菜单中选中【蒙版1】（Mask1），文本将会沿路径排列，如图5.2.8和图5.2.9所示。

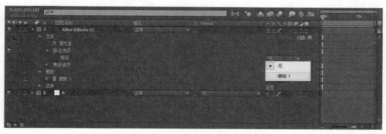

图5.2.8

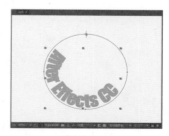

图5.2.9

在【路径选项】（Path Options）下出现文本路径的控制选项，如图5.2.10所示。

图5.2.10

【路径选项】（Path Option）属性下的控制选项，都可以制作动画，但要保证【蒙版】（Mask）的模式为【无】（None），如图5.2.11所示。

图5.2.11

● 【反转路径】（Reverse Path）选项，如图5.2.12所示。

图5.1.12

● 【垂直于路径】（Perpendicular To Path）选项，如图5.1.13所示。

图5.2.13

● 【强制对齐】（Force Alignment）选项：控制路径中的排列方式。在【首字边距】（First Margin）和【末字边距】（Last Margin）之间排列文本时，选项打开，分散排列在路径上，选项关闭时，字母将按从起始位置顺序排列，如图5.2.14所示。

图5.2.14

● 【首字和末字边距】（First＆Last Margin）选项：分别指定首尾字母所在的位置，坐在位置与路径文本的对齐方式有直接关系。

用户可以在【合成】（Composition）面板中对文本进行调整，可以用鼠标调整字母的起始位置，也可以通过改变【首字和末字边距】（First＆Last Margin）选项的数值来实现。我们单击【首字边距】（First Margin）选项前的钟表图标，设置

第一个关键帧，然后移动时间指示器到合适的位置，再改变【首字边距】（First Margin）的数值为100，一个简单的文本路径动画就做成了，如图5.2.15所示。

图5.2.15

在【路径选项】（Path Options）下面还有一些相关选项，【更多选项】（More Options）中的设置可以调节出更加丰富的效果，如图5.2.16所示。

图5.2.16

【描点分组】（Anchor Point Grouping）选项：提供了四种不同的文本锚点的分组方式，单击右侧的下拉菜单提供了四种方式：【字符】（Character）、【词】（Word）、【行】（Line）和【全部】（All），如图5.2.17所示。

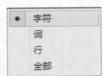

图5.2.17

● 【字符】（Character）：把每一个字符作为一个整体，分配在路径上，如图5.2.18所示。

● 【词】（Word）：把每一个单词作为一个个体，分配在路径上，如图5.2.19所示。

图5.2.18　　　　　　图5.2.19

- 【行】（Line）：把文本作为一个列队，分配在路径上，如图5.2.20所示。
- 【全部】（All）：把文本中所有文字，分配在路径上，如图5.2.21所示。

图5.2.20 图5.2.21

【分组对齐】（Grouping Alignment）：控制文本围绕路径排列的随机度，如图5.2.22所示。

【填充和描边】（Fill&Stroke）：文本填充与描边的模式。

- 【字符间混合】（Inter-Character Blending）：字母间的混合模式。

图5.2.22

提示：

通过修改【路径】（Path）下的属性，再配合【描点分组】（Anchor Point Grouping）的不同属性，能创造出丰富的文字动画效果。

5.3 范围控制器

文本层可以通过文本动画工具创作出复杂的动画效果，当文本动画效果被添加时，软件会建立一个【范围】（Range）控制器，利用起点，终点和偏移值的设置，可以制作出各种文字运动形式，如图5.3.1所示。

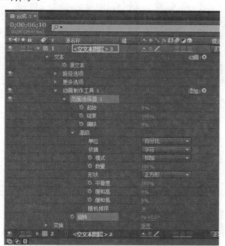

图5.3.1

为文本添加动画的方式有两种，可以选择【动画】（Animation）>【动画文本】（Animate Text…）命令，也可以单击【时间轴】（Timeline）面板中文本层中【动画】（Animate）属性旁的三角图标 动画:。两种方式都可以展开文本动画菜单，菜单中有各种可以加入文本的动画属性。

文本动画工具可以添加的效果包括：

- 【启用逐字3D化】（Enable Per-character 3D）
- 【位置】（Position）
- 【倾斜】（Skew）
- 【旋转】（Rotation）
- 【不透明度】（Opacity）
- 【全部变换属性】（All Transform Properties）
- 【填充颜色】（Fill Color）
- 【描边颜色】（Stroke Color）
- 【描边宽度】（Stroke Width）
- 【字符间距】（Tracking）
- 【行描点】（Line Anchor）
- 【行距】（Line Spacing）
- 【字符位移】（Character Offset）
- 【字符值】（Character Value）
- 【模糊】（Blur）

前面我们提到了每当用户添加了一个文本动画属性，软件会自动建立一个【范围】（Range）选择器，如图5.3.2所示。

用户可以反复添加【范围】（Range）选择器，多个选择器得出的复合效果非常丰富。下面介绍一下【范围选择器】（Range）的相关参数：

- 【起始】（Start）：设置选择器有效范围的起始位置。
- 【结束】（End）：设置选择器有效范围的结

束位置。

- 【偏移】（Offset）：控制【起始和结束】（Start&End）范围的偏移值（即文本起始点与选择器间的距离，如果【偏移】（Offset）值为0，【起始和结束】（Start&End）属性将没有任何作用，【偏移】（Offset）值的设置在文本动画制作过程中非常重要，该属性可以创建一个可以随时间变化的选择区域（如：当【偏移】（Offset）值为0%时，【起始和结束】（Start&End）的位置可以保持在用户设置的位置，当值为100%时，【起始和结束】（Start&End）的位置将移动到文本末端的位置）。

图5.3.2

下面介绍一下【高级】（Advanced）的相关参数：

- 【单位】（Units）：指定有效范围的动画单位（即指定有效范围内的动画以什么模式为一个单元方式运动，如：【字符】（Character）以一个字母为单位，【单词】（Words）以一个单词为单位）。
- 【模式】（Mode）：制定有效范围与原文本的交互模式（共六种融合模式）。
- 【数量】（Amount）：控制【动画制作工具】（Animator）属性影响文本的程度。
- 【形状】（Shape）：控制有效范围内字母的排列模式，如图5.3.3所示。

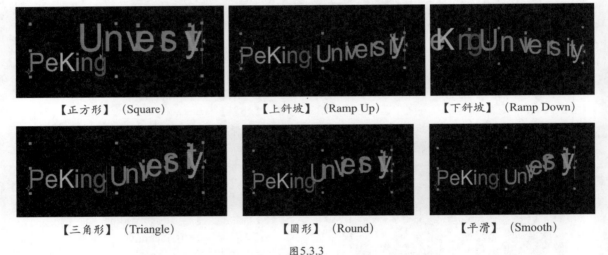

图5.3.3

- 【平滑度】（Smoothness）：控制文本动画过渡时的平滑程度（只有在选择【正方形】（Square）模式时才会显示。
- 【缓和高&低】（Ease High&Low）：控制文本动画过渡时的速率。
- 【随机排序】（Randomize Order）：是否应用有效范围的随机性，如图5.3.4和图5.3.5所示。

【随机排序】关（Randomize Order Off）

图5.3.4

【随机排序】开（Randomize Order On）

图5.3.5

【随机植入】（Random Seed）：控制有效范围的随机度（只有在打开【随机排序】（Randomize Order）时才会显示）。

除了可以添加【范围】（Range）选择器，还可以对文本添加【摆动】（Wiggly）和【表达式】（Expression）选择器，【表达式】选择器是在After Effects 6.5的版本中新添加的功能。【摆动】（Wiggly）选择器可以做出很多种复杂的文本动画效果，电影《黑客帝国》中经典的坠落数字的文本效果就是使用After Effects创建的，下面我们介绍一下【摆动】（Wiggly）选择器的属性。在【动画制作工具】右侧单击【添加】按钮，选中【选择器】>【摆动】命令就可以添加{摆动}选择器。

- 【摆动】（Wiggly）选择器主要用来随机的控制文本，可以反复添加。
- 【模式】（Mode）：控制与上方选择器的融合模式（共六种融合模式）。
- 【最大&小量】（Max&Min Amount）：选择器随机范围的最大值与最小值。
- 【依据】（Base On）：基于四种不同的文本字符排列形式。
- 【摇摆/秒】（Wiggles / Second）：选择器每秒变化的次数。
- 【关联】（Correlation）：控制文本字符（【依据】（Base On）属性所选的字符形式）间相互关联变化随机性的比率。
- 【时间&空间相位】（Temporal&Spatial Phase）：控制文本在动画时间范围内选择器的随机值的变化。
- 【锁定维度】（Lock Dimensions）：锁定随机值的相对范围。
- 【随机植入】（Random Seed）：控制随机比率。

下面我们通过实例来讲解【范围选择器】动画效果的制作。

5.3.1 范围选择器动画

01 选择【合成】（Composition）>【新建合成】（New Composition）命令，创建一个新的合成影片，设置如图5.3.6所示。

02 选择 T 文本工具，新建一个文本层，输入文字。

03 为文本层添加动画效果，选中文本层，再选择【动画】（Animation）>【动画文本】（Animate Text）>【不透明度】（Opacity）命令，也可以单击【时间轴】（Timeline）面板中【文本】（Text）属性右侧的【动画】（Animate）旁的三角图标 动画:◎，弹出菜单后选择【不透明度】（Opacity）命令，为文本添加【范围】（Range）动画控制器和【不透明度】（Opacity）属性，如图5.3.7所示。

图5.3.6

图5.3.7

04 在【时间轴】（Timeline）面板中，把时间指示器调整到起始位置，单击【范围选择器1】（Range Selector 1）属性下【偏移】（Offset）前的钟表图标 ◎，设置关键帧【偏移】（Offset）值为0%，如图5.3.8所示。

图5.3.8

05 调整时间指示器到结束位置，调节【偏移】（Offset）值为100%设定关键帧，如图5.3.9所示。

图5.3.9

06 把【不透明度】（Opacity）值调整为0%，如图5.3.10所示。

图5.3.10

07 播放影片就可以看到文本逐渐显示的效果了，如图5.3.11所示。

图5.3.11

> **提示：**
>
> 【偏移】（Offset）属性主要用来控制动画效果范围的偏移值，也就是说我们对【偏移】（Offset）值设置关键帧就可以控制偏移值的运动，如果设置【偏移】（Offset）值为负值，运动方向和正值则正好相反，实际的制作中我们可以通过调节【偏移】（Offset）值的动画曲线来控制运动的节奏。

5.3.2 透明度动画

同样的工具不同的设计师可以制作出万千效果，关键在于如何利用手头的工具，下面我们将要学习的实例复合的使用了文本动画控制工具，几种不同效果的混合可以制作出复杂的效果。文本动画的制作，建立在文本的每个字符的基础之上。在【图层】（Layer）菜单下的【从文本创建蒙版】（Create Outlines）命令可以将文本转化为【蒙版】（Mask），在Adobe公司的软件Illustrator和Flash中都有该项功能，但一旦转换为【蒙版】（Mask）将不能添加文本属性。

01 选择【合成】（Composition）>【新建合成】（New Composition）命令，创建一个新的合成影片，设置如图5.3.12所示。

图5.3.12

02 为文本效果作一个背景，烘托一下气氛。新建两个【纯色】（Solid）图层，两个层的颜色分别设置为：上层（R 239 / G 000 / B 003），下层（R 161 / G 000 / B 008），如图5.3.13所示。

03 选中上层1，使用 【圆形遮罩工具】创建【蒙版】（Mask），如图5.3.14所示。

图5.3.13　　　　　　　　　　　　　　　　图5.3.14

04 在【时间轴】（Timeline）面板中，打开【蒙版】（Mask）属性，调节【蒙版羽化】（Mask Feather）的值为60像素，如图5.3.15和图5.3.16所示。

图5.3.15　　　　　　　　　　　　　　　　图5.3.16

05 然后打开层的【变换】（Transform）属性，对【蒙版】（Mask）的【位置】（Position）和【缩放】（Scale）属性设置关键帧，如图5.3.17和图5.3.18所示。

图5.3.17　　　　　　　　　　　　　　　　图5.3.18

06 选择 T 文本工具，新建一个文本图层，输入文字，如图5.3.19所示。

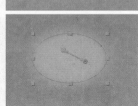

图5.3.19

07 为文本层添加动画效果，选中文本层，再选择【动画】（Animation）>【动画文本】（Animate Text）>【不透明度】（Opacity）命令，也可以单击【时间轴】（Timeline）面板【文本】（Text）属性右侧【动画】

（Animate）旁的三角图标 动画:▶ ，在弹出的菜单中选择【不透明度】（Opacity）命令，为文本添加【范围选择器】（Range）和【不透明度】（Opacity）属性，如图5.3.20所示。

图5.3.20

08 在【时间轴】（Timeline）面板中，把时间指示器调整到起始位置，单击【范围选择器】

（Range Selector 1）属性下【偏移】（Offset）前的钟表图标 ，设置关键帧【偏移】（Offset）值为0%。在01s（秒）的位置，设置关键帧【偏移】（Offset）值为60%，在02s（秒）的位置，设置关键帧【偏移】（Offset）值为100%，然后再设置【不透明度】（Opacity）的值为0%，如图5.3.21所示。

09 现在为文本添加第二个效果，单击【文本】（Text）层【动画制作工具1】（Animator 1）属性右侧的 添加:● 按钮，展开菜单，选择【属性】（Property）>【缩放】（Scale）命令，为文本添加【缩放】（Scale）效果。这时在【文本】（Text）层中多了一项【缩放】（Scale）属性，调节【缩放】（Scale）的值为200%，然后按下小键盘的数字键"0"，播放动画观察效果，文本在逐显的过程中又添加了缩放的效果，如图5.3.22所示。

图5.3.21

图5.3.22

5.3.3 起始与结束属性动画

01 在【范围选择器】属性下除了【偏移】属性还有【起始】和【结束】两个属性，该属性用于定义【偏移】的影响范围，对于初学者这个概念理解上存在一定困难，但是经过反复训练可以熟练掌握。首先创建一段文字，如图5.3.23所示。

图5.3.23

02 选中文本图层，再选择【动画】（Animation）>【动画文本】（Animate Text）>【缩放】（Scale）命令，也可以单击【时间轴】（Timeline）面板中【文本】（Text）属性右侧的【动画】（Animate）旁的三角图标 动画:● ，在弹出的菜单中选择【缩放】（Scale）命令，为文本添加【范围选择器】（Range）和【缩放】（Scale）属性，如图5.3.24所示。

03 在【时间轴】（Timeline）面板中，调节【范围选择器 1】（Range Selector 1）属

性下【起始】（Start）值为0%，【结束】（End）值为15%，这样就设定了动画的有效范围，在【合成】（Composition）面板中可以观察到，字体上的控制手柄会随着数值的变化移动位置，也可以通过鼠标拖曳控制器，如图5.3.25所示。

图5.3.24

图5.3.25

04 再设置【偏移】（Offset）值，把时间指示器调整到01s（秒）的位置，单击【偏移】

（Offset）前的钟表图标，设置关键帧【偏移】（Offset）值为-15%，再把时间指示器调整到03s（秒）的位置，设置关键帧【偏移】（Offset）值为100%，用鼠标拖动时间指示器，可以看到选择器的有效范围被制作成了动画，如图5.3.26所示。

图5.3.26

05 调节文本图层的【缩放】（Scale）值为250%，就可以看到只有在选择器有效范围内，文本在做着缩放动画，如图5.3.27所示。

图5.3.27

06 我们再为文本添加一些效果，单击文本图层【动画】（Animator 1）属性右侧的按钮添加：，展开菜单，选择【属性】（Property）>【填充颜色】（Fill Color）>【RGB】命令，为文本添加【填充颜色】（Fill Color）效果。这时在文本图层中多了一项【填充颜色】（Fill Color）属性，修改【填充颜色】（Fill Color）颜色的【RGB】值为0.145.233（也就是LOGO的颜色），然后按下小键盘的数字键"0"，播放动画观察效果，我们看到文本在放大的同时颜色也在改变，如图5.3.28所示。

图5.3.28

提示：

这个事例使用了【起始&结束】（Start & End）属性，用户也可以为这两个属性设置关键帧，以适应影片画面的需求，其他的属性添加方式是一样的，不同的属性组合在一起，得出的效果是不一样的，可以多尝试一下创作出新的文本效果。

5.3.4 路径文字效果

01 选择【合成】（Composition）>【新建合成】（New Composition）命令，弹出【合成设置】（Composition Settings）对话框，创建一个新的合成面板，命名为"路径文字动画效果"，设置控制面板参数，如图5.3.29所示。

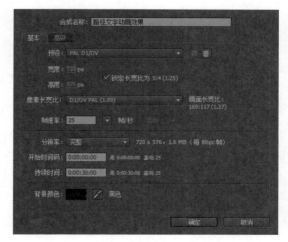

图5.3.29

02 选择【文件】（File）>【导入】（Import）>【文件】（File）命令，在【项目】（Project）面板中选中导入的素材文件，将其拖入【时间轴】（Timeline）面板，图像将被添加到合成影片中，在合成窗口中将显示出图像，如图5.3.30所示。

图5.3.30

03 选择【图层】（Layer）>【新建】（New）>【纯色】（Solid）命令（按下快捷键Ctrl+Y），打开【纯色设置】（Solid Settings）对话框，建立一个纯色图层，如图5.3.31所示。

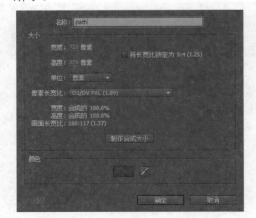

图5.3.31

04 选中建立的纯色图层，选择【效果】

（Effect）>【过时】（obsolete）>【路径文本】（Path Text）命令，为该层添加一个滤镜效果，在弹出的【路径文字】（Path Text）对话框中输入文字"After Effects CC"，并选择合适的字体，如图5.3.32所示。

图5.3.32

05 在【合成】（Composition）面板中可以看到，文字出现在面板中，原有的固态层的底色也消失了，文字是由路径来控制的，可以使用工具箱中的 ▶【选取工具】（Selection Tool）来控制路径曲线，如图5.3.33所示。

图5.3.33

06 路径文字被创建的同时会弹出【效果控件】（Effect Controls）对话框，在这个面板里包含控制【路径文本】（Path Text）效果的相关命令，并且可以制作出动画效果，如图5.3.34所示。

07 如果默认路径并不能完成所需要达到的效果，可以在【时间轴】（Timeline）面板中选中路径文字所在的层，使用工具箱中的 ♦【钢笔工具】（Pen Tool）在【合成】

（Composition）面板中绘制一条满意的曲线，如图5.3.35所示。

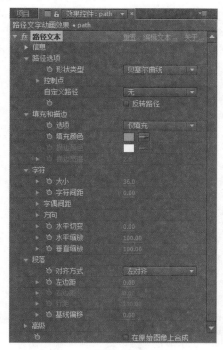

图5.3.34

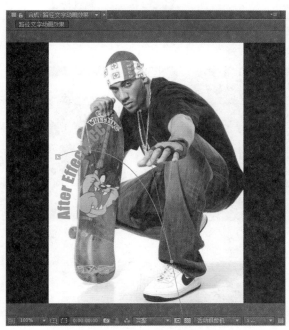

图5.3.35

08 在【效果控件】（Effect Controls）面板中将【路径选项】（Path Options）属性下的【自定义路径】（Custom Path）的选项改为

【蒙版1】（Mask 1），也就是我们刚才绘制的曲线，如图5.3.36所示。

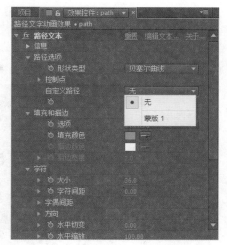

图5.3.36

09 观察【合成】（Composition）面板，文字已经随着新绘制的路径弯曲了，如图5.3.37所示。

图5.3.37

10 在【时间轴】（Timeline）面板中选中路径文字层，在【效果控件】（Effect Controls）面板中修改【字符】（Character）属性下的【大小】（Size）参数为70，并将【填充颜色】（Fill Color）参数改为红棕色，如图5.3.38所示。

11 下面我们为路径文字设置动画，在【时间轴】（Timeline）面板中选中路径文字层，展开【效果】（Effects）>【路径文本】

（Path Text）>【高级】（Advanced）>【可视字符】（Visible Characters）属性，单击【可视字符】（Visible Characters）属性左边的小钟表图标，开始记录关键帧动画，将时间指示器移动到0：00：00：00的位置，将【可视字符】（Visible Characters）属性的参数改为0.00，再将时间指示器移动到0：00：10：00的位置，设置参数为30.00，如图5.3.39所示。

12 将文字层转换为3d图层，在三维空间中旋转字体，按下数字键盘上的"0"数字键，对动画进行预览。可以看到文字随着路径逐渐显现，如图5.3.40所示。

图5.3.38

图5.3.39

图5.3.40

5.3.5 文本动画预设

在After Effects中预设了很多文本动画效果，如果用户对文本没有特别的动画制作需求，只是需要将文本以动画的形式展现出来，使用动画预设是一个很不错的选择。下面我们来学习一下如何添加动画预设。

01 在【合成】面板创建一段文本，在【时间轴】面板选中文本图层，选择【窗口】>【效果与预设】命令，可以看到面板中有【动画预设】一项，如图5.3.41所示。

02 展开【动画预设】选项，【Presets】（预设）>【Text】（文本）下的预设都是定义文本动画的。其中【Animate in】（呈现）和【Animate Out】（隐去）就是我们在平时经常制作的文字呈现和隐去的动画预设，如图5.3.42所示。

图5.3.41　　　　　　图5.3.42

展开其中的预设命令，当选中需要添加的文本，双击需要添加的预设，再观察【合成】面板播放动画，可以看到文字动画已经设定成功。展开【时间轴】面板上的文本属性，可以看到范围选择器已经被添加到文本上，预设的动画也可以

通过调整关键帧的位置来调整动画时间的变化，如图5.3.43所示。

图5.3.43

如果想预览动画预置的效果也十分简单，在【效果和预设】面板单击右上角的■图标，在下拉菜单中选中【浏览预设】（Adobe Bridge）命令，用户就可以在【浏览预设】（Adobe Bridge）中预览动画效果，如图5.3.44所示。

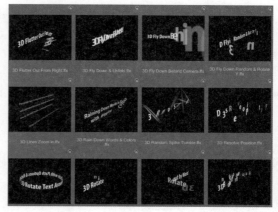

图5.3.44

5.4　文本特殊应用实例

同样的工具不同的方法创作出的画面效果是不一样的，学习工具的关键在于能灵活的使用这些工具，下面我们通过一个实例来深入了解文本工具的应用。

01 选择【合成】（Composition）>【新建合成】（New Composition）命令，创建一个新的合成影片，设置如图5.4.1所示。

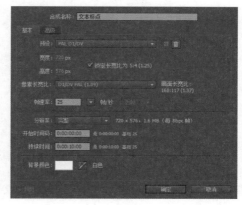

图5.4.1

02 选择**T**文本工具，新建一个文本层，输入
"标点"。输入的是标点而不是文字，我们
可以利用标点的外形做出丰富的动画。输入
"."号，也就是英文的句号。建立一个连
续的，由标点组成的虚线，如图5.4.2所示。

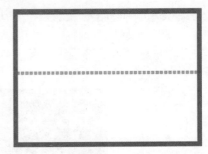

图5.4.2

提示：

如果创建的标点样式与间隔与本例不同，请注意调整文本工具上的文本样式，文本大小，文本颜色和文本间隔各项属性。

03 为文本层添加动画效果，选中文本层，再选择【动画】（Animation）>【动画文本】（Animate Text）>【缩放】（Scale）命令，也可以单击【时间轴】（Timeline）面板中【文本】（Text）属性右侧的【动画】（Animate）旁的三角图标 动画:●，在弹出的菜单中选择【缩放】（Scale）命令，为文本添加【范围选择器】（Range）和【缩放】（Scale）属性，如图5.4.3所示。

04 在【时间轴】（Timeline）面板中，把【缩放】（Scale）值调整到合适的值，可以通过观察【合成】（Composition）面板中红色矩形的大小来确定，如图5.4.4所示。

图5.4.3

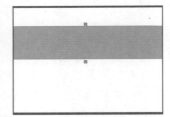

图5.4.4

05 为文本添加随机效果，单击【文本】（Text）层【动画制作工具】（Animator 1）属性右侧的 添加:● 按钮，展开菜单，选择【选择器】（Selector）>【摆动】（Wiggly）命令，为文本添加【摆动】（Wiggly）控制器，如图5.4.5所示。

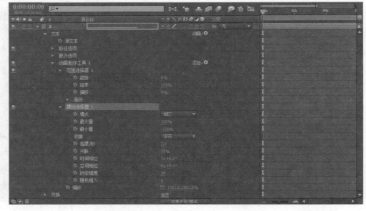

图5.4.5

06 观察【合成】（Composition）面板，可以看到蓝色的矩形变成了随机上下变化的方块，这是【缩放】（Scale）属性和【摆动选择器】（Wiggly Selector）效果融合的结果，如图5.4.6所示。

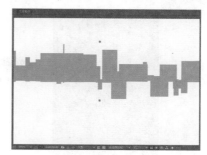

图5.4.6

07 按下小键盘的数字键"0"，预览动画。画面缺少层次，我们再为文本添加一些效果，单击【文本】（Text）层【动画制作工具1】（Animator 1）属性右侧的 添加:● 按钮，展开菜单，选择【属性】（Property）>【填充颜色】（Fill Color）>【RGB】命令，为文本添加【填充颜色】（Fill Color）效果。这时在【文本】（Text）层中多了一项【填充颜色】（Fill Color）属性。把时间指示器调整到00s（秒）的位置，单击【填充颜色】（Fill Color）属性左侧的钟表图表，将该属性设置为关键帧，我们可以设置一个蓝色到紫色的变化效果，如图5.4.7所示。

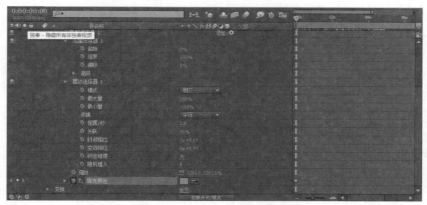

图5.4.7

08 再次观察【合成】（Composition）面板，画面有了丰富的色彩变化。按下小键盘的数字键"0"，预览动画。大大小小的色块，随机而富于韵律的运动。所以说使用工具不要拘泥于软件，可以使用各种可以利用的资源，创作出富于想象力的作品，如图5.4.8所示。

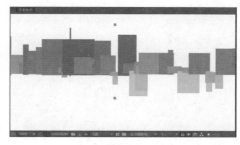

图5.4.8

5.5 绘画面板

【绘画】（Paint）面板在用户使用画笔工具和橡皮图章工具时是必须用到的，通过这个面板可以控制画笔和橡皮图章的各种属性，如图5.5.1所示。

图 5.5.1

5.5.1 画笔参数

● 【不透明度】（Opacity）：控制画笔的透明度，它的取值范围是0-100%。

● 【流量】（Flow）：控制画笔的墨水流量。

● 【模式】（Mode）：这里是混合模式，画笔和图层之间的混合模式比较相似，单击它后面的小方块可以弹出混合模式的下拉菜单。

● 【通道】（Channel）：这个选项可以设置画笔的使用通道。它有三种通道模式。

> RGBA：默认状态是这个选项，它表示画笔工具同时影响图像的所有通道。

> RGB：这个选项可以使画笔工具只影响图像的RGB通道。

> Alpha：这个选项可以使画笔工具只影响图像的Alpha通道。

● 【持续时间】（Duration）：该项也有四个选项，可以控制画笔不同的持续时间，如图5.5.2所示。

> 【固定】（Constant）：该项是默认选项。可以控制画笔从当前帧开始到合成影像最后一帧进行绘画。

> 【写入】（Write On）：这个选项可以使画笔产生动画。

> 【单帧】（Single Frame）：该项控制画笔只能在当前帧绘画。

> 【自定义】（Custom）：该项可以使画笔在指定的帧中进行绘画。

● 【抹除】（Erase）：这个选择是用来设置【橡皮擦工具】Eraser Tool的擦除方式。其中有三个选项，如图5.5.3所示。

> 【图层源和绘画】（Layer Source & Paint）：该选项可以使【橡皮擦工具】（Eraser Tool）擦除笔画的同时，也可以

擦除笔画下的图层。

> 【仅绘画】（Paint Only）：该选项使【橡皮擦工具】（Eraser Tool）只擦除画笔。

> 【仅最后描边】（Last Stroke Only）：该选项只擦除最后一次的绘画效果。

　　　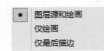

图 5.5.2　　　　　　　图 5.5.3

5.5.2 仿制选项参数

在【绘画】（Paint）面板中的【仿制选项】（Clone Options）栏是用来控制【橡皮擦工具】（Eraser Tool）的，下面来具体介绍：

【预设】（Preset）：这个选项是用来储存预先设定的取样点，一共可以储存5个不同的取样点。

【源】（Source）：是用来显示取样点的图层，当然也可以在这里改变这个图层，取样点也会因此而改变，但是它的坐标位置是不变的。

【已对齐】（Aligned）和【锁定源时间】（Lock Source Time）：这个两个选项在前面介绍【仿制选项】（Eraser Tool）的时候已经说过了，这里就不作介绍了。

【偏移】（Offset）：显示了取样之后，鼠标在图层中移动的坐标，这个坐标是以取样点为中心点的，克隆过一次后，这个坐标就不变了，除非再次取样。在这个坐标后面的■图标，是用来清除取样的记录的。

【源时间转移】（Source Time Shift）：是用来改变克隆源（也就是被取样的图层）的时间，当我们在克隆一个动画片断或是一个序列帧时，可以通过这个选项来改变克隆源的时间，此时在需要克隆的图层会暂时显示出克隆源的图像变化。

5.5.3 画笔颜色

可以在【绘画】（Paint）面板右上角的前景色和背景色更改画笔的颜色，如图5.5.4所示。

图 5.5.4

上层的是前景色，下层的是背景色，单击■按钮可以交换前景色和背景色的颜色，单击■按钮可以恢复默认的前景色和背景色。

5.6 画笔面板

在【画笔】（Brush Tips）面板中为用户提供了多种画笔，而且可以修改每种画笔的属性来更改画笔的形状。默认状态下【画笔】（Brush Tips）面板是灰色不可编辑状态，只有当我们选择了【画笔工具】（Brush Tool）后，才会被激活，如图5.6.1所示。

图 5.6.1

5.6.1 画笔的显示

在【画笔】（Brush Tips）面板的上方是各种画笔的陈列区，用户可以通过一些命令改变画笔的显示方式。单击右上角的按钮，打开【画笔】（Brush Tips）面板的下拉菜单，如图5.6.2所示。

图 5.6.2

上图中有标记的命令都是用来改变画笔的不同显示方式的。

【仅文本】（Text Only）：只显示每种画笔类型的名称。这种显示方式将为用户节省大量空间，但不够直观，如图5.6.3所示。

【小预览图】（Small Thumbnail）：这个命令是默认的画笔默认的状态，以比较小的图标显示画笔，如图5.6.4所示。

 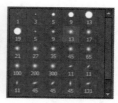

图 5.6.3   图 5.6.4

【大预览图】（Large Thumbnail）：用比较大的方式来显示画笔，如图5.6.5所示。

【小列表】（Small List）：用比较小的方式来显示画笔的状态和名称，如图5.6.6所示。

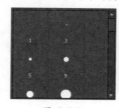 

图 5.6.5   图 5.6.6

【大列表】（Large List）：这种显示方式和上一种方式一样，只是相对来说大一些，如图5.6.7所示。

图 5.6.7

5.6.2 画笔面板的参数

在【画笔】（Brush Tips）面板的下方是一些修改画笔形状的属性参数，下面来看一下它们的具体功能，如图5.6.8所示。

图5.6.8

- 【直径】（Diameter）：该项用来控制画笔的直径大小，可以直接输入数值，也可以用鼠标来拖曳。最小数值为1，最大数值为2500。

提示：

在【图层】（Layer面板中按住Ctrl键拖动鼠标可以调节笔刷的大小，释放Ctrl键后不要释放鼠标，继续拖动鼠标可以调节笔刷的硬度。

- 【角度】（Angle）：该项功能来控制椭圆形画笔长坐标轴距水平面的角度。最小数值为-180，最大数值为180。
- 【圆度】（Roundness）：该项可以使画笔变为椭圆形，也就是控制画笔长短坐标的比率。最小数值为0%，最大数值为100%。
- 【硬度】（Hardness）：控制笔刷效果边缘从100%不透明到100%透明的转化程度，较小值时只有笔刷中心是完全不透明的。
- 【间距】（Spacing）：该项可以用来控制画笔在绘画时笔尖标记的间隔大小。如果取消这个控制，鼠标的速度决定了间隔的大小。鼠标运动越快间隔越大；反之亦然。最小数值为1%，最大数值为1000%。
- 【画笔动态】（Brush Dynamics）栏中的选项用于用户使用压力手写笔装置代替鼠标绘画时向默认笔尖中添加动态变化元素。
- 【大小】（Size）：该项可以来指定一个笔画中笔刷痕迹大小变化的程度。包括【无】（Off）、【笔头压力】（Pen Pressure）、

【笔倾斜】（Pen Tilt）、【笔尖转动】（Stylus Wheel）。
- 【最小大小】（Minimum Size）：指定一个1%到100%的范围。该选项只有在【大小】（Size）菜单中不选择【无】（Off）项时可用。
- 【角度】（Angle）：该项指定一个笔画中笔刷痕迹角度变化的程度。包括【笔头压力】（Pen Pressure）、【笔倾斜】（Pen Tilt）、【笔尖转动】（Stylus Wheel）。
- 【圆度】（Roundness）：该项指定一个笔画中笔刷痕迹圆度变化的程度。包括【无】（Off）、【笔头压力】（Pen Pressure）、【笔倾斜】（Pen Tilt）、【笔尖转动】（Stylus Wheel）。
- 【不透明度】（Opacity）：该项指定一个笔画中笔刷痕迹不透明度的变化程度。包括【无】（Off）、【笔头压力】（Pen Pressure）、【笔倾斜】（Pen Tilt）、【笔尖转动】（Stylus Wheel）。
- 【流量】（Flow）：该项指定一个画笔中笔刷痕迹墨水流量的变化程度。包括【无】（Off）、【笔头压力】（Pen Pressure）、【笔倾斜】（Pen Tilt）、【笔尖转动】（Stylus Wheel）。

5.6.3 添加和删除画笔

在【画笔】（Brush Tips）面板中可以对任何一个画笔进行删除，也可以对调整好的画笔进行保存。

- 通过这个按钮或者单击面板右上角的小三角形状的按钮，在弹出的下拉菜单中选择【新建画笔】（New Brush）命令，就可以打开【选择名称】（Choose Name）对话框，在这里输入名字，单击【确定】（OK）按钮就可以新建一个画笔。
- 该按钮用来删除画笔，选中一个画笔，再单击这个按钮就可以删除选择的画笔。

5.7 文本综合实例

01 首先建立一个新的【合成】，在菜单栏中单击合成选项，在下拉菜单中选择【新建合成】命令，弹出【合成设置】对话框，命名为【文字运动模糊合成】，如图5.7.1所示。

图5.7.1

02 在工具栏中选择文字工具，单击合成面板进入文字编辑模式，本次实例做的是文字的运动模糊效果，输入文字内容为"living on my life and chasing dreams all my own"每个单词作为单独的一个图层，并将每层的三位开关打开，这么做是为了后面我们对文字做更好的编辑。（文字内容可自主更改），如图5.7.2所示。

03 对文字进行必要的排列组合，为了位置的准确，在这里要用到【标尺】命令，单击菜单栏中的视图选项，在下拉菜单中选择【显示标尺】命令（快捷键Ctrl+R）。利用鼠标在合成窗口内的标尺领域单击拖曳出标尺线，这样有利于精确文字排放的位置，使得画面更加的美观，如图5.7.3所示。

图5.7.2

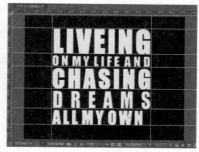

图5.7.3

04 在菜单栏中找到窗口选项，选择【字符】命令，即可在面板中出现字符面板，选中所要编辑的文字层即可在字符面板中调整其相应参数，如图5.7.4所示。

05 下面我们开始对文字进行模糊动画的制作流程，选择第一个文字层"living"，首先制作运动动画，选择该层的位置参数，指针在0.5秒的位置上单击位置秒表，将指针移动到0秒位置修改文字的位置，将文字向左水平移出一个身位，可以利用鼠标在合成窗口中选中该层，按住Shift键拖曳或是在该层的位置选项中修改相应的参数，如图5.7.5所示。

图5.7.4

图5.7.5

06 下面在时间线窗口中单击运动模糊开关图标，然后单击"living"层的运动模糊开关（这一步很关键，直接影响到画面的运动效果质量），如图5.7.6所示。

图5.7.6

07 将指针对到0秒，按空格键进行预览，可以看到效果先后的明显对比，如图5.7.7所示。

图5.7.7

08 前一步我们对文字移动层添加了运动模糊的效果，可以看到给人一种高速移动的感觉，该步骤对文字的移动节奏进行编辑，选中living层的运动关键帧，在时间线面板中单击图标编辑器图标📊，如图5.7.8所示。

图5.7.8

09 可以看到时间线面板模式发生了变化，有很多不同颜色的线段，每一条线段是该层下面的位置选项的运动情况，为了更好的理解图标编辑器，我们也能称之为曲线编辑器，在该模式下能够更好的观测物体运动情况并对其做更为细腻的操作，如图5.7.9所示。

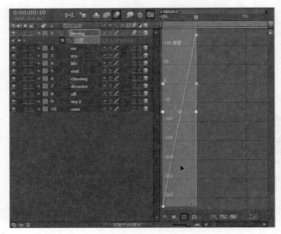

图5.7.9

10 为了便于观察编辑曲线的具体细节，用面板下方的放大缩小图标 控制该区域放大和缩小，如图5.7.10所示。

图5.7.10

11 在面板中能够看到三条不同颜色的线段（前提必须选择该层的位置属性），三条线表示该层在X轴、Y轴、Z轴上的运动情况。鼠标选中红色末端的点以实心黄点显现，单击面板下方的缓动图标 ，如图5.7.11所示。

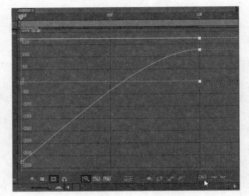

图5.7.11

12 选中末端端点，单击单独尺寸图标 ，如图5.7.12所示。

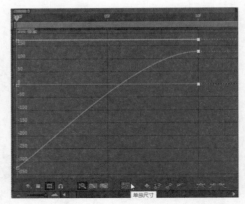

图5.7.12

13 此时末端端点出现曲线控制手柄，控制手柄的方向长短即可调整层运动的节奏。按住Shift键将末端手柄一直向左拖曳到底。该线段起始端进行反方向拖曳，如图5.7.13所示。

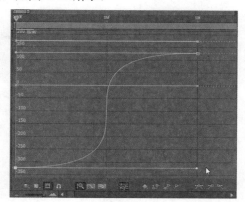

图5.7.13

14 将指针放在0秒位置，按空格键预览文字层运动效果，如图5.7.14所示。

15 选中living层，对该图层添加【预合成】命令，选择【图层】>【预合成】命令。该步骤的作用是为了后面的遮罩能够对文字进行部分遮盖的同时不跟随文字一同运动，如图5.7.15所示。

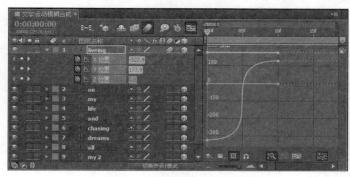

图5.7.14　　　　　　　　　　　　　　　　　　　图5.7.15

16 将指针移到0秒位置，选中"living"层，在工具栏中选择矩形工具，在合成面板中绘制矩形，将文字"living"框选出来，如图5.7.16所示。

17 在时间线面板中找到该层的蒙版参数，勾选【反转】参数项，在合成窗口预览第一个文字的运动效果，如图5.7.17所示。

18 选中第二个图层"ON"层，在工具栏中选择【向后平移工具】（快捷键Y），该工具能够任意移动被选中物体中心点的位置。将ON层中心点移动至左下角处，如图5.7.18所示。

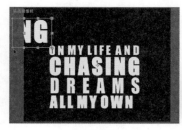  

图5.7.16　　　　　　　　　　　图5.7.17　　　　　　　　　　　图5.7.18

19 对该图层进行旋转运动，将指针移动至0.5秒处，单击Z轴旋转选项秒表，将关键帧移动至1秒位置，在0.5秒处将Z轴旋转参数设置为90，如图5.7.19所示。

20 单击该层的运动模糊开关，如图5.7.20所示。

图5.7.19 图5.7.20

21 选中Z轴选项，在时间线面板中单击【图像编辑器】图标，找到Z轴的运动线段，选中其始末端，单击面板下方的【缓入】图标和【单独尺寸】图标。使得始末端出现可控制手柄，如图5.7.21所示。

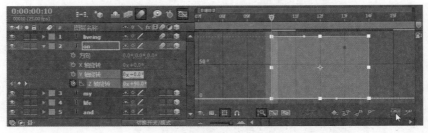

图5.7.21

22 按住Shift键拖曳手柄往水平左右方向。（注意：拖曳到底，否则效果不明显），如图5.7.22所示。

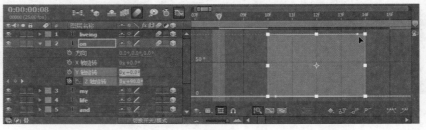

图5.7.22

23 打开不透明度选项，指针移至0.6秒位置，单击不透明度关键帧将其参数更改为0，再将指针移至0.8秒位置，设置不透明度为100，如图5.7.23所示。

24 选择第三个图层中的"MY"层，给该层设置动画。在其位置选项中，将指针移动至0.9秒位置，将该层文字向下移动一个身位，将指针移动至1.3秒处，把文字位置放回原来位置，如图5.7.24所示。

图5.7.23 图5.7.24

25 单击MY层运动模糊按钮，然后单击时间面板的【图像编辑器】图标，将选中运动曲线，按照前面的操作，对线段两端的手柄进行水平左右方向拖曳，如图5.7.25所示。

26 将MY层选中，进行【预合成】命令。该步骤的作用是为了后面的遮罩能够对文字进行部分遮盖的同时不跟随文字一同运动，如图5.7.26所示。

27 对新建的【预合成】进行遮罩操作，选中MY层，选择矩形工具对文字MY绘制遮罩，如图5.7.27所示。

图5.7.25

图5.7.26

图5.7.27

28 对MY层的蒙版勾选【反转】，如图5.7.28所示。

29 下面选中第四个文字层LIFE层，在工具栏中选择【向后平移】工具 ▦，将LIFE的中心点平移至其最左端，如图5.7.29所示。

图5.7.28

图5.7.29

30 将指针移至1.5秒位置，对该层的Y轴旋转选项编辑，参数设置为90。然后将指针移动至2秒位置，将Y轴旋转选项设置为0。下一步开启该层的运动模糊开关，选中Y轴旋转选项，单击图像编辑器，在该模式下的时间线面板中找到对应的运动线段，单击缓入图标 ▧，对线段的始末两端的手柄进行拖曳至水平左右方向两端，如图5.7.30所示。

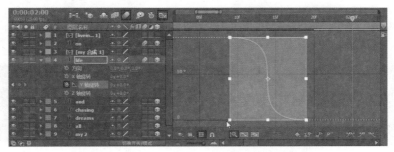

图5.7.30

31 选中LIFE层，按住Shift键+T即可使得【旋转】选项同【不透明度】选项一起出现在时间线面板中，这样更有利于节省空间。对其不透明度进行修改，将指针移动至1.5秒位置，将不透明度为0，移动指针到1.7秒位置，将数值更改为100，如图5.7.31所示。

图5.7.31

32 选中第五个文字层"and"层，更改位置参数，指针移动至2秒，单击其秒表位置，将and的位置向上移动一个身位，将指针移动至2.5秒处，把文字放回原来位置，然后打开该层的运动模糊开关，如图5.7.32所示。

33 单击时间面板的【图像编辑器】图标，将选中运动曲线，按照前面的操作，对线段两端的手柄进行水平左右方向拖曳，如图5.7.33所示。

图5.7.32　　　　　　　　　　　　　　　　图5.7.33

34 将and层选中，进行【预合成】命令。该步骤的作用是为了后面的遮罩能够对文字进行部分遮盖的同时不跟随文字一同运动，如图5.7.34所示。

35 对新建的【预合成】进行遮罩操作，选中"and"层，使用矩形工具对文字and绘制遮罩，如图5.7.35所示。

36 勾选MY层蒙版的【反转】选项，如图5.7.36所示。

图5.7.34　　　　　　　　　　图5.7.35　　　　　　　　　　图5.7.36

37 选中第六个文字层chasing层，在工具栏中选择【向后平移工具】，将文字的中心点移动至左上角处，如图5.7.37所示。

38 移动指针至2.5秒位置，对该层X轴旋转进行编辑，单击X轴旋转，将数值更改为-90，将指针移动至3秒位置，数值更改为0，如图5.7.38所示。

图5.7.37　　　　　　　　　　　图5.7.38

39 打开chasing层的【运动模糊】开关并单击图像编辑器图标 ，选中运动曲线，按照前面的操作，对线段两端的手柄进行水平左右方向拖曳，如图5.7.39所示。

图5.7.39

40 打开该层的【不透明度】选项，将指针移动至2.3秒处，将不透明度更改为0，将指针移至2.5秒处，不透明度改为100，如图5.7.40所示。

41 该文字层的运动完成，将指针移至0秒位置，按空格键对画面效果进行预览，如图5.7.41所示。

图5.7.40

图5.7.41

42 选中第七个文字图层，开始为dreams层制作运动效果，选择【图层】【新建】>【空对象】命令，将新建好的空对象层放置在dreams正右端，如图5.7.42所示。

43 该步骤是通过父级绑定的方式完成文字的运动，下面开始对该层进行父级绑定运动具体操作，在时间线面板中找到【图层名称栏】，在该栏中的空白区域单击鼠标右键，在下拉列表中选择【列数】>【父级】命令，可以看到时间面板展开了隐藏选项，如图5.7.43所示。

图5.7.42

图5.7.43

44 可以看到在时间线面板中的【图层名称】行中出现【父级】，其下方对应的是每个图层的父级参数选项，找到dreams层父级下的螺旋图标，单击并拖曳至空对象层上，到此完成了dreams层同空对象层的绑定，如图5.7.44所示。

图5.7.44

45 【父级绑定】是为了更好的控制物体的运动，通过对空对象的编辑命令，使得dreams层也被迫必须进行同样的运动效果。首先，把dreams层的运动模糊开关打开，然后选中"空对象层"，打开其【3D开关】，如图5.7.45所示。

46 对空对象层的Z轴旋转选项进行操控，指针移至3秒位置，将Z轴旋转选项参数更改为-90，将指针移动至3.5秒位置，参数更改为0，如图5.7.46所示。

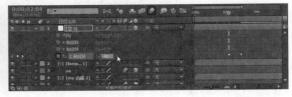

图5.7.45   图5.7.46

47 选中空对象层的Z轴旋转选项，单击图像编辑器图标，选中运动曲线，按照前面的操作，对线段两端的手柄进行水平左右方向拖曳，如图5.7.47所示。

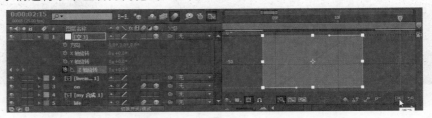

图5.7.47

48 该文字层的运动完成，将指针移至0秒位置，按空格键对画面效果进行预览，如图5.7.48所示。

49 选中第八个文字层all层，移动该层位置，将指针移至3.5秒处，单击该层位置选项的秒表并修改参数，使得位置向左移动一个身位，将指针移至4秒处，将参数设置为原位置参数。然后打开该层的运动模糊开关，并单击图像编辑器图标，将选中运动曲线，按照前面的操作，对线段两端的手柄进行水平左右方向拖曳。选中all层，对该层添加【预合成】命令，在菜单栏中单击图层，在其下拉列表中选择【预合成】命令，如图5.7.49所示。

50 对新建的预合成进行遮罩操作，选中all层，选择矩形工具对文字all绘制遮罩。勾选all层蒙版的【反转】选项，如图5.7.50所示。

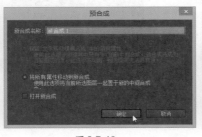

图5.7.48   图5.7.49   图5.7.50

51 选中第九个文字层MY2层，对其进行X轴旋转选项，选择向后平移工具，将文字的中心点移动至其左下角，将指针移动至4秒位置，单击X轴旋转选项的秒表修改参数为90，将指针移至4.5秒处将参数设置为0，然后打开运动模糊开关。单击图像编辑器图标，将选中运动曲线，按照前面的操作，对线段两端的手柄进行水平左右方向拖曳，如图5.7.51所示。

52 选中最后一个文字层own层，该文字运动显现摇摆效果，选中该层，选择向后平移工具，将文字中心点移动至其左上角处，如图5.7.52所示。

图5.7.51   图5.7.52

53 选中该层添加旋转运动效果，将指针移至4.5秒处，单击【X轴旋转】选项的秒表，修改参数为-110，将指针移至4.8秒处，将参数设置为30，将指针移至5.1秒处，将参数设置为-20，将指针移至5.4秒处，将参数设置为10，将指针移至5.7秒处，将参数设置为-5，将指针移至6秒处，将参数设置为0。打开该层的运动模糊开关，这样的控制运动参数是为了表现出摇摆的视觉效果，如图5.7.53所示。

图5.7.53

54 选中【X轴旋转】选项，单击图像编辑器图标，可以看到该选项运动的情况呈心电图起伏状，选中该线段上所有点，单击时间线面板下方的【缓入】图标，可以看到线段有心电图形式转换为波浪起伏的形式，这样运动有过度效果，否则会显得过于生硬。通过对手柄的控制，使得文字的运动规律更有节奏感，如图5.7.54所示。

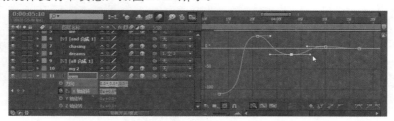

图5.7.54

55 对该参数【不透明度】进行控制，将指针移至4.3秒处，单击【不透明度】属性的秒表，将修改参数为0，将指针移至4.7秒处，将不透明度参数更改为100，如图5.7.55所示。

图5.7.55

56 该文字层的运动完成，将指针移至0秒位置，按空格键对画面效果进行预览，如图5.7.56所示。
57 将所有的图层选中，并添加【预合成】命令，这样有利于后面对文件效果的添加，将预合成命名为"总预合成"，如图5.7.57所示。

图5.7.56

图5.7.57

58 双击项目面板的空白区域，弹出【导入文件】对话框，找到需要的背景素材，单击导入，如图5.7.58所示。

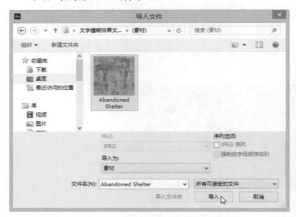

图5.7.58

59 将背景图片层放置在总预合成下方，如图5.7.59所示。

图5.7.59

60 在时间线面板中找到【图层名称栏】，在该栏中的空白区域单击右键鼠标，在下拉列表中选择【列数】>【模式】命令，可以看到时间面板展开隐藏选项，如图5.7.60所示。

图5.7.60

61 将"总预合成"层的模式更改为【叠加】，如图5.7.61所示。

图5.7.61

62 文字运动模糊效果的操作步骤到这里已经完成，将指针移至0秒位置，按空格键来对画面效果进行预览，如图5.7.62所示。

图5.7.62

第6章

效果与表达式

　　熟悉Photoshop的用户对滤镜的概念不会陌生，After Effect的【效果】类似于Photoshop的滤镜，是After Effects的核心内容。通过设置效果参数，能使影片达到理想的效果。After Effects CC优化了部分效果的属性，并加入了一些新的效果。【效果】是After Effects 最有特色的功能，熟练掌握各种效果的使用是学习After Effects操作的关键，也是提高作品质量最有效的方法。After Effects提供的效果将大大提高制作者对作品的修改空间，降低制作周期和成本。

　　默认情况下，After Effects 自带的效果保存在程序安装文件夹的根目录下的Plug-ins文件夹内。当启动After Effects 后，程序将自动安装这些效果，并显示在Effect下拉菜单和Effect& Presets面板中。用户也可以自行安装第三方插件来丰富Effects功能。

6.1　效果和预设面板

　　用户可以通过不同的方式执行【效果】（Effect）的命令，【效果和预设】（Effect& Presets）面板以列表的形式清晰的显示了各种效果。单击右上角的图标，可以展开该效果组的详细效果列表，然后就可以为素材添加任意一个或多个效果。除了【效果和预设】（Effect& Presets）面板，还包括一些系统预设的动画模板，如图6.1.1所示。

图6.1.1

- 【浮动面板】（Undock Panel）
- 【浮动帧】（Undock Frame）
- 【关闭面板】（Close Panel）
- 【关闭帧】（Close Frame）
- 【最大化帧】（Maximize Frame）
- 【保存动画预设…】（Save Animation preset…）
- 【浏览预设】（Browse Presets…）（通过Adobe Bridge浏览预设动画效果）
- 【类别】（Categories）（默认状态下按【类别】（Categories）显示效果。）
- 【资源管理器文件夹】（Explorer Folders）
- 【按字母顺序】（Alphabetical）
- 【显示效果】（Show Effects）
- 【显示动画预设】（Show Animation Presets）
- 【在资源管理器中显示】（Reveal in Explorer）
- 【刷新列表】（Refresh List）（不需从新启动After Effects的情况下，程序自动更新效果内容）

　　如果用户需要使用某种效果，并知道他的名称或名称中的一个单词，可以通过【效果和预设】（Effect& Presets）面板快速查找。在文本框中键入效果名称或包含的单词，例如：【颜色】color，面板直接显示出相对应的效果，如图6.1.2所示。

图6.1.2

6.2　效果操作

　　After Effects 中的所有效果都罗列在【效果】（Effects）下拉菜单中，也可以使用上节介绍的【效果

和预设】（Effect& Presets）面板来快速选择所需效果。当对素材中一个层添加效果后，【效果控件】（Effect controls）面板将自动打开，同时该图层所在的【时间轴】（Timeline）中的效果属性中也会出现一个已添加效果的图标。我们可以单击 *fx* 这个图标来任意打开或关闭该层效果效果。可以通过【时间轴】（Timeline）中的效果控制或【效果控件】（Effect Controls）面板对所添加效果的各项参数进行调整。

6.2.1 应用效果

首先选取需要添加效果的素材的层，单击【时间轴】（Timeline）面板中已经建立的项目中层的名字或在【合成】（Composition）面板中直接选取所在层的素材。

可以通过两种方式为素材层添加效果。

● 在【效果】（Effect）下拉菜单中选择一种你所需要添加的效果类型，再选择所需类型中的具体的效果。

● 在【效果和预设】（Effect& Presets）面板中单击所需效果类型名称前的三角图标，出现相应效果列表，再将所选效果拖拽到目标素材层上或直接双击效果名称。

在After Effects中，无论是利用【效果】（Effect）下拉菜单还是【效果和预设】（Effect& Presets）面板，都能为同一层添加多种效果。如果要为多个层添加同一种效果，只需要先选择所需添加效果的多个素材层，然后按上面的步骤添加即可。

6.2.2 复制效果

After Effects 允许用户在不同层间复制和粘贴效果。在复制过程中原层的调整效果参数也将保存并被复制到其他层中。通过以下方式复制效果。

首先在【时间轴】（Timeline）面板中选择一个需要复制效果的素材层。然后在【效果控件】（Effect Controls）面板中选取复制层的一个或多个效果，选择【编辑】（Edit）>【复制】（Copy）命令或按Ctrl+C快捷键。

复制完成后，再在【时间轴】（Timeline）面板中选择所需粘贴的一个或多个层，然后选择【编辑】（Edit）>【粘贴】（Paste）命令或按Ctrl+V快捷键。这样就完成了一个层对一个层，或一个层对多个层的效果复制和粘贴。

如果设置好的效果需要多次使用，并在不同电脑上应用。可以将设置好的效果数值保存，需要使用时调入就可以。

6.2.3 关闭与删除效果

当我们为层添加一种或多种效果后，电脑在计算效果时将占用大量时间，特别是我们只需要预览一个素材上的部分效果或对比多个素材上的效果时，这时可能又要关闭或删除其中一个或多个效果。但关闭效果或删除效果带来的结果是不一样的。

关闭效果只是在【合成】（Composition）面板中暂时不显示效果，这时进行预览或渲染都不会添加关闭的效果。如需显示关闭的效果可以通过【时间轴】（Timeline）面板或【效果控件】（Effect Controls）面板打开，或在【渲染队列】（Rend Queue）面板中选取渲染层的效果。该方法常用于素材添加效果前后对比，或多个素材添加效果后对单独素材关闭效果的对比。

如果想逐个关闭层包含的效果，可以通过单击【时间轴】（Timeline）面板中素材层前的三角图标，展开【效果】（Effect）选项，然后单击所要关闭效果前的黑色图标，图标消失表示不显示该效果，如果想恢复效果只需要再在原位置单击一次。当我们关闭一个素材上的一个效果后，将会提高该素材预览时间，但重新打开之前关闭效果时，计算机将重新计算该效果对素材的影响，因此对于一些需要占用较长处理时间的效果，请用户慎重选择效果显示状态，如图6.2.1所示。

图6.2.1

如果想一次关闭该层所有效果，则单击该层【效果】（Effect）图标。当再次选择打开全部效果时，将重新计算所有效果对素材的影响，特别是效果之间出现穿插，会互相影响时，将占用更多时间，如图6.2.2所示。

图6.2.2

删除效果将使所在层永久失去该效果，如果以后需要就必须重新添节和调整。

可以通过以下方式删除效果。

首先在【效果控件】（Effect Controls）面板选择需要删除的效果名称。然后按键盘上的Delete键或选择【编辑】（Edit）>【清除】（Clear）命令。

如果需要一次删除层中的全部效果，只需要在【时间轴】（Timeline）面板或【合成】（Composition）面板中选择层所包括的全部效果，然后选择【效果】（Effect）>【全部移除】（Remove All）命令。特别要注意的是选择【全部移除】（Remove All）命令后会同时删除包含效果的关键帧。如果用户错误删除层的所有效果，可以选择【编辑】（Edit）>【撤销】（Undo）命令或按快捷键Ctrl+Z来恢复效果和关键帧。

6.2.4 效果参数设置

为一个图层添加效果后，默认的情况是效果随同图层的持续时间产生效果，可以设置效果的开始和结束时间和参数。

在【时间轴】（Timeline）面板中的【效果】（Effect）列表和【效果控件】（Effect Controls）面板中会列出该效果所有的属性控制选项。要注意的是并不是每种效果都包含了所列出的参数，比如【彩色浮雕】（Color Emboss）效果有【方向】（Direction）角度调节设置，而没有颜色参数设置；【保留颜色】（Leave Color）效果有【要保留的颜色】（Color To Leave）颜色设置，而没有角度参数设置，如图6.2.3所示。

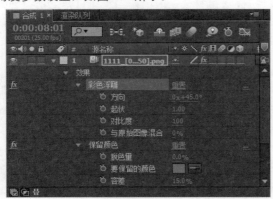

图6.2.3

通过【时间轴】（Timeline）面板和【效果控件】（Effect Controls）面板两种方式可以设置效果的参数。接下来介绍各种参数的设置方法。

1. 带有下划线的参数

带下划线参数是效果中最常出现的参数种类，可以通过两种方式来设置这种参数。

首先单击需要调节的效果名称。如果效果属性未展开，则单击效果名称前的三角图表，展开属性菜单。

● 直接调节参数。将鼠标移到带下划线的参数数值上，鼠标箭头变成一只小手，小手两边有向左和向右的箭头。此时按住鼠标再向左或向右移动鼠标。参数随你移动方向变化，向左变小，向右变大。这种调节方式可以动态观察素材在效果参数变化情况下的各类效果。

● 输入数值调节参数。将鼠标移到带下划线的参数数值上，单击鼠标左键，原数值处于可编辑状态，只需输入想要的值，然后按Enter键。当需要某个精确的参数时，就按这种方式直接输入。当输入的数值大于最大数值上限，或小于最小数值下限的时候，After Effects将自动给该属性赋值为最大或最小。

2. 带角度控制器的参数

可以通过两种方式对带有角度控制参数进行设置。一是调节参数的带下划线的数值，二是调节圆形的角度控制按钮。如果需精确调节效果角度参数，可以直接单击带下划线数值，然后输入想要的角度值。这种调节方式好处是快速且精确。

如果想比较不同角度的效果，可以直接在圆形的角度控制按钮上单击鼠标，角度数值会自动变换到那个位置对应的数值上。或按住圆形的角度控制按钮上的黑色指针，然后按逆时针或顺时针方向拖动鼠标。逆时针方向可以减小角度，顺时针方向增加角度。这种调节方式适合动态比较效果，但不精确，如图6.2.4所示。

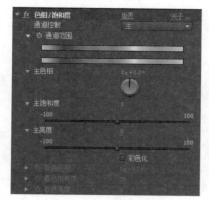

图6.2.4

3. 效果的色彩参数

对于需要设置颜色参数的效果，先单击【颜色

样品】按钮，将弹出【颜色选择器】对话框，从中选取需要的颜色，单击【确定】（OK）按钮。或利用【颜色样品】按钮后的【吸管】工具从屏幕中任意你需要的颜色位置取色，如图6.2.5所示。

图6.2.5

设置好参数后，如果想恢复参数初试状态，只需单击效果名称右边的【重置】（Reset）按钮。如果想了解该效果的相关信息则单击【关于...】（About）按钮。

6.3 内置效果详解

下面我们通过几款内置效果来深入了解After Effects效果的基本使用方法。

6.3.1 色阶

选择【效果】>【颜色校正】>【色阶】命令可以将输入的颜色范围重新映射到输出的颜色范围，还可以改变灰度系数正曲线，是所有用来调图像通道的效果中最精确的工具。色阶调节灰度的好处是可以在不改变阴影区和加亮区的情况下改变灰度中间范围的亮度值，如图6.3.1所示。

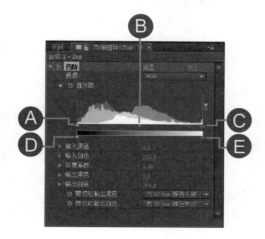

图6.3.1

A——指向的三角图表代表【输入黑色】（Input Black）。

B——指向的三角图表代表Gamma。

C——指向的三角图表代表【输入白色】（Input White）。

D——指向的三角图表代表【输出黑色】（Output Black）。

E——指向的三角图表代表【输出白色】（Output White）。

【通道】（Channel）：选择需要修改的通道。分5种，包括RGB，Red，Greed，Blue，Alpha。

【直方图】（Histogram）：显示图像中像素的分布状态。水平方向表示亮度值，垂直方向表示该亮度值的像素数量。输出黑色值（Output Black）是图像像素最暗的底线值，输出白色值（Output White）是图像像素最亮的最高值。

【输入黑色】（Input Black）：用于设置输入图像黑色值的极限值。默认数值范围在0.0到255.0之间，最大不能超过2550000.0，最小不能低于-2550000.0。

【输出黑色】（Output Black）：用于设置输出图像黑色值的极限值。默认数值范围在0.0到255.0之间，最大不能超过2550000.0，最小不能低于-2550000.0。

【灰度系数】（Gamma）：设置灰度系统的值。默认数值范围在0.00到5.00之间。

【输出白色】（Output White）：用于设置输出图像白色值的极限值。默认数值范围在0.0到255.0之间，最大不能超过2550000.0，最小不能低于-2550000.0。

【输入白色】（Input White）：用于设置输入图像白色值的极限值。默认数值范围在0.0到255.0之间，最大不能超过2550000.0，最小不能低于-2550000.0。

【剪切以输出黑色】（Clip to Output Black）：削减输出黑色效果。如果选择"为32bpc颜色关闭"的话，此选项不会对32位通道颜色的图片或者影像产生效果。

【剪切以输出白色】（Clip to Output White）：削减输出白色效果。如果选择"32bpc颜色关闭"的话，效果同上。

调整画面的色阶是我们在实际工作中会经常使用到的命令，当画面对比度不够时我们可以通过拖动左右边的三角图标来调整画面的对比度，使灰度区域或者那些对比度不够强烈的区域画面得到加强，如图6.3.2和图6.3.3所示。

图6.3.2

图6.3.3

6.3.2 色相/饱和度

菜单【效果】>【颜色校正】>【色相/饱和

度】命令主要用于细致的调整图像的色彩。这也是After Effects最为常用的效果，我们能专门针对图像的色调，饱和度，亮度等做细微的调整，如图6.3.4所示。

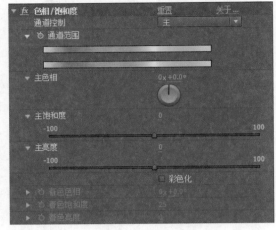

图6.3.4

- 【通道控制】（Channel Control）：选择不同的图像通道。Master是同时对所有通道进行调节。

- 【通道范围】（Channel Range）：设置色彩范围。色带显示颜色映射的谱线。上面的色带表示调节前的颜色，下面的色带表示在全饱和度下调整后所对应的颜色。

- 【主色相】（Master Hue）：设置色调的数值，如图6.3.5和图6.3.6所示。

图6.3.5

图6.3.6

● 【主饱和度】（Master Saturation）：设置饱和度数值。数值为-100时，图片转为灰度图，数值为+100时，将呈现像素化，如图6.3.7所示。

图6.3.7

● 【主亮度】（Master Lightness）：设置亮度数值。数值为-100时，画面全黑。数值为+100时，数值全白。

● 【彩色化】（Colorize）：当选取该选项后，画面将呈现出单色效果。

● 【着色色相】（Colorize Hue）：设置前景的颜色，也就是单色的色相。

● 【着色饱和度】（Colorize Saturation）：设置前景饱和度，数值在0到100之间。

● 【着色亮度】（Colorize Lightness）：设置前景亮度，数值在-100到+100之间，如图6.3.8所示。

图6.3.8

　　下面我们通过一个例子来深入了解【色相/饱和度】的深入应用。

01 启动After Effects CC，选择【合成】（Composition）>【新建合成】（New Composition）命令，弹出【合成设置】（Composition Settings）对话框，创建一个新的合成视窗，命名为"画面调色效果"，设置控制面板参数，如图6.3.9所示。

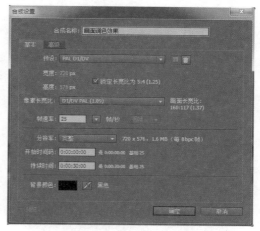

图6.3.9

02 选择【文件】（File）>【导入】（Import）>【文件…】（File）命令，在【项目】（Project）视窗中选中导入的素材文件，将其拖入【时间轴】（Timeline）视窗，图像将被添加到合成影片中，在合成窗口中将显示出图像，如图6.3.10所示。

图6.3.10

03 我们需要将汽车的颜色改为其他颜色，在【时间轴】（Timeline）视窗中选中该层，选择【效果】（Effect）>【颜色校正】（Color Correction）>【色相/饱和度】（Hue/Saturation）命令，在【效果控件】（Effect Controls）视窗中观察【色调】（Hue/Saturation）效果参数，调整【通道控制】（Channel Control）选项控制，因为汽车是红色的，我们先选择【红色】（Reds），如图6.3.11所示。

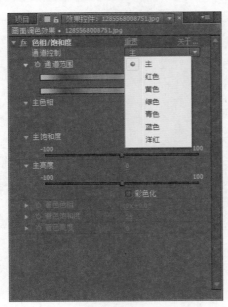

图6.3.11

04 选择了【红色】（Reds）时，在【通道范围】（Channel Range）选项中划定彩条的色彩范围，也就是我们可以调整的颜色范围，下面的数据也都改变为相关颜色的命名，位于外侧的小三角图表限定了羽化的范围，如图6.3.12所示。

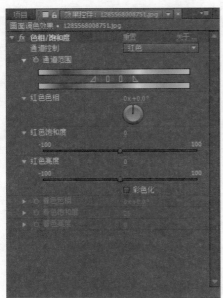

图6.3.12

05 下面我们调整【红色色相】（Red Hue）的参数为0*120.0，观察画面颜色，汽车的颜色已经变为绿色，但背景颜色并没有变

化，这正是我们想要达到的画面效果，如图6.3.13所示。

图6.3.13

06 在【合成】（Composition）视窗中细致的观察背景的颜色，可以看到画面的背景颜色有所变化，这是因为原画面的金属框架为棕色，与汽车的颜色一致为偏红色，我们在改变汽车的颜色时将画面背景金属框架的颜色也一同改变了，如图6.3.14所示。

图6.3.14

07 背景色彩的不一致是因为【通道范围】

Channel Range选项中划定彩条的色彩范围设定的过于宽泛，所以需要将羽化值调的小一些，如图6.3.15所示。

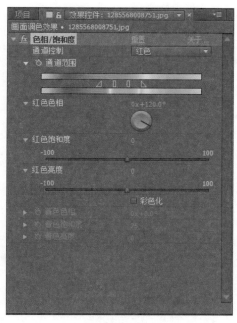

图6.3.15

08 在【通道范围】（Channel Range）选项中将两侧的小三角向内移动，在调整的过程中观察画面效果，直至将背景的颜色改变为最小，如图6.3.16所示。

图6.3.16

提示：

在实际的项目制作中，视频素材的颜色替换并不是这么容易的，需要综合各种工具相互配合，主要是由于不同于图片，视频素材是不断变化的，光线对颜色的影响是很大的，我们可以配合相应的Mask工具将不需要替换颜色的区域屏蔽掉。

6.3.3　曲线

菜单【效果】>【颜色校正】>【曲线】命令可以通过改变效果窗口的曲线来改变图像的色调，从而调节图像的暗部和亮部的平衡，在小范围内调整RGB数值，也可以用Level效果完成同样的工作，但是曲线的控制能力更强，可以利用"亮区"、"阴影"和"中间色调"三个变量调整，如图6.3.17所示。

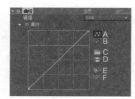

图6.3.17

- 【通道】（Channel）：选择色彩通道。共有RGB、红色、绿色、蓝色、Alpha5种。
- 图标A指向的曲线是贝塞尔曲线图标。单击曲线上的点，拖动点来改变曲线形状，图像色彩也跟着改变。
- 图标B指向铅笔工具，可以使用铅笔工具在绘图区域中绘制任意形状的曲线。
- 图标C指向文件夹选项。单击后将打开文件夹，方便我们导入之前设置好的曲线。
- 图标D指向保存按钮。单击后保存设置好的曲线数据。
- 图标E指向平滑处理按钮。例如用铅笔工具绘制一条曲线，再单击平滑按钮让曲线形状更规则，多次平滑的结果是曲线将成为一条斜线。
- 图标F指向恢复默认状态按钮。单击后将恢复成初始对角线状态。

曲线效果中最多可添加14个点，当我们通过控制点改变曲线形状时，如果点的位置超出周围点在水平方向的位置，该点将被视为非法点而取消。当然我们也可以利用这种方法来删除点，如图6.3.18和图6.3.19所示。

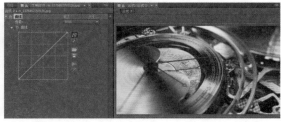

图6.3.18

图6.3.19

6.3.4 三色调

【效果】>【颜色校正】>【三色调】命令的主要功能是通过对原图中亮部、暗部和中间色的像素做映射来改变不同色彩层的颜色信息。三色调效果与色调效果比较相似，但多出了对中间色的控制，如图6.3.20所示。

图6.3.20

- 【高光】（Highlights）：设置高光部分被替换的颜色。
- 【中间调】（Midtones）：设置中间色部分被替换的颜色。
- 【阴影】（Shadows）：设置阴影部分被替换的颜色。
- 【与原始图像混合】（Blend With Original）：设置与原图的融合程度，如图6.3.21和图6.3.22所示。

图6.3.21

图6.3.22

6.3.5 高斯模糊

【效果】>【模糊和锐化】>【高斯模糊】（Gaussian Blur）命令就是我们常在Photoshop等软件中用到的高斯模糊效果。用于模糊和柔化图像，可以去除杂点，层的质量设置对高斯模糊没有影响，如图6.3.23所示。

图6.3.23

- 【模糊度】：用于设置模糊的强度。默认数值是在0到50之间，最大不能超过1000。通常使用该工具时都会配合【遮罩】（Mask）工具使用，这样可以调整局部的模糊值，如图6.3.24和图6.3.25所示。

图6.3.24

图6.3.25

- 【模糊方向】：调节模糊方位，包括全方位、水平方位、垂直方位三种选择。

深入使用会发现通过【高斯模糊】模糊后的图片，画面非常柔和，不显乱，边缘也非常平滑。这是其他模糊效果无法相比的。

6.3.6 定向模糊

【效果】>【模糊和锐化】>【定向模糊】（Directional Blur）命令是由最初的【动态模糊】

效果发展而来的，其效果更加强调不同方位的动态模糊效果，使画面带有强烈的运动感，如图6.3.26所示。

图6.3.26

● 【方向】：调节模糊方向。控制器非常直观，指针方向就是运动方向，也就是模糊方向。当我们设置度数为0度或180度时，效果是一样的。如果在度数前加负号，模糊的方向将为逆时针方向，如图6.3.27和图6.3.28所示。

图6.3.27

图6.3.28

● 【模糊长度】：调节模糊的长度。默认为0到20，最大不能超过1000。

6.3.7 卡通

【效果】>【风格化】>【卡通】（Cartoon）

命令通过使影像中对比度较低的区域进一步降低，或使对比度较高的区域中的对比度进一步提高，来形成有趣的卡通效果，如图6.3.29所示。

图6.3.29

● 【渲染】：渲染之后的显示方式，填充及边缘是显示填充和边缘，而填充是只显示填充，边缘是只显示边缘。
● 【细节半径】：画面的模糊程度，数值越高，画面越模糊。
● 【细节阈值】：这个数值可以更加细微的调整画面，减少这个数值可以保留更多细节。
● 【填充】：调整图像高光部分的过渡值和亮度值。
● 【阴影步骤和阴影平滑度】：图像的明亮度值根据"阴影步骤"和"阴影平滑度"属性的设置进行量化（色调分离）。如果"阴影平滑度"值为0，则结果与简单的色调分离非常相似，较高的"阴影平滑度"值可使各种颜色更自然地混合在一起，色调分离值之间的过渡更缓和，并保持渐变。平滑阶段需考虑原始图像中存在的细节量，使已平滑的区域（如渐变的天空）不进行量化，除非"阴影平滑度"值较低。
● 【边缘】：控制画面中边缘的各种数值。
● 【阈值】：调节边缘的可识别性。
● 【宽度】：调节边缘的宽度。
● 【柔和度】：调节边缘的柔软度。
● 【不透明度】：调节边缘的不透明度。
● 【高级】：控制边缘和画面的进阶设置。
● 【边缘增强】：调节此数值，使边缘更加锋利或者扩散。
● 【边缘黑色阶】：边缘的黑度。
● 【边缘对比度】：调整边缘的对比度，如图

6.3.30所示。

图6.3.30

6.3.8 卡片擦除

【效果】>【过渡】>【卡片擦除】（Card Wipe）命令的主要功能是模拟出一种由众多卡片组成一张图像，然后通过翻转每张小的卡片变换到另一张卡片的过渡效果。卡片擦除能产生过渡效果中动感最强的状态，属性也是最复杂的，包含了灯光、摄影机等设置。通过设置属性我们能模拟出百叶窗和纸灯笼的折叠变换效果，如图6.3.31所示。

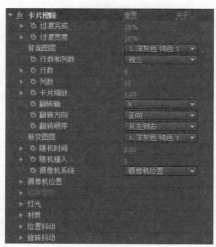

图6.3.31

- 【过渡完成】：设置过渡效果的完成程度，数值在0%到100%之间。

- 【过渡宽度】：设置原图像和底图之间动态转换区域的宽度，数值在0%到100%之间。

- 【背景图层】：选择过渡效果后将显示的背景层。如果背景层是另外一张图像，并且被施加的其他效果，那最终只显示原图像，其施加效果不显示。过渡区域显示图像是原图像层下一层的图像。如果原图像层下一层图像和过渡层图像是同一个被施加效果的图像，那过渡区域显示的是施加效果的图像，最终显示的还是原图像。如果希望最终效果图像保留原来施加的效果，背景图层选无。

- 【行数和列数】：设置横竖两列卡片数量的交互方式。独立是允许单独调整行数和列数各自的数量；列数受行数控制是设置只允许调整行数的数量，并且行数和列数的数量相同。

- 【行数】或【列数】：设置行数或列数属性的数值。默认数值范围在1到250之间，最大不能超过1000。

- 【卡片缩放】：设置卡片的缩放比例。1.0是正常比例，数值小于1.0，卡片与卡片间出现空隙；大于1.0，出现重叠效果。默认数值为0.0到1.0之间，最大不能超过10.0。通过与其他属性配合我们能模拟出其他过渡效果。比如将过渡完成设置为0，只调整卡片缩放的数值，模拟出多组小卡片缩放变换效果，如图6.3.32和图6.3.33所示。

图6.3.32

图6.3.33

- 【翻转轴】：设置翻转变换的轴。选择X是在X轴方向变换；选择Y是在Y轴方向变换；随机是给每个卡片一个随机的翻转方向，产生变幻的翻转效果，也更加真实自然。

- 【翻转方向】：设置翻转变换的方向。当翻转轴为X时，正向是从上往下翻转卡片；反向是从下往上翻转卡片；当翻转轴为Y时，正向是从左往右翻转卡片；反向是从右往左翻转卡片；随机是随机设置翻转方向。

- 【翻转顺序】：设置卡片翻转的先后次序。依次为从左到右的次序；从右到左的次序；自上而下的次序；自下而上的次序；左上到右下的次序；右上到左下的次序；左下到右上的次序；右下到左上的次序；渐变是按照原图像的像素亮度值来决定变换次序，黑的部分先变换，白的部分后变换。

- 【渐变图层】：设置渐变层，默认是原图像。我们可以自己制作渐变效果的图像来设置成渐变层，这样就能实现无数种变换效果，如图6.3.34和图6.3.35所示。

图6.3.34

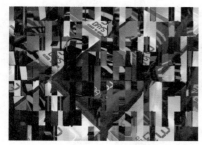

图6.3.35

- 【随机时间】：设置一个偏差数值来影响卡片转换开始的时间，默认为0.0时，按原精度转换，数值越高，时间的随机性越高。数值范围在0.00到1.00之间。

- 【随机植入】：用来改变随机变换时的效果，通过在随机计算中插入随机植入数值来产生新的结果。卡片擦除模拟的随机变换与通常的随机变换还是有区别的，通常我们说的随机变换往往是不可逆转的，但在卡片擦除中却可以随时查看随机变换的任何过程。卡片擦除的随机变换其实是在变换前就确定一个非规则变换的数值，确定后就不再改变，每个卡片就按照各自的初始数值变换，过程中不再产生新的变换值。而且两个以上的随机变换属性重叠使用的效果并不明显，通过设置随机插入数值能得到更加理想的随机效果。在不使用随机变换的情况下，随机植入对变换过程没有影响。默认数值范围在1到10时间，最大不能超过1000。

- 【摄像机系统】：通过设置摄像机位置，边角定位或者合成摄像机三个属性，能模拟出三维的变换效果。边角定位用于自定义图像四个角的位置；合成摄像机用于追踪相机轨迹和光线位置，并在层上渲染出3D图像。

- 【摄像机位置】：设置摄影机的位置。

- 【X轴旋转】：设置X轴的旋转角度。

- 【Y轴旋转】：设置Y轴的旋转角度。

- 【Z轴旋转】：设置Z轴的旋转角度。

- 【X，Y位置】：设置X，Y的交点位置，如图6.3.36所示。

图6.3.36

- 【Z位置】：设置摄影机在Z轴的位置。数值越小，摄影机离层的距离越近；数值越大，离的越远。默认数值范围在0.10到10.0之间，最大不能超过1000.00。

- 【焦距】：设置焦距效果。数值越大越近，数值越小越远。默认数值范围在20.00到300.00之间，最大不能超过1000.00。

- 【变换顺序】：设置摄影机的旋转坐标系和在施加其他摄影机控制效果的情况下，摄影机位置和旋转的优先权。旋转X，位置是先旋转再位移；位置，旋转X是先位移再旋转。

- 【边角定位】：只有在摄像机系统选为边角定位时才被激活。
- 【左上角，右上角，左下角，右下角】：设置图像四个角的位置。
- 【自动焦距】：设置自动调焦，控制动画中卡片擦除效果的透视效果。当不选择该属性后，我们所定义的焦距将匹配摄影机的位置与在边角定位中所设置的层方位之间的关系。如果无法匹配，层将不能正确显示，将被其四个角之间的轮廓线所代替。被激活的情况下，焦距应尽量匹配设置好的边角点。如果无法匹配，将自动从前后帧中提取有效数值来调整。
- 【焦距】：设置好摄影机和层之间的焦距，并且重新定义四个角的位置，但效果不够理想时，焦距属性可不理会之前的设定，可以单独调整，如图6.3.37和图6.3.38所示。

图6.3.37

图6.3.38

- 【灯光类型】：设置灯光类型。如果光线距物体的位置合适，那所有光线将从同一角度照射物体，比如太阳光，基本上是平行的照射在地球上。当光源越接近物体，光线照射物体的角度也将逐渐增加。远光源类似于太阳光，在一个方向上产生阴影；点光源类似于从一个发光球体射出光线，在所有的位置

上都产生阴影。

- 【灯光强度】：设置光的强度。数值越高，层越亮。默认数值是0.00到5.00之间，最大不能超过50.00。
- 【灯光颜色】：设置光线的颜色。
- 【灯光位置】：在X，Y轴的平面上设置光线位置。可以单击灯光位置的靶心标志，然后按住键盘上的ALT键在合成窗口上移动鼠标，光线随鼠标移动变换，可以动态对比出哪个位置更好，但比较耗资源。
- 【灯光深度】：设置光线在Z方向的位置。负数情况下光线移到层背后。默认数值范围在-5.000到+5.000之间，最小不能低与100.000，最大不能超过+100.00。
- 【环境光】：设置环境光效果，将光线分布在整个层上。数值范围在0.00到2.00。
- 【材质】：设置卡片的光线反馈值。
- 【漫反射】：设置漫反射的程度。数值取决于光线照射到表面的角度，而不依赖我们的视角。数值范围在0.00到2.00之间。
- 【镜面反射】：考虑到观众的角度，能模拟出光源在观众背后的情况。数值范围在0.000到2.000。
- 【高光锐度】：设置高光的强度。数值范围在0.00到50.00之间，最大不能超过100.00，如图6.3.39和图6.3.40所示。

图6.3.39

图6.3.40

- 【位置抖动】：设置在整个转换过程中，在X，Y和Z轴上附加抖动量和抖动速度。抖动量默认数值是0.00到1.00之间，最大不能超过5.00。Z抖动量的数值范围最大不能超过25.00。抖动速度的默认数值是在0.00到10.00之间，最大不能超过1000.00。
- 【旋转抖动】：设置在整个转换过程中，在X，Y和Z轴上附加的旋转抖动量和旋转抖动速度。旋转抖动量的默认数值范围在0.00到90.00之间，最大不能超过360.00。旋转抖动速度的默认数值是在0.00到10.00之间，最大不能超过1000.00，如图6.3.41所示。

图6.3.41

下面通过一个例子来深入了解【卡片擦除】的应用。

01 启动After Effects CC，选择【合成】（Composition）命令，弹出【合成】（Composition）对话框，命名为"分裂文字动画效果"，参数设置如图6.3.42所示。

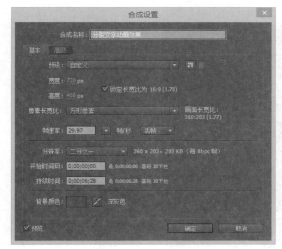

图6.3.42

02 选择【文件】（File）>【导入】（Import）>【文件】（File）命令，在【项目】

（Project）面板中选中导入的素材文件，将其拖入【时间轴】（Timeline）面板，图像将被添加到合成影片中，在合成窗口中将显示出图像，如图6.3.43所示。

图6.3.43

03 选择工具箱中的 T.（Type Tool）文字工具，系统会自动弹出【字符】（Character）文字工具属性面板，将文字的颜色设为白色，如图6.3.44所示。

图6.3.44

04 选择文字工具，在合成面板中单击，并输入文字"After Effects CC"，选择合适的字体，并调整文字的大小到合适的位置，如图6.3.45所示。

图6.3.45

05 在【时间轴】（Timeline）面板中选中

"After Effects CC"层，选择【效果】（Effect）>【过渡】（Transition）>【卡片擦除】（Card wipe）命令，在【效果控件】（Effect Controls）面板中设置参数，选择【列数】（Columns）改为25；选择【翻转轴】（Flip Axis）为Y；选择【过渡完成】（Transition Completion）属性，单击该属性左边的小钟表图标，为该属性设置关键帧动画。将时间指示器移动到0:00:00:00的位置，将【过渡完成】（Transition Completion）设置为0%，将时间指示器移动到0:00:05:00的位置，将【过渡完成】（Transition Completion）设置为100%，如图6.3.46所示。

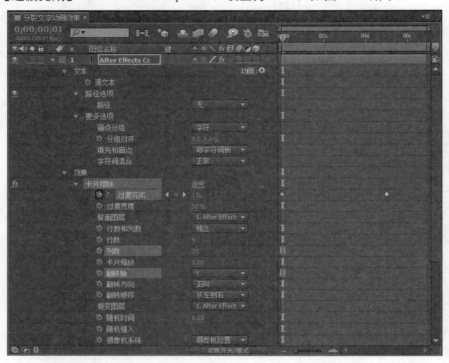

图6.3.46

06 按下小键盘上的"0"数字键，预览动画效果，如图6.3.47所示。

图6.3.47

07 在【时间轴】（Timeline）面板中选中"After Effects CC"层，将层下【效果】（Effect）属性左边的小三角图标打开，展开该层的【卡片擦除】（Card Wipe）属性，再展开【摄像机位置】（Camera Position）属性。选择【Y轴翻转】（Y Rotation）及【Z轴位置】（Z Position），并单击该属性左边的小钟表图标，为该属性设置关键帧动画，将时间指示器移动到0:00:00:00的位置，将

【Y轴翻转】（Y Rotation）设置为0*.0；将【Z轴位置】（Z Position）设置为2.0；将时间指示器移动到0:00:05:00的位置，将【Y轴翻转】（Y Rotation）设置为1*.0；将【Z轴位置】（Z Position）设置为2.0；如图所示，将时间指示器移动到0:00:03:00的位置，将【Z轴位置】（Z Position）设置为1.0；，如图6.3.48所示。

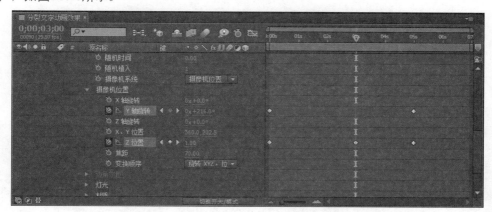

图6.3.48

08 在【时间轴】（Timeline）面板中选中"After Effects CC"层，将层下【效果】属性左边的小三角图标打开，展开该层的【卡片擦除】（Card Wipe）属性，将【位置抖动】（Position Jitter）属性展开，设置【X抖动量】（X Jitter Amount），【Z抖动量】（Z Jitter Amount）属性，单击该属性左边的小钟表图标，为该属性设置关键帧动画，将时间指示器移动到0:00:00:00的位置，将【X抖动量】（X Jitter Amount）设置为5.0；将时间指示器移动到0:00:05:00的位置，将【X抖动量】（X Jitter Amount）设置为0.0；如图6.3.49所示。

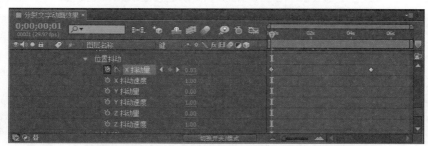

图6.3.49

09 按下小键盘上的"0"数字键，预览动画效果，如图6.3.50所示。

图6.3.50

10 在【时间轴】（Timeline）面板中选中"After Effects CC"层，单击组合键Ctrl+D复制，将叠加模式【模式】（Mode）改为【相加】（Add）模式，如图6.3.51所示。

图6.3.51

11 选择【效果】（Effect）>【模糊和锐化】（Blur& Sharpen）>【定向模糊】（Directional Blur），在【效果控件】（Effect Controls）面板中设置参数，将【模糊长度】（Blur Length）改为80.0，如图6.3.52所示。

图6.3.52

12 选择【效果】（Effect）>【颜色校正】（Color Correction）>【色光】（Colorama）命令，在【效果控件】（Effect Controls）面板中设置参数，将【获取相位，自】（Get Phase Form）改为Alpha模式；将【使用预设调板】（Use Preset Palette）改为和画面相近的颜色，如图6.3.53所示。

图6.3.53

13 在【时间轴】（Timeline）面板中选中"After Effects CC"层，将层下【效果】（Effect）属性左边的小三角图标打开，展开该层的【定向模糊】（Directional Blur）属性。选择【模糊长度】（Blur Length）属性，单击该属性左边的小钟表图标，为该属性设置关键帧动画。将时间指示器移动到0:00:00:00的位置，将【模糊长度】（Blur Length）设置为80，将时间指示器移动到0:00:01:00的位置，将【模糊长度】（Blur Length）设置为40，将时间指示器移动到0:00:01:15的位置，将【模糊长度】（Blur Length）设置为90，将时间指示器移动到0:00:02:00的位置，将【模糊长度】（Blur Length）设置为160，将时间指示器移动到0:00:05:00的位置，将（Blur Length）设置为0，如图6.3.54所示。

图6.3.54

14 在【时间轴】（Timeline）面板中选中"After Effects CC"层，将层下【效果】（Effect）的属性左边的小三角图标打开，展开该层的【变换】（Transform）属性。选择【不透明度】（Opacity）属性，单击该属性左边的小钟表图标，为该属性设置关键帧动画。将时间指示器移动到0:00:00:00的位置，将【不透明度】（Opacity）设置为50%，将时间指示器移动到0:00:04:00的位置，将【不透明度】（Opacity）设置为50%，再将时间指示器移动到0:00:05:00的位置，将【不透明度】（Opacity）属性设置为0%，如图6.3.55所示。

图6.3.55

15 在【时间轴】（Timeline）面板中，选择【新建】（New）>【纯色】（Solid）命令（或者按下快捷键Ctrl+Y），创建一个黑色纯色层，并将其融合模式调整为【相加】（Add），选择【效果】（Effect）>【生成】（Generate）>【镜头光晕】（Lens Flare）命令，为画面添加光晕，按下小键盘上的"0"数字键，播放动画效果，如图6.3.56所示。

图6.3.56

6.3.9 分形杂色

【效果】>【杂色和颗粒】>【分形杂色】用于模拟出如气流、云层、岩浆、水流等效果，如图6.3.57所示。

图6.3.57

- 【分形类型】（Fractal Type）：所生成的噪波类型。
- 【杂色类型】（Noise Type）：设置分形噪点类型，【块状】（Block）为最低级，往上依次增加，【样条】（Spline）为最高级，噪点平滑度最高，但是渲染时间最长。
- 【反转】（Invert）：反转图像的黑与白。
- 【对比度】（Contrast）：调整噪点图像的对比度。
- 【亮度】（Brightness）：调整噪点图像的明度。
- 【溢出】（Overflow）：设置噪点图像色彩值的溢出方式。
- 【变换】（Transform）：设置噪点图像的旋转、缩放、位移等属性，如图6.3.58所示。

图6.3.58

> 【旋转】（Rotation）：旋转噪点纹理。
> 【统一缩放】（Uniform Scaling）：勾选后可以锁定缩放时的长宽比。取消勾选状态后能分别调整缩放的长度和宽度。
> 【缩放】（Scale）：缩放噪点纹理。
> 【偏移（湍流）】（Offset Turbulence）：

噪点纹理中点的坐标。移动坐标点，配合【旋转】（Rotation）属性可以使图像形成简单的动画。

- 【复杂度】（Complexity）：设置噪点纹理的复杂度。
- 【子设置】（Sub Settings）：设置噪点纹理的子属性，如图6.3.59所示。

图6.3.59

> 【子影响】（Sub Influence）：设置噪点纹理的清晰度。
> 【子缩放】（Sub Scaling）：设置噪点纹理的次级缩放。
> 【子旋转】（Sub Rotation）：设置噪点纹理的次级旋转。
> 【子位移】（Sub displacement）：设置噪点纹理的次级位移。

- 【演化】（Evolution）：设置使噪点纹理变化，而不是旋转。
- 【演化选项】（Evolution Option）：设置一些噪点纹理的变化度的属性，比如随机种子数，扩展圈数等。
- 【不透明度】（Opacity）：设置噪点图像的不透明度。
- 【混合模式】（Blending Mode）：调整噪波纹理与原图像的混合模式，如图6.3.60~图6.3.63所示。

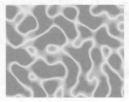

图6.3.60

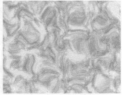

图6.3.61

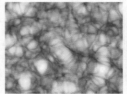

图6.3.62

图6.3.63

6.4　新增内置效果

下面我们介绍几款在After Effects CC中出现的新的效果。

6.4.1　CINEWARE

在After Effects中导入C4D文件时，系统会为其自动添加【CINEWARE】效果。利用CINERENDER引擎（基于CINEMA 4D R14渲染引擎）的集成功能，可直接在After Effects中对基于CINEMA 4D文件的图层进行渲染。利用CINEWARE效果，可控制渲染设置以及渲染的质量和速度之间的平衡。也可指定用于渲染的摄像机、通道或C4D图层。在合成上创建基于C4D素材的图层时，会自动应用CINEWARE效果。每个CINEMA 4D图层都拥有其自身的渲染和显示设置。渲染引擎CINERENDER在After Effects中可以渲染C4D文件，可以以各个图层为基础，控制部分渲染、摄像机和场景内容，如图6.4.1所示。

图6.4.1

Render Settings：渲染设置，确定如何在After Effects内渲染场景。这些设置有助于加快正在工作时的渲染过程速度，设置项如图6.4.2所示。

图6.4.2

Standard（Final）：使用 C4D 文件中指定的标准渲染程序。

Standard（Draft）：使用标准渲染程序，但会关闭更慢的设置（例如抗锯齿），以获得更佳交互性。

Software：通过选择【Display】，使用渲染速度最快的设置。继续处理合成时，可使用软件渲染程序预览。

只有选择了【Software】渲染器时，此选项才会被启用。可提供的选项包括【Current shading】（当前底纹）、【Wireframe】（线框）和【Box】（方框），如图6.4.3所示，线框和方框模式提供了场景的简化显示效果。

图6.4.3

No Textures/Shader：选中此选项，可通过不渲染纹理和着色器来加速渲染。

No pre-calculation：选中此选项，可通过禁用计算动态学或粒子模拟的提前计算来加速渲染。最终渲染时，切勿选中此选项。

Keep Texture in RAM：选中此选项，可将纹理缓存在 RAM 中，这样就无需从磁盘重新加载且可更快速地访问。另一方面，如果缓存大量的纹理，则可能导致可用 RAM 减少。

Apply to All：每个 CINEMA 4D 图层都拥有其自身的渲染设置。可将当前设置应用至合成中的所有其他 C4D 文件实例中。如果想让不同图层拥有不同设置，则不应该使用本选项。如果设置不匹配，则会降低渲染速度并导致渲染不匹配。

● Project Setting：项目设置

Camera：选择要用于渲染的摄像机，如图6.4.4所示。

图6.4.4

CINEMA 4D Camera：使用被定义为CINEMA 4D中渲染视图摄像机的摄像机，或默认摄像机（如果未定义该项）。

Select CINEMA 4D Camera：使用此选项选择摄像机。当此选项被启用时，可以单击【Set Camera】按钮进行设置。

Centered Comp Camera：使用此选项，可使用

After Effects 摄像机，并重新计算 CINEMA 4D 坐标以适应 After Effects 坐标。导入要用新的 After Effects 摄像机（位于合成中心）渲染的现有 C4D 文件（通常环绕 0,0,0 建模）时，请使用此选项渲染 After Effects 合成中心的 C4D 模型。否则，可能会因原点的不同而造成模型的意外转移。

Comp Camera：使用此选项，可使用活动的 After Effects 摄像机。要让此选项生效，您必须添加 After Effects 摄像机。活动摄像机指的是正在使用的摄像机，选择此项后可设置：

CINEMA 4D layer：启用并选择要渲染的 CINEMA 4D 图层。

Set Layers：单击以选择图层。单击【Set Layers】按钮以选择一个或多个图层。在 CINEMA 4D 中，利用图层可组织多个元素。用户可以使用 CINEMA 4D 图层在 After Effects 合成的元素之间进行合成。

Apply to All：将当前图层的摄像机设置应用至合成中的所有其他 C4D 文件实例。

● Multi-Pass（Linear Workflow）：多程（线性工作流）

使用【Multi-Pass】选项，可指定要渲染的通道。只有使用【标准】渲染器时，才可使用多程功能。利用多程，可通过将不同种类的通程在 After Effects 中合成，快速微调 C4D 场景，例如只调整场景中的阴影或反射。为了计算正确的像素值，After Effects 和 CINEMA 4D 都需要使用【Linear Workflow】工作流。在 CINEMA 4D 中，此项为默认选择，且通常为启用状态。在 After Effects 中，转到项目设置，选择 sRGB 工作空间并且打开"直线化工作空间"。

CINEMA 4D Multi-Pass：单击已选择要在此图层上渲染的通程。只有启用【Multi-Pass】选项时，此选项才可用。

Defined Multi-Pass：启用则会将已添加的多程限制为原始 CINEMA 4D 文件中定义的集。

Add Image Layer：使用此选项，可创建带有适当混合模式、基于【Defined Multi-Pass】设置的多程图层。此选项可限制您只添加 C4D 渲染设置中定义的通程，而非添加所有支持的类型。

● Commands：命令

Comp Camera into CINEMA 4D：单击【Merge】可将当前的 After Effects 摄像机作为 C4D 摄像机添加到 C4D 文件中。

CINEMA 4D Scene Data：单击【Extract】可创建 3D 数据（例如摄像机、灯、物体实心或空心实体），这样会在 Cinema 4D 项目中应用外部合成标记。

6.4.2 SA Color Finesse 3

【SA Color Finesse 3】效果是一款Synthetic Aperture出品的独立调色插件。该插件提供用于After Effects, Final Cut Pro和Premiere Pro影片工作软件中，针对画面颜色进行精密校正，如图6.4.5所示。

图6.4.5

【SA Color Finesse 3】使用了32和64位的浮点颜色空间，并有着惊人的分辨率和宽容度，可控制暗色调、中间调、高光的修正，可在HSL、RGB、CMY及YC6CR颜色空间上完成修正工作，自动的颜色比较和黑白灰平衡，自定义修正曲线，6个间色修正通道来选择和校正单独的失量颜色等等。用户可以单击【Full Interface】按钮切换为独立界面，如图6.4.6所示。

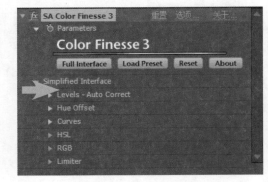

图6.4.6

进入独立界面后会看到四个区域，分别为图表显示区域、预览区域、调整参数区域和信息区域，如图6.4.7所示。

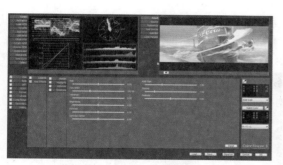

图6.4.7

除了使用鼠标直接调整【SA Color Finesse 3】的参数，还可以通过调色台【Control Surfaces】来控制操作，【SA Color Finesse 3】支持的调色台型号包括：Tangent Wave和Colorociter CS-1 Colorist's Workstation，如图6.4.8所示。

图6.4.8

● 图表显示区域

在【Combo】中默认显示四种数据图表，分别是【Luma WFM】、【Vectorscope】、【Tone Curve】和【Histograms】。对于初学者来说这些参数图表并没有什么意义，随着学习的

深入，在不断实际操作的积累之上，当你看到这些图表时就可以快速的发现画面中问题所在，如图6.4.9所示。

图6.4.9

● 预览区域

该区域用于显示调整完成的效果，调整过后用户可以通过切换到【Source】模式观察源文件的画面，也可以在源文件和【Result】显示模式间切换，如图6.4.10所示。

图6.4.10

● 调整参数区域

该区域为软件工作的主要区域，【SA Color Finesse 3】提供了多种色彩调整模式供用户选择，我们可以通过调整单独的色彩通道进行调色，也可以通过调整【Curves】曲线和【Levels】色阶来调整画面效果，如图6.4.11所示。

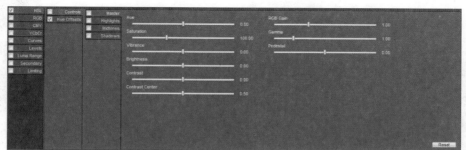

图6.4.11

HSL（Hue、Saturation、Lightness）模式下有两种参数类型

【Control】（控制）：分别针对【Master】（主通道）、【Highlights】（高光）、【Midtones】（中间色）和【Shadows】（阴影）进行色彩调整。我们可以单独的对某个区域进行【Hue】（色相）、

【Saturation】（饱和度）或【Brightness】（亮度）等参数进行调整，这是内置效果所没有的。调整【Control】>【Shaows】>【Brightness】的参数，可以看到画面中只有暗部阴影的亮度变暗，而画面其他部分并没有变化。这种调整模式给画面最终的调色带来了无限的可能性，如图6.4.12和图6.4.13所示。

图6.4.12   图6.4.13

【Hue Offset】（色相偏移）：色相偏移的调整也是通过对【Master】（主通道）、【Highlights】（高光）、【Midtones】（中间色）和【Shadows】（阴影）进行调整从而达到调整画面颜色的目的。控制鼠标在色球上滑动，可以指定四个模式下色相的变化。如果调整出现错误，可以单击右下角的【Reset】按键进行重新设置，如图6.4.14所示。

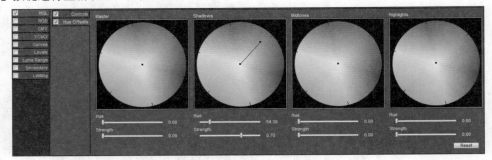

图6.4.14

Curves曲线模式也提供了两类可调整参数，为【RGB】和【HSL】。【RGB】模式可以通过对不同色彩通道进行单一调整，从而修改画面颜色。【HSL】模式则可以单独调整Hue、Saturation、Lightness参数。曲线调整模式过度较为柔和，很适合调整画面色调，如图6.4.15所示。

● 信息区域

该区域主要用于画面色彩采样与显示，如图6.4.16所示。

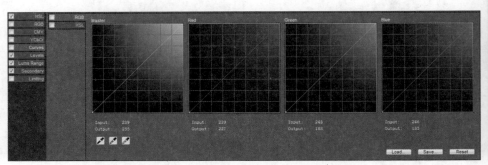

图6.4.15   图6.4.16

6.5　表达式应用

表达式是一个程序术语，它表示新值的创建要基于原来的数值。在After Effects中用户可以使用表达式把一个属性的值应用到另外一个属性，产生交互性的影响。只要遵循表达式的基本规律，用户就可以创建出复杂的表达式动画。

6.5.1　创建与移除表达式

表达式是一种通过编程语言的方式来实现我们界面当中一些不能执行的命令，或者是节省一些重复性的操作。使用表达式，你可以创建一个层和一个层相关联，或者是属性与属性之间相关联。例如，我可以用表达式创建出一个正弦曲线，然后拿它作为路径来引导场景中的物体运动。

After Effects的表达式基于传统的JavaScript语言，但是应用表达式并不要求你熟练掌握JavaScript语言的编程语法，只要通过修改简单的表达式的例子，或者通过相关指南将合适的属性、方法链接到例子后面创建自己的表达式即可。因此，即使你没有接触过JavaScript语言，你一样可以使用After Effects中的表达式。

利用工具栏创建表达式：首先选择要添加表达式的属性，选择【动画】（Animation）>【添加表达式】（Add Expressions）命令，或者按下快捷键Alt+ Shift+=来为属性添加一个表达式。移除表达式也是一样，选中带有表达式的属性，选择【动画】（Animation）>【移除表达式】（Remove Expressions）命令就可以了，如图6.5.1所示。

在为属性添加了表达式之后，在该属性下面会出现【表达式】（Expression）：属性名，属性的值会变为红色，代表该属性受表达式控制，此外在右侧会出现几个新的按钮，其中 按钮为开启关闭表达式的开关，当按钮处于 状态时，表达式开始生效，当按钮处于 状态时，表达式功能被禁用， 按钮可以用来浏览表达式所控制的动画曲线图， 按钮则可以将表达式与其他属性相关联形成关联动画，从而为属性自动创建表达式，这种创建方法我们会在之后向大家介绍。

利用属性关联创建表达式的方法是：首先选择要被表达式所控制的属性，然后单击 图标，此时屏幕上会出现一条线，将这条线拖到你想要连接的属性上，松开即可，如图6.5.2所示。

图6.5.1

图6.5.2

6.5.2 表达式的编写

在After Effects中，表达式的写法类似于Java语言，一条基本的表达式可以由以下几部分组成：

thisComp.layer("pic051.jpg").transform.opacity=transform.opacity+time*10

其中，thisComp为全局属性，用来指明表达式所应用的最高层级，之后的"."是层级标示符，"."后面的名称为前面的层级的下属层级。（）中的内容为层级的名称，用""扩起来的是字符串。拿上面的这句表达式举例来说，层级关系依次为：访问当前合成层级的Layer为pic051.jpg素材层Transform属性下的Opacity子属性，将它的值自时间秒数乘以十倍，这样，每过一秒，它的Opacity的值就会增加10。

除了用上面绝对层级的写法，如果将表达式写在了pic051.jpg层的transform下的opacity属性上，也可以直接用相对层级的写法省略全局属性，例如，可以写成：transform.opacity=transform.opacity+time*10。在After Effects中，你可以用表达式语言访问属性值。访问属性值时，用"."将对象连接起来，连接的对象在层水平（例如，连接effect属性，masks，或文字动画），你可以用"（）"，例如，连接层A的Opacity到层B的高斯模糊的Blurriness属性，在层A的Opacity属性下面输入如下表达式：

thisComp.layer("Layer B").effect("Gaussian Blur")("Blurriness")

6.5.3 给表达式加注解

由于After Effects表达式是基于JavaScript语言，所以和其他编程语言一样，你可以用/ "/"或"//" + "*"给表达式加注解，具体用法如下：

- 输入// 开始注解。例如：

  // This is a comment.

- 输入/* 开始注解并且在注解结束时加*/。例如：

  /* This is a

  comment */

6.5.4 理解表达式中的量

在After Effects中，我们经常要用到的常量

和变量的数据类型是数组，所以，很好的理解JavaScript语言中的数组，对于我们写表达式有很大的帮助。

- 数组常量：在JavaScript中，一个数组常量包含几个数，并且用中括号括起，比如[14,15]。其中的14为第零号元素，15为第一号元素。

- 数组变量：对于数组变量，我们可以用一个指针来指派给它，如myArray = [10, 23]。

- 访问数组变量：你可以用"[]"中的元素序号访问数组中的某一个元素，比如要访问第一个元素14，你可以键入myArray[0]，要访问第二个元素14，你可以键入myArray[1]。

- 把一个数组指针赋给变量：在After Effects表达式语言中，很多属性和方法用数组赋值或返回值。例如，在2维层或3维层中thisLayer.position是一个2维或3维的数组。如下面的例子，是一个位置在X方向保持为9在Y方向运动的表达式。

  y = position[1];

  [9, y]

- 数组的维度：在After Eeffects中，不同的属性有不同维度，一般为1，2，3，4四种，比如用来表达不透明度的属性，只要一个值就足够，所以它为一元属性；像Position用来表示空间属性，需要xyz三个数值，所以其为三元属性。下面是一些常见的属性的维度：

  > 一元：Rotation，opacity
  > 二元：scale[x,y]
  > 三元：position[x,y,z]
  > 四元：color[r,g,b,a]

6.5.5 理解表达式中的时间

在After Effects表达式中，时间的单位是秒，在求解表达式时，After Effects会默认当前的合成层的时间为默认时间，下面两个不同的表达式应用了不同的默认合成时间，但结果相同：

thisComp.layer(1).position

thisComp.layer(1).position.valueAtTime（time）

在第二句话中，valueAtTime()为一返回时间函数，会返回括号中的时间值，而Time为一系统环境变量，它会返回当前合成所停留的时间轴的时间值。

6.6　创建文字表达式

为文字层创建表达式，该表达式运行的结果将返回字符串常量，这有异于其他表达式的类型，下面是一个将当前文字层的文字复制后改变为大写的一个例子：

01 选择【合成】（Composition）>【新建合成】（New Composition）命令，新建一个【合成】（Composition）。

02 建立一个文字图层，保持英文小写，如图6.6.1所示。

图6.6.1

03 将鼠标指到Source Text属性左边的小闹钟标志上，按Alt+鼠标左键创建表达式，在表达式窗口输入如下代码：

text.sourceText + text.sourceText.toUpperCase()

04 可以看到文本层被复制后，字体改变为大写，如图6.6.2所示。

图6.6.2

6.7　表达式实例

下面我们通过一个在MTV中常见的文字效果来介绍一下表达式的应用：

01 选择【合成】（Composition）>【新建合成】（New Composition）命令，新建一个【合成】（Composition）。

02 选择工具箱中的 T.【文字工具】，建立一个文本层，输入文字，设置文字为白色，如图6.7.1所示。

图6.7.1

03 选中文本图层，选择【效果】（Effect）>【模糊和锐化】（Blur&Sharpe）>【定向模糊】（Directional Blur）命令，为文本添加方向性模糊。

175

04 为文本层的【定向模糊】（Directional Blur）效果的【方向】（Direction）属性添加表达式。将鼠标指到【方向】属性左边的小闹钟标志上，按Alt+鼠标左键创建表达式，如图6.7.2所示。

图6.7.2

05 单击【表达式：方向】（Expression Direction）属性右侧的 三角图表，在表达式库中选择【Random Numbers】>【random()】命令，如图6.7.3所示。

图6.7.3

06 用同样的方法为【模糊长度】（Blur Length）属性添加【Random Numbers】>【random()】命令，如图6.7.4所示。

图6.7.4

07 修改表达式，【方向】（Direction）属性为【random（360）】，【模糊长度】Blur Length属性为【random（50）】。观察效果。可以看到字体在随机的向各个方向作模糊运动，如图6.7.5所示。

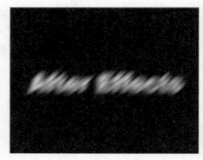

图6.7.5

第7章

CC效果

CC效果原来只是一个Cycore Systems外挂插件，由于优秀的性能被内置在了After Effects之中，在本章节中我们会全面的认识这些效果。结合前面几章的学习，我们将在学习新效果功能的同时更加深刻的了解After Effects软件的使用步骤和后期制作的各种技巧。

7.1 风格化

【风格化】（Stylize）效果是通过置换原图像像素和改变图像的对比度等操作来为素材添加绘画、雕塑等艺术风格效果，如图7.1.1所示。

图7.1.1

7.1.1 CC Block Load

【CC Block Load】效果是模拟一个逐步加载图片的效果，该效果类似我们使用看图软件打开高质量图片时，图片由马赛克状经加载后逐渐变清晰的过程，如图7.1.2所示。

图7.1.2

● 【Completion】：使用此参数来确定加载图片完成的百分比，可用于关键帧控制擦拭动画。

● 【Scans】：使用此参数调节在逐步加载图像过程中像素扫描的数量，范围是1~16。

● 【Start Cleared】：选中此选项后，添加Block Load效果的图层将不可见。

● 【Bilinear】：在像素扫描期间选中此选项，将产生双线性过滤，这将使过渡更柔和，看上去减去许多马赛克，如图7.1.3所示。

图7.1.3

7.1.2 CC Burn Film

【CC Burn Film】效果是模拟胶片燃烧或溶解的视觉效果，必须设置至少两个不同的关键帧来控制运动变化，如图 7.1.4所示。

图7.1.4

● 【Burn】：使用此参数来确定燃烧量。

● 【Center】：使用此参数来确定X、Y轴坐标位置。

● 【Random Seed】：使用此参数可以设置一个独特且随机的燃烧因子，如图7.1.5所示。

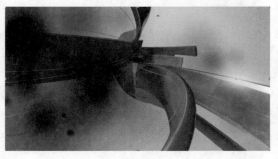

图7.1.5

7.1.3 CC Glass

【CC Glass】效果可模拟制作出感觉真实的玻璃外观，用户通过设置源层的凹凸贴图、位移、光线和阴影等属性来模拟有光泽、立体的玻璃外观效果，如图7.1.6所示。

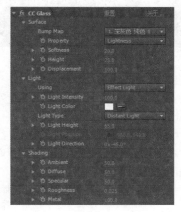

图7.1.6

- 【Surface】（Control Group）
  > 【Bump Map】：使用此命令来定义当前所选择源层的凹凸贴图映射，模拟玻璃的扭曲效果。基于所选择源层的明度属性来定义玻璃扭曲效果的幅度，在图像的亮部区域扭曲幅度将会更大，在图像的暗部区域扭曲幅度更小。
  > 【Property】：在下列弹出菜单： 红、绿、蓝、Alpha、通道蒙版、亮度中选择其中之一作为凹凸映射的通道信息依据。
  > 【Softness】：使用此参数来定义所选凹凸贴图的模糊程度。设置更高的参数将弱化凹凸贴图的细节，给人一种流畅的整体效果。
  > 【Height】：使用此参数来控制凹凸贴图的相对高度，从而影响凹凸贴图表面的位移和阴影。
  > 【Displacement】：使用此参数来调节凹凸贴图的位移量，该参数数值越高将会产生越明显的扭曲效果。
- 【Light】（Control Group）
  > 【Using】在下列此弹出菜单中来选择是否使用效果灯光（Effect light）或者AE灯光。当选择AE灯光时，此命令组中的所有参数为关闭状态，默认选择为效果灯光（Effect light）。

> 【Light Intensity】：使用此参数来控制灯光的强度。该值设置越高将会产生越明亮的灯光效果。
> 【Light Color】：使用此控件来确定灯光颜色。
> 【Light Type】：使用此控件选择想要使用的灯光类型，从弹出菜单选项中即可选择。
  ■ 【Distant Light】：平行光，模拟太阳光类型的照射光，用户可自定义光线的距离和角度，使所有光线都从相同的角度照射到源层。
  ■ 【Point Light】：点光源，模拟灯泡类型的照射光，用户可定义光线的距离和位置。
> 【Light Height】：使用此参数来确定源层到光源的距离，当参数值为正数时源层将会整体被照亮；反之，源层将变灰暗。
> 【Light Position】：使用此参数来定义点光源在X、Y轴的坐标位置，当灯光类型选择平行光时，该命令被禁用。
> 【Light Direction】：使用此参数来调节平行光源的方向，当灯光类型选择点光源时，该命令被禁用。
- 【Shading】（Control Group）：该命令组同AE材质设置的控件相类似。不同的是，材质表面粗糙度的光泽设置同AE材质设置中相反。
  > 【Ambient】：使用此参数来设置环境光的反射程度。
  > 【Diffuse】：使用此参数设置漫反射值。
  > 【Specular】：使用此参数控制高光强度。
  > 【Roughness】：使用此参数设置材质表面的粗糙程度，该参数的值设置越高则材质表面越有光泽。
  > 【Metal】：使用此参数确定镜面高光的质感程度。将参数设置为100时，效果类似于金属质感；将参数设置为0时，效果类似于塑料质感，如图7.1.7和图7.1.8所示。

图7.1.7

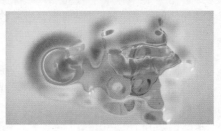

图7.1.8

7.1.4 CC Kaleida

【CC Kaleida】效果是模拟色彩缤纷的万花筒效果，在源层中创建一个重复千变万化的拼贴图像，如图7.1.9所示。

图7.1.9

● 【Center】：使用此参数来定义拼贴图像在源层的坐标位置。
● 【Size】：使用此控件来确定拼贴图像的大小。
● 【Mirroring】：使用此控件从Unfold、Wheel、Fish Head、Can Meas、Flip Flop、Flower、Dia Cross、Flipper、Starlish中选择想要的镜像效果类型。
● 【Rotation】：使用此参数控制源层中拼贴图像的旋转程度。
● 【Floating Center】：勾选此选项后，控制中心的位置受到kaleidoscopic中心的影响，默认设置下未勾选，所以图层总是位于居中位置，如图7.1.10所示。

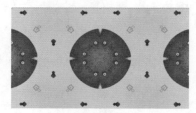

图7.1.10

7.1.5 CC Mr. Smoothie

【CC Mr. Smoothie】效果是模拟流动、迷幻

的图案效果，通常使用它来创建背景纹理或其他特殊效果，如图7.1.11所示。

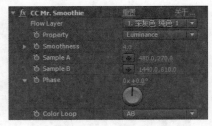

图7.1.11

● 【Flow Layer】：从此弹出菜单中选择用来映射到源层上的渐变模式层，默认设置下Flow Layer是当前图层。
● 【Property】：在下列弹出菜单：红、绿、蓝、Alpha、通道蒙版、亮度中选择其中之一作为凹凸映射的通道信息依据。
● 【Smoothness】：使用此参数来控制所选映射图层的柔软性，更高平滑度将会隐藏更多细节，使画面显得更顺畅。
● 【Sample A】、【Sample B】：使用此控件基于X、Y轴坐标来定位源层上的两个参考点，并且从定位的参考点上采样颜色，在采样的两种颜色之间创建渐变。
● 【Phase】：使用此控件来更改渐变的色相。
● 【Color Loop】：使用此弹出菜单，确定颜色渐变循环的方向。可以选择下列选项：AB、BA、ABA和BAB（A和B是采样点），如图7.1.12、图7.1.13所示。

图7.1.12

图7.1.13

7.1.6　CC Plastic

【CC Plastic】效果是模拟光线过滤分散的奇幻视觉效果，通常使用它来创建DVD或矿泉水瓶的过滤光效果，如图7.1.14所示。

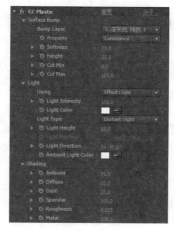

图7.1.14

- 【Surface Bump】（Control Group）
  - 【Bump Layer】：使用此命令来定义当前所选择源层的凹凸贴图映射，模拟光线过滤分散效果，基于所选择源层的明度属性来定义光线过滤分散效果的幅度，在图像的亮部区域光线过滤分散幅度将会更大，在图像的暗部区域光线过滤分散幅度更小。
  - 【Property】：在下列弹出菜单：红、绿、蓝、Alpha、通道蒙版、亮度中选择其中之一作为凹凸映射的通道信息依据。
  - 【Softness】：使用此参数来控制所选映射图层的柔软性（或模糊），更高平滑度将会隐藏更多细节，使画面显得更顺畅。
  - 【Height】：使用此参数来控制凹凸贴图的相对高度，从而影响凹凸贴图表面的位移和阴影。
  - 【Cut Min】、【Cut Max】：使用此参数通过设置源层的动态光压缩范围来影响源层的亮度值。Min和Max分别表示图像中的最亮部分和最暗部分，当Min值高于Max值时图像的明暗部分将反转。
- 【Light】（Control Group）
  - 【Using】在弹出菜单中选择是否使用效果灯光（Effect light）或者AE灯光。当选择AE灯光时，此命令组中的所有参数为关闭状态，默认选择为效果灯光（Effect light）。

- 【Light Intensity】：使用此参数来控制灯光的强度，该值设置越高将会产生越明亮的灯光效果。
- 【Light Color】：使用此控件来确定灯光颜色。
- 【Light Type】：使用此控件选择想要使用的灯光类型，从弹出菜单中即可选择。
  - 【Distant Light】：平行光，模拟太阳光类型的照射光，用户可自定义光线的距离和角度，使所有光线都从相同的角度照射到源层。
  - 【Point Light】：点光源，模拟灯泡类型的照射光，用户可定义光线的距离和位置。
- 【Light Height】：使用此参数来确定源层到光源的距离。当参数值为正数时源层将会整体被照亮；反之，源层将变灰暗。
- 【Light Position】：使用此参数来定义点光源在X、Y轴的坐标位置。当灯光类型选择平行光时，该命令被禁用。
- 【Light Direction】：使用此参数来调节平行光源的方向，当灯光类型选择点光源时，该命令被禁用。
- 【Ambient Light Color】：使用此参数来选择环境光的颜色。
- 【Shading】（Control Group）：该命令组同AE材质设置的控件相类似。不同的是，材质表面粗糙度的光泽设置同AE材质设置中相反。
  - 【Ambient】：使用此参数来设置环境光的反射程度。
  - 【Diffuse】：使用此参数设置漫反射值。
  - 【Specular】：使用此参数控制高光强度。
  - 【Roughness】：使用此参数设置材质表面的粗糙程度，该参数的值设置越高则材质表面越有光泽。
  - 【Metal】：使用此参数确定镜面高光的质感程度。将参数设置为100时，效果类似于金属质感；将参数设置为0时，效果类似于塑料质感。

7.1.7　CC RepeTile

【CC RepeTile】效果是模拟创建随机的拼贴效果，用户可以在选项设置中调节创建拼贴效果的模式，使其沿水平和垂直方向重复。通常该效果用于制作纹理背景，因为该效果几乎可以使所有的拼贴都显得浑然一体，如图7.1.15所示。

图7.1.15

- 【Expand Right】、【Expand Left】、【Expand Down】、【Expand Up】：这些参数设置控制拼贴比例。如果源层为150×150像素，设置Expand Right为600，Expand Left为300，重复拼贴后右边为原来的4倍，左边为原来的2倍。

- 【Tiling】：此控件设置源层重复拼贴的方式，以及拼贴重复的方向。从弹出的菜单中选择下列选项：Repeat、Checker Flip H、Checker Flip V、Unfold、Checker 180°、Checker Flip 45°、Checker 90° CW、Checker 90° CCW、Rosette、Random、None、Turn CW、Turn CCW、Twist、Slide、Brick，当选择不同的拼贴方式后源层将会有不同的拼贴效果。

- 【Blend Borders】：使用此控件来确定重复拼贴的边缘过渡效果，调高该参数时能使各个拼贴边框的像素混合在一起，形成柔软的过渡效果。当【Tiling】选择None或 Slide时，该控件被禁用，因为这些拼贴选项不混合边界，如图7.1.16、图7.1.17所示。

图7.1.16　　　　　图7.1.17

7.1.8　CC Threshold

【CC Threshold】效果通过设置阈值级别模拟色块化的视觉效果，其中高于设置值的所有像素值转换为白色，低于设置值的所有像素转换为黑色，如图7.1.18所示。

图7.1.18

- 【Threshold】：使用此控件确定水平阈值，它将像素转换为黑色或白色。图像明度中低于该设置参数的区域将完全变为黑色，图像明度中高于该设置参数的区域将完全变为白色。

- 【Channel】：选择通道的信息，从弹出列表中选择恰当的通道信息应用到阈值。

  > 【Luminance】：阈值作用在源图层的蒙版通道上，结果仅限于黑色和白色，Alpha通道不受影响。

  > 【RGB】：阈值作用在源层的RGB通道上，Alpha通道不受影响。

  > 【Saturation】：图像中饱和度高于或等于所设置阈值的部分会变成白色，低于的部分会变成黑色。Alpha通道不受影响。

  > 【Alpha】：阈值作用在源层上的Alpha通道，RGB通道不受影响。

  > 【Invert】：勾选此复选框可反转当前画面效果，默认设置为关闭。

- 【Blend w. Original】：使用此参数来控制当前效果与源层的混合效果。当值为100%时只显示效果图层；当值为50%时，当前效果图层与其他图层产生均匀的混合效果，如图7.1.19所示。

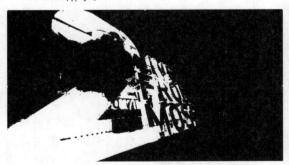

图7.1.19

7.1.9　CC Threshold RGB

【CC Threshold RGB】效果允许根据单独的颜色通道信息设置不同的阈值水平，如图7.1.20所示。

图7.1.20

● 【Red Threshold】、【Green Threshold】、【Blue Threshold】：使用这些控件来确定各个颜色通道上阈值的级别，像素将会根据阈值的级别在该通道上转换为黑色或白色。

● 【Invert Red Channel】、【Invert Green Channel】、【Invert Blue Channel】：使用这些复选框可以反转各自的通道值，在默认设置下这些都会被关闭。

● 【Blend w. Original】：使用此参数来控制当前效果与源层的混合效果。当值为100%时只显示效果图层；当值为50%时，当前效果图层与其他图层产生均匀的混合效果，如图7.1.21所示。

图7.1.21

7.2 过渡

　　【过渡】（Transition）效果主要是实现转场效果，但After Effects 的转场效果与其他视频编辑软件如Final Cut Pro，Premiere中的转场效果不同，其他软件是作用在镜头与镜头之间，而After Effects中转场则是作用在某一层图像上，如图7.2.1所示。

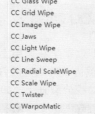

图7.2.1

7.2.1　CC Glass Wipe

　　【CC Glass Wipe】效果是在源层上模拟玻璃融化效果，通常该效果与其他图层一起使用，在源层上玻璃融化后显示另外的图层以实现图层之间的过渡转场，如图7.2.2所示。

图7.2.2

● 【Completion】：使用此控件来设置转场过渡完成的百分比，可设置关键帧控制过渡动画。

● 【Layer to Reveal】：在弹出式菜单中选择要显示的图层并且所选图层的明度信息将会被使用。

● 【Gradient Layer】：在弹出菜单中选择一个图层作为位移和显示图层使用，所选择图层的明度信息将被使用。

● 【Softness】：使用此参数来控制所选映射图层的柔软性（或模糊）。更高平滑度将会隐藏更多细节，使画面显得更顺畅。

● 【Displacement Amount】：使用此控件来确定过渡的位移量，较高的值产生较大的扭曲，如图7.2.3、图7.2.4所示。

图7.2.3　　　　　　　　图7.2.4

7.2.2　CC Grid Wipe

　　【CC Grid Wipe】效果是在源层上创建一个由正方形切割成的的网格擦拭转场过渡效果，如图7.2.5所示。

图7.2.5

- 【Completion】：使用此控件来设置网格擦拭转场过渡完成的百分比，可设置关键帧控制过渡动画。

- 【Center】：使用此控件在X、Y轴上设置网格擦拭转场的中心位置。

- 【Rotation】：使用此控件来确定网格擦拭转场的旋转度数。（注意：是整个网格旋转，不是单个的网格方块）

- 【Border】：使用此控件来确定过渡边框的大小。

- 【Tiles】：使用此控件来确定网格上的拼贴总数。

- 【Shape】：在这个弹出菜单中选择过渡形状（注意：该形状会影响整个过渡）。
  > 【Doors】：将源层分为两部分。
  > 【Radial】：对放射状擦拭。
  > 【Rectangle】：对矩形擦拭。

- 【Reverse Transition】：使用此复选框以扭转过渡，如图7.2.6所示。

图7.2.6

7.2.3　CC Image Wipe

【CC Image Wipe】效果是在源层上模拟创建一个图像明度呈梯形渐变的过渡转场效果，如图7.2.7所示。

图7.2.7

- 【Completion】：使用此控件来设置转场过渡完成的百分比，可设置关键帧控制过渡动画。

- 【Border Softness】：使用此控件来调整转场过渡边缘的柔软性。（注意：较高的值增加渲染时间）

- 【Auto Softness】：勾选此选项后将自动调节转场过渡的边缘模糊效果以适应运动模糊，此选项仅用于快速转场切换。

- 【Gradient】（Control Group）
  > 【Layer】：在弹出菜单中选择一个图层用于渐变过渡效果。
  > 【Property】：渐变过渡效果受到此控件上指定的通道信息的影响。可以从弹出式菜单中选择下列选项：Red、Green、Blue、Alpha、Luminance、Lightness、Hue和Saturation。
  > 【Blur】：此控件控制选定渐变的模糊量。
  > 【Inverse Gradient】：勾选此复选框可以反转渐变，如图7.2.8所示。

图7.2.8

7.2.4　CC Jaws

【CC Jaws】效果是在源层上创建一个将图像分割成两部分的锯齿状转场过渡效果，每部分具有锯齿的边界沿着边缘分裂开来，如图7.2.9所示。

图7.2.9

- 【Completion】：使用此控件来设置转场过渡完成的百分比，可设置关键帧控制过渡动画。

- 【Center】：使用此控件在X、Y轴设置锯齿状转场的中心位置。

- 【Direction】：使用此控件设置整个锯齿状转场的角度。

- 【Height】、【Width】：使用这些控件来确

定齿状的高度和宽度。

> 【Shape】：使用此弹出式菜单来确定具体的齿状。

> 【Spikes】：创建同撕咬形状类似的三角齿形。

> 【Robo Jaw】：创建像齿轮类似的梯形齿形。

> 【Block】：创建为矩形齿形。

> 【Waves】：创建一个波浪形齿状，如图7.2.10所示。

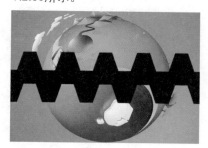

图7.2.10

7.2.5　CC Light Wipe

【CC Light Wipe】效果在源层上模拟创建一个灯光过渡转场的效果。该灯光颜色可以从源层中采样，用户可以自定义灯光的形状和旋转，如图7.2.11所示。

图7.2.11

● 【Completion】：使用此控件来设置转场过渡完成的百分比，可设置关键帧控制过渡动画。

● 【Center】：使用此控件在X、Y轴设置锯齿状转场的中心位置。

● 【Intensity】：使用此控件设置灯光强度，数值越大，光照越强。

● 【Shape】：在弹出菜单中选择过渡形状。（注意：该形状会影响整个过渡）

> 【Doors】：该参数将源层分为两部分。

> 【Radial】：能够创建一个圆形灯光擦拭源层。

> 【Rectangle】：生成一个矩形灯光擦拭源层。

● 【Direction】：使用此控件来控制光线光线

转场过渡时的方向。当【Shape】选择为圆形时，则被禁用。

● 【Color from Source】：勾选此复选框，光线的颜色从源层中进行采样。取消勾选，颜色拾取将被使用。在默认设置下这个功能是关闭的。

● 【Color】：使用此控件来确定灯光颜色。当【Color from Source】选项被勾选时，则被禁用。

● 【Reverse Transition】：勾选此复选框以反转过渡效果，如图7.2.12所示。

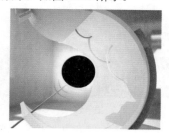

图7.2.12

7.2.6　CC Line Sweep

【CC Line Sweep】效果是一个斜角擦拭过渡效果，可以通过控制逐行厚度、重叠和擦拭角度等来细化转场过渡效果，如图7.2.13所示。

图7.2.13

● 【Completion】：使用此控件来设置转场过渡完成的百分比，可设置关键帧控制过渡动画。

● 【Direction】：使用此控件来确定在源层中过渡的角度。

● 【Thickness】：使用这个控件设置逐行线的厚度，此选项不能制作动画。

● 【Slant】：使用此滑块控制线在过渡期间的重叠。较低的值减少重叠，较高的值则增加重叠。设定值为0，前一行线完成了擦拭后新线才能产生。设定值为99，所有的线同时启动。

● 【Flip Direction】：勾选此选项可翻转过渡方向。例如，如果线运动从左到右，勾选该选项后线反而从右到左，如图7.2.14所示。

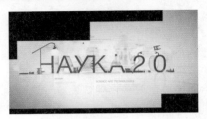

图7.2.14

7.2.7　CC Radial ScaleWipe

【CC Radial ScaleWipe】是一个径向过渡转场的效果，如图7.2.15所示。

图7.2.15

- 【Completion】：使用此控件来设置转场过渡完成的百分比，可设置关键帧控制过渡动画。
- 【Center】：使用此控件在X、Y轴设置径向过渡转场的中心位置。
- 【Reverse Transition】：勾选此复选框以翻转过渡，如图7.2.16所示。

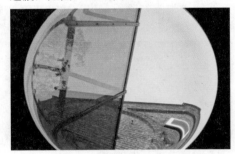

图7.2.16

7.2.8　CC Scale Wipe

【CC Scale Wipe】是一个拉伸缩放的过渡转场效果，通过将源层中的图像进行拉伸实现转场，如图7.2.17所示。

图7.2.17

- 【Stretch】：使用此控件设置拉伸的比例参

数，该值越大，图像的拉伸程度越高。

- 【Center】：使用此控件在X、Y轴设置拉伸过渡转场的中心位置。
- 【Direction】：使用此控件来确定源层的缩放方向，如图7.2.18和图7.2.19所示。

图7.2.18

图7.2.19

7.2.9　CC Twister

【CC Twister】是一个旋转扭曲过渡转场的效果，通过对当前源层添加效果使其发生旋转扭曲以显示另一图层从而实现转场，如图7.2.20所示。

图7.2.20

- 【Completion】：使用此控件来设置转场过渡完成的百分比，可设置关键帧控制过渡动画。
- 【Backside】：在弹出式菜单中选择你想要显示的图层。如果你选择相同层作为一个扭曲效果，源层会出现自身扭曲，扭曲效果完成后源层再次回到初始效果。如果你选择"无"，源层会出现自身扭曲并且在完成扭曲动画后消失。如果你选择背景层，源层会在出现自身扭曲的同时与背景层进行过渡，之后背景层显示出来。
- 【Shading】：勾选此复选框，可以通过灯光和阴影增加扭旋转曲效果的深度感。

- 【Center】：使用此控件在X、Y轴设置旋转扭曲过渡转场的中心位置。
- 【Axis】：使用此控件设置旋转扭曲转场的方向，如图7.2.21所示。

图7.2.21

7.2.10 CC WarpoMatic

【CC WarpoMatic】是一种特殊的扭曲过渡转场效果。通过映射图层来影响扭曲效果，并且可以在两个图层之间创建扭曲渐变过滤器，从而实现更加细致的过渡转场，如图7.2.22所示。

图7.2.22

- 【Completion】：使用此控件来设置转场过渡完成的百分比，可设置关键帧控制过渡动画。
- 【Layer to Reveal】：使用此弹出菜单选择图层的显示。
- 【Reactor】：使用此控件可以控制两个图层之间的扭曲变化形式。从弹出式菜单中，选择以下选项之一：【Brightness】、【Contrast Differences】、【Brightness Differences】及【Local Differences】。

- 【Smoothness】：使用此控件来设置指定的扭曲变化过渡的平滑程度。更高的参数设置将会产生更高的光滑度，同时较高的光滑度会忽略一些小细节使过渡转场产生一种平滑的整体效果。
- 【Warp Amount】：使用此控制量来确定过渡转场的扭曲值，更高的值将产生更大的扭曲效果，当使用负值时将会反转扭曲方向。
- 【Warp Direction】：使用此弹出菜单的下列选项来指定扭曲过渡转场的变形方向。
  - ＞ 【Joint】：在相同方向上扭曲图层。添加了效果的源层和要显示的图层沿着同一个方向进行扭曲的设置。
  - ＞ 【Opposing】：在相反的方向上扭曲图层。添加了效果的源层和要显示的图层在相反的方向上进行扭曲的设置。
  - ＞ 【Twisting】：扭转效果源层和显示图层的方向后再进行扭曲。
- 【Blend Span】：使用此控件来确定两个图层过渡期间的混合百分比，如图7.2.23所示。

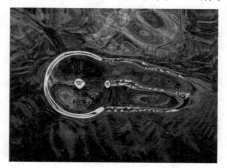

图7.2.23

7.3 模糊和锐化

【模糊和锐化】（Blur& Sharpen）效果的主要功能是调整图片的清晰程度。用户可以根据不同的需求对单个图片的不同区域进行模糊或锐化处理。比如为了突出前景部分，用户可以对背景图片进行模糊处理，或者适当提高前景部分的锐化值，使这个部分看起来更加清晰和突出。有些时候图片的分辨率较低，边缘会出现明显的锯齿，用户可以通过模糊处理来使图片边缘看起来光滑些。

【模糊和锐化】（Blur& Sharpen）效果更多的时候是用来表现一种虚实变化的动态效果。我们常在电视中看到，一个画面由清晰变模糊，接着另一画面由模糊变清晰，这样就做到两个画面间比较自然的过渡切换。除了常见的图像模糊外，【模糊和锐化】效果也用为3D粒子添加运动模糊效果。【模糊和锐化】效果极大的缩减3D渲染过程，并提供了更丰富和快捷的运动模糊效果，为制作者节省了大量的时间和成本，如图7.3.1所示。

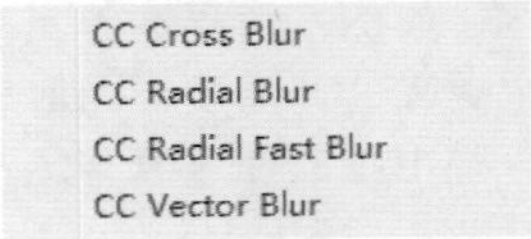

CC Cross Blur
CC Radial Blur
CC Radial Fast Blur
CC Vector Blur

图7.3.1

7.3.1　CC Cross Blur

【CC Cross Blur】效果可创建单独的水平和垂直方向的模糊效果。通过调节X轴半径、Y轴半径等参数，在源层中实现不同方向的模糊效果，如图7.3.2所示。

图7.3.2

● 【Radius X】：调节水平方向的模糊半径，如图 7.3.3和图7.3.4所示。

图7.3.3

图7.3.4

● 【Radius Y】：调节垂直方向的模糊半径，如图 7.3.5和图7.3.6所示。

图7.3.5

图7.3.6

● 【Transfer Mode】：图层显示模式有六种。【Blend】为混合，【Add】为添加，【Screen】为屏幕，【Multiply】为相乘，【Lighten】为减轻，【Darken】为变暗。

● 【Repeat Edge Pixels】：当模糊效果较大时，画面边缘将会产生白色虚边，勾选此选项可使画面的边缘清晰显示。

7.3.2　CC Radial Blur

【CC Radial Blur】通过调节径向模糊的类型、模糊程度、模糊质量和中心点位置来完成模糊的效果，如图7.3.7所示。

图7.3.7

● 【Type】：从下列弹出菜单中选择径向模糊的类型。【Straight Zoom】为垂直变焦模糊类型；【Fading Zoom】为衰减变焦模糊类型；【Centered Zoom】为居中变焦模糊类型；【Rotate】为旋转模糊类型；【Scratch】为拉伸模糊类型；【Rotate Fading】为旋转衰减模糊类型，默认为【Scratch】拉伸模糊类型。

● 【Amount】：调节模糊程度。根据所选择的类型不同，产生的变化也不同，如图7.3.8和图7.3.9所示。

图7.3.8

图7.3.9

● 【Quality】：调节数值来改变模糊的质量，最小不低于10，最大不高于100。

● 【Center】：使用此参数来调节径向模糊的中心点位置，如图7.3.10和图7.3.11所示。

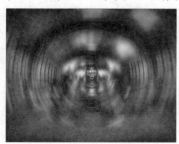

图7.3.10

图7.3.11

7.3.3　CC Radial Fast Blur

【CC Radial Fast Blur】是一种快速的径向模糊效果，比Radial Blur更简洁迅速，如图7.3.12所示。

图7.3.12

● 【Center】：使用此参数调节径向模糊的中心点位置来改变模糊的效果。

● 【Amount】：调节模糊程度。根据【Zoom】所选择的类型不同，产生的变化也不同。

● 【Zoom】：变焦类型有三种。【Standard】为标准类型；【Brightest】为最亮类型，选择该类型整体模糊效果变亮；【Darkest】为最暗类型，选择该类型整体模糊效果变暗。

7.3.4　CC Vector Blur

【CC Vector Blur】效果是使用图层来定义一个沿着某个特定方向的向量场，并由此向量场创建形成矢量模糊效果。通过调节矢量模糊的通道和类型可以在不同方向上创建不同效果的矢量模糊，如图7.3.13所示。

图7.3.13

● 【Type】：从下列弹出菜单中选择矢量模糊的类型。【Natural】为自然的模糊类型；【Constant Length】为等长的模糊类型；【Perpendicular】为垂直的模糊类型；【Direction Center】为方向中心的模糊类型；【Direction Fading】为方向衰减的模糊类型。

● 【Amount】：调节矢量模糊的程度。最大值不超过500，如图7.3.14和图7.3.15所示。

图7.3.14　　　　　　　　图7.3.15

- 【Angle Offset】：通过改变数值来调节矢量模糊的角度偏移，如图7.3.16和图7.3.17所示。

图7.3.16 　　　　图7.3.17

- 【Ridge Smoothness】：调节矢量模糊的平滑程度，数值越大越平滑，最大值不超过100。

- 【Vector Map】：选择图片作为矢量模糊贴图，默认为None。
- 【Property】：选择控制矢量模糊的通道类型，对画面进行更加细致的调节。【Red】为红色通道；【Green】为绿色通道；【Blue】为蓝色通道；【Alpha】为Alpha通道；【Luminance】为蒙版通道；【Lightness】为亮度通道；【Hue】为色相通道；【saturation】为饱和度通道。
- 【Map Softness】：调节数值改变Vector Map中选择的贴图软化程度。

7.4　模拟

【模拟】（Simulation）是一组用来模拟自然界爆炸、反射、波浪等特殊效果的命令，如图7.4.1所示。

CC Ball Action
CC Bubbles
CC Drizzle
CC Hair
CC Mr. Mercury
CC Particle Systems II
CC Particle World
CC Pixel Polly
CC Rainfall
CC Scatterize
CC Snowfall
CC Star Burst

图7.4.1

7.4.1　CC Ball Action

【CC Ball Action】效果是在源层中模拟三维球体运动效果，通过在源层中指定散射和旋转轴向来控制三维球体阵列的旋转和扭曲。该效果支持AE内置摄像机系统，可以对球体阵列设置三维空间中的旋转、位移动画，如图7.4.2所示。

- 【Scatter】：使用此控件来确定球体阵列的散射量。该值越高，球体阵列会越多的从原先位置分散到各个方向上。
- 【Rotation Axis】：从下列弹出菜单中选择球体阵列的旋转轴向。
  > 【X、Y、or Z】：球体阵列选择单个轴向旋转。
  > 【XY、XZ、or YZ】：球体阵列选择在两

个轴向上旋转。
  > 【XYZ Axis】：球体阵列选择在所有三个轴向上同时旋转。
  > 【X15Z Axis】：球体阵列每绕X轴旋转一次的同时会绕Z轴旋转15次。该参数设置是相当敏感的，不宜变化幅度过大。
  > 【XY15Z Axis】：球体阵列每绕X轴和Y轴旋转一次的同时会绕Z轴旋转15次。该参数设置是相当敏感的，不宜变化幅度过大。

图7.4.2

- 【Rotation】：使用此参数设置球体阵列绕轴旋转度数。该参数设置为正值时球体阵列沿顺时针方向旋转，该参数设置为负值时球体阵列沿逆时针方向旋转。
- 【Twist Property】：从下列弹出菜单中选择球体阵列旋转偏移量的方式。
  > 【X Axis】、【Y Axis】：球体阵列选择X、Y轴。
  > 【Center-X】、【Center-Y】：球体阵列选择X、Y轴中心。

> 【Radius】：球体阵列的中心位置被扭曲，外围的扭曲效果衰减。

> 【Random】：球体阵列将进行随机旋转，产生一个混沌效应。

> 【Red】、【Green】、【Blue】：球体阵列扭曲的强度受所选通道的颜色强度影响。

> 【Brightness】：球体阵列的扭曲强度受源层的明度通道信息影响，最暗的部分扭曲效果最强。

> 【Diamond】：球体阵列的扭曲是一个菱形。

> 【Rectangle】：球体阵列的扭曲是一个矩形。

> 【Fast Top】：球体阵列在X、Y轴上旋转，并且在Y轴上旋转速度更快。

● 【Twist Angle】：使用此参数设置球体阵列的扭曲度数。该参数设置为正值时球体阵列沿顺时针方向扭曲，该参数设置为负值时球体阵列沿逆时针方向扭曲。

● 【Grid Spacing】：使用此参数来控制球体阵列中各个球体之间的间距。该参数值设置越高各球体之间的间距越大，产生的球越少；该参数值设置越低各球体之间的间距越小，产生的球越多。

● 【Ball Size】：使用此参数确定球体阵列中球的相对大小。

● 【Instability State】：使用此参数设置球体阵列中各个球体的旋转度数，如图7.4.3所示。

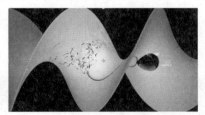

图7.4.3

7.4.2 CC Bubbles

【CC Bubbles】是在源层上模拟创建一个泡沫的效果，如图7.4.4所示。

图7.4.4

● 【Bubble Amount】：使用此控件确定泡沫数量，该参数值设置越高源层中出现的泡沫数量越多。

● 【Bubble Speed】：使用此控件来确定泡沫的移动速度。设置为正值使气泡上升，设置为负值使泡沫下降。

● 【Wobble Amplitude】：使用此控件来确定添加到泡沫运动的抖动数量。

● 【Wobble Frequency】：使用此控件来确定泡沫摆动的频率。该值越高，泡沫向左右移动的速度越快。

● 【Bubble Size】：控制气泡的尺寸。

● 【Reflection Type】：从下列弹出菜单中选择泡沫的反射类型。

> 【Liquid】：泡沫独立反射。

> 【Metal】：泡沫反射源层。

● 【Shading Type】：从下列弹出菜单中选择泡沫的着色类型。

> 【None】：泡沫完全不透明，无褪色。

> 【Lighten】：泡沫的外围逐渐褪变成白色。

> 【Darken】：泡沫的外围逐渐褪变为黑色。

> 【Fade Inwards】：泡沫中心的部分呈现透明状，像肥皂泡泡，如图7.4.5所示。

> 【Fade Outwards】：气泡的边缘出现透明。

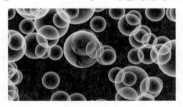

图7.4.5

7.4.3 CC Drizzle

【CC Drizzle】效果是在源层中模拟圆形波纹扭曲效果，看起来像雨滴扰乱了水面，通过设置Drizzle粒子发生器，源层上会随着时间的推移出现环状的波纹效果，如图7.4.6所示。

图7.4.6

- 【Drip Rate】：使用此参数设置圆形波纹的扭曲程度，该参数值设置越高源层中圆形波纹的扭曲程度越大。

- 【Longevity（sec）】：使用此参数设置波纹的持续时间，该参数值设置越高源层中的波纹将会产生越慢的涟漪效果。

- 【Rippling】：使用此参数设置各个波纹的纹环数量。

- 【Displacement】：使用此参数设置各个波纹间的位移量，该参数值设置越高将会产生越大的波纹纹理效果。

- 【Ripple Height】：使用此参数设置源层中圆形波纹的高度，该参数值通过影响波纹的纵深轴位移和阴影来改变波纹效果。

- 【Spreading】：使用此参数确定圆形波纹的涟漪范围。

- 【Light】（Control Group）
  > 【Using】：在此弹出菜单中选择是否使用效果灯光（Effect light）或者AE灯光。当选择AE灯光时，此命令组中的所有参数为关闭状态，默认选择为效果灯光（Effect light）。
  > 【Light Intensity】：使用此参数来控制灯光的强度。该值设置越高将会产生越明亮的灯光效果。
  > 【Light Color】：使用此控件来确定灯光颜色。
  > 【Light Type】：从下列弹出菜单中选择灯光类型。其中【Distant Light】为平行光，模拟太阳光类型的照射光，用户可自定义光线的距离和角度使所有光线都从相同的角度照射到源层。【Point Light】为点光源，模拟灯泡类型的照射光，用户可定义光线的距离和位置。
  > 【Light Height】：使用此参数来确定源层到光源的距离。当参数值为正数时源层将会整体被照亮；反之，源层将变灰暗。
  > 【Light Position】：使用此参数来定义点光源在X、Y轴的坐标位置。当灯光类型选择平行光时，该命令被禁用。
  > 【Light Direction】：使用此参数来调节平行光源的方向。当灯光类型选择点光源时，该命令被禁用。

- 【Shading】（Control Group）：该命令组同AE材质设置的控件相类似。不同的是，粗糙

度的光泽设置同AE材质设置中相反。
  > 【Ambient】：使用此参数来设置环境光的反射程度。
  > 【Diffuse】：使用此参数设置漫反射值。
  > 【Specular】：使用此参数控制高光强度。
  > 【Roughness】：使用此参数设置材质表面的粗糙程度，该参数的值设置越高则材质表面越有光泽。
  > 【Metal】：使用此参数确定镜面高光的质感程度。将参数设置为100时，效果类似于金属质感；将参数设置为0时，效果类似于塑料质感，如图7.4.7所示。

图7.4.7

7.4.4 CC Hair

【CC Hair】效果是在源层中创建粒子模拟生物毛发的效果。该效果可以通过设置特定属性来控制毛发的数量、颜色以及生长方式。使用该效果前，一般会首先设置图层蒙版，将不需要生长毛发的部分屏蔽，如图7.4.8所示。

图7.4.8

- 【Length】：使用此控件来模拟生成头发的长度。

- 【Thickness】：使用此控件来模拟生成头发的厚度。

- 【Weight】：使用此控件来模拟生成头发的生长方向。

- 【Constant Mass】：勾选该选项后，可以

避免毛发衍生出静态路径。此若选项被禁用时，可以单独调控【weight】滑块来改变毛发的方向。

- 【Density】：使用此控件来模拟生成头发的生长密度。
- 【Hairfall map】（Control Group）
  > 【Map Strength】：使用此控件来确定模拟毛发源层的深度，从而影响毛发的生长方向，提高该参数值可以增加毛发的纵深程度。
  > 【Map Layer】：在弹出菜单中可以选择依附于哪个图层进行毛发的生成，可以使用属性中定义的参数值。
  > 【Map Property】：在下列弹出菜单：红、绿、蓝、Alpha、通道蒙版、亮度、色相、饱和度中选择其中之一作为图层映射的通道信息依据。
  > 【Map Softness】：使用此控件确定毛发的柔软程度。
  > 【Add Noise】：使用此控件在毛发图层上添加噪波，可以使毛发的柔软性得到提高，毛发在图层中的分布显得更加随机自然。
- 【Hair Color】（Control Group）：主要用于控制发丝颜色的相关属性。
  > 【Color】：使用此控件来确定毛发的颜色。
  > 【Color Inheritance】：颜色传递，在默认设置中图层的颜色决定了毛发像素的颜色。该参数值设置较低时，毛发的颜色受颜色传递影响较小，受自选颜色影响较大。
  > 【Opacity】：使用此控件来确定毛发的不透明度。降低不透明度一般应用于高密度毛发情况。
- 【Light】（Control Group）：主要用于控制灯光照射的相关属性。
  > 【Light Height】：使用此参数来确定源层到光源的距离。当参数值为正数时源层将会整体被照亮；反之，源层将变灰暗。
  > 【Light Direction】：使用此控件控制光源的方向。
- 【Shading】（Control Group）：该命令组同AE材质设置的控件相类似。不同的是，粗糙度的光泽设置同AE材质设置中相反。
  > 【Ambient】：使用此参数来设置环境光的反射程度。

- > 【Diffuse】：使用此参数设置漫反射值。
- > 【Specular】：使用此参数控制高光强度。
- > 【Roughness】：使用此参数设置材质表面的粗糙程度，该参数的值设置越高则材质表面越有光泽，如图7.4.9所示。

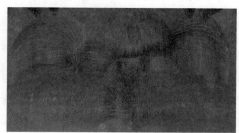

图7.4.9

7.4.5 CC Mr.Mercury

【CC Mr. Mercury】是一种在源层上模拟熔融金属、溶解塑料和液体的效果。该效果为源层添加不稳定的形状变化，就像现实世界中的液体颗粒分裂和重新溶解一样。该效果的几乎所有参数都可以设置动画，并且支持AE中的所有粒子效果，只要在时间轴上预览，就能立即看到特殊的液态效果，如图7.4.10所示。

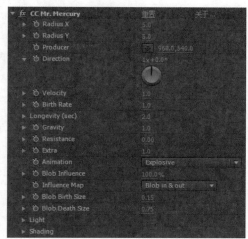

图7.4.10

- 【Radius X】、【Radius Y】：使用此控件确定粒子的半径。
- 【Producer】：使用此控件定位该效果的中心点位置，该位置可作为方向控制的基础点。
- 【Direction】：使用此控件确定液态粒子流动的方向。
- 【Velocity】：使用此控件设置产生液态的速

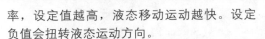

率，设定值越高，液态移动运动越快。设定
负值会扭转液态运动方向。

- 【Birth Rate】：使用此控件可以确定出任意
时间点的液态量。该参数值越高，液态密度
越大，渲染时间也相应变长。

- 【Longevity】（sec）：使用此控件确定液态存
在时长。时间设置越高，液态存在时长越长。

- 【Gravity】：使用此控件来确定粒子的重
力。重力值越高会导致液态下降越快，重力
为负值时使液态上升。

- 【Resistance】：使用此控件来减缓粒子的初
始运动速度。该功能通常用来模拟液体流动
效果，参数值设置越高所产生的阻力越大。

- 【Extra】：使用此控件设置粒子运动的随机
性。该参数值越高粒子运动的随机性越大。

- 【Animation】：使用此弹出菜单来选择你想
要的动画类型，确定液态的运动模式，下拉
列表包括：

  > 【Explosive】：液态在各个方向上随机均
    匀分布。

  > 【Fractal Explosive】：创建一个形态不均
    匀的液态效果，就像一个自然的爆炸状模型。

  > 【Twirl】：创建一个液态旋转效果。控制
    旋转的方向，并使液态均匀地分布在同一
    方向上，还可以控制液态旋转速度。

  > 【Twirly】：创建一个随机的旋转液态效
    果，并使之均匀地分布。根据控制方向相
    应地确定旋转速度。

  > 【Vortex】：创建一个漏斗状的液态旋转
    效果。例如在液体中转动，重力控制旋涡
    的宽度，速率可以减小旋转速度。

  > 【Fire】：创建一个液态气泡振荡上升的
    效果。

  > 【Direction】：通过设置方向参数，创建
    一个液态气泡均匀的从固定方向冒出来的
    效果。

  > 【Direction Normalized】：在设置好的方
    向上，以相同速度移动所有液体。

  > 【Bi-Directional】：通过设置方向参数，
    创建一个液态气泡均匀的从相对的两个方
    向中冒出来的效果。

  > 【Bi-Directional Normalized】：以相同的
    速度从内到外移动所有液体。

  > 【Jet】：增加液体运动的随机性。

- 【Jet Sideways】：生成随机的液体运动效
  果，并引导整个效果源层的随机运动。

- 【Blob Influence】：控件液体之间的相互影
  响，并产生新的液体。通过设置液态的数量
  和运动速度会使较小的液体在移动中变成较
  大的液体。

- 【Influence Map】：使用该弹出菜单来控制
  液体出现和消失的类型。

  > 【Blob out】：液体缩小并消失。

  > 【Blob in & out】：液体平稳变大，然后
    收缩消失。

  > 【Blob out sharp】：液体大小先保持相对
    稳定，再急剧萎缩到消失。

  > 【Constant Blobs】：液体保持一个恒定的
    大小。

- 【Blob Birth Size】：使用此控件来控制液态
  出现时的大小。

- 【Blob Death Size】：使用此控件来确定液态
  消失前的大小。

- 【Light 】（Control Group）

  > 【Using】：在此弹出菜单中选择是否使
    用效果灯光（Effect light）或者AE灯光。
    当选择AE灯光时，此命令组中的所有
    参数为关闭状态，默认选择为效果灯光
    （Effect light）。

  > 【Light Intensity】：使用此参数来控制灯
    光的强度。该值设置越高将会产生越明亮
    的灯光效果。

  > 【Light Color】：使用此控件来确定灯光
    颜色。

  > 【Light Type】：从下列弹出菜单中选择灯
    光类型。

    ■ 【Distant Light】：平行光，模拟太
      阳光类型的照射光，用户可自定义光
      线的距离和角度使所有光线都从相同
      的角度照射到源层。

    ■ 【Point Light】：点光源，模拟灯泡
      类型的照射光，用户可定义光线的距
      离和位置。

  > 【Light Height】：使用此参数来确定源层
    到光源的距离。当参数值为正数时源层将
    会整体被照亮；反之，源层将变灰暗。

  > 【Light Position 】：使用此参数来定义点
    光源在X、Y轴的坐标位置。当灯光类型

选择平行光时，该命令被禁用。

> 【Light Direction】：使用此参数来调节平行光源的方向。当灯光类型选择点光源时，该命令被禁用。

● 【Shading】（Control Group）：该命令组同AE材质设置的控件相类似。不同的是，材质表面粗糙度的光泽设置同AE材质设置中相反。

> 【Ambient】：使用此参数来设置环境光的反射程度。

> 【Diffuse】：使用此参数设置漫反射值。

> 【Specular】：使用此参数控制高光强度。

> 【Roughness】：使用此参数设置材质表面的粗糙程度，该参数的值设置越高则材质表面越有光泽。

> 【Metal】：使用此参数确定镜面高光的质感程度。将参数设置为100时，效果类似于金属质感；将参数设置为0时，效果类似于塑料质感。

> 【Material Opacity】：使用此参数设置材质的不透明度，如图7.4.11和图7.4.12所示。

图7.4.11

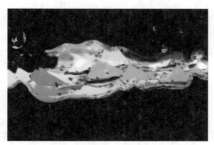

图7.4.12

7.4.6 CC Particle Systems II

【CC Particle Systems II】是一个模拟粒子特效的粒子系统，通过对参数的控制来产生不同的粒子效果。从简单的爆炸效果到波光粼粼的喷泉效果都可以通过设置粒子参数来实现。该效果的所有参数都可以设置动画，相对于内置粒子特效，CC粒子系统更为先进，如图7.4.13所示。

图7.4.13

● 【Birth Rate】：使用此参数设置粒子数量，该参数值设置越高，粒子的数量越多，同时渲染时间也会相应的延长。

● 【Longevity】（sec）：使用此参数设置粒子存在的时间，该参数值设置越高，粒子在画面中运动的时间越长。

● 【Producer】（Control Group）如图7.4.14所示。

图7.4.14

> 【Position】：使用此控件确定粒子的中心点位置。

> 【Radius X】、【Radius Y】：使用此控件确定粒子的半径。

● 【Physics】（Control Group）如图7.4.15所示。

图7.4.15

> 【Animation】：使用此弹出菜单来选择你想要的动画类型，确定粒子的运动模式。

■ 【Explosive】：粒子在各个方向上随机均匀分布。

■ 【Fractal Explosive】：通过控制方向从而使发射更为随机。这种分形设置可以创造不均匀的外观，例如一个自然的爆炸。

■ 【Twirl】：创建一个漩涡效果，使颗粒均匀地分布在一个方向上。方向控制设置可以控制空气阻力对粒子转速进行减速。

■ 【Twirly】：创建一个随机的旋转粒子效果，并使之均匀地分布。根据控制方向相应地确定旋转减速程度。

■ 【Vortex】：创建一个漏斗状的粒子

旋转效果。

- 【Fire】：创建一个粒子螺旋状上升的效果。
- 【Direction】：使用此控件确定粒子流的方向。
- 【Direction Normalized】：朝着法线方向以相同速度移动所有粒子。
- 【Jet Sideways】：粒子生成喷射运动效果，并引导源层的运动。

> 【Velocity】：使用此控件设置产生粒子的速率，设定值越高，粒子移动运动越快。设定负值会扭转粒子运动方向。

> 【Inherit Velocity %】速率传递，使用此控件设置速率传递的百分比。

> 【Gravity】：使用此控件来确定粒子的重力。重力值越高会导致粒子下降越快，重力为负值使粒子上升。

> 【Resistance】：使用此控件设置粒子的阻力来减缓粒子的初始运动速度。

> 【Direction】：使用此控件确定粒子运动的方向。

> 【Extra】：使用此控件设置粒子运动的随机性。该参数值越高粒子运动的随机性越大。

- 【Particle】（Control Group）：主要用于控制粒子的基础属性，如图7.4.16所示。

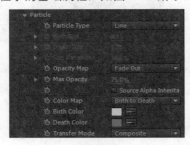

图7.4.16

> 【Particle Type】：从下列弹出菜单中选择粒子类型。

- 【Line】：线性粒子形状分布。
- 【Star】：星形形状的粒子分布。
- 【Shaded Sphere】：边缘变暗的球体粒子。
- 【Faded Sphere】：边缘消失的球体粒子。
- 【Shaded & Faded Sphere】：边缘羽化的粒子。
- 【Bubble】：气泡化粒子效果。
- 【Motion Polygon】：多边形粒子，

多边形的大小影响粒子的运动速度。

- 【TriPolygon】：粒子形状为三边形。
- 【QuadPolygon】：粒子形状为四边形。
- 【Cube】：粒子形状为立方体。
- 【TetraHedron】：粒子形状为四面体。
- 【Textured TriPolygon】：粒子形状为三边形，需要对源层进行图层映射。
- 【Textured QuadPolygon】：粒子形状四边形，需要对源层进行图层映射。
- 【Lens Convex】：粒子形状为凸透镜。
- 【Lens Concave】：粒子形状为凹透镜。
- 【Lens Fade】：粒子形状为凹透镜，边缘减弱。
- 【Lens Darken Fade】：粒子形状为凹透镜，边缘减弱变黑。
- 【Lens Bubble】：泡沫泡透镜粒子，透明度由外向内减弱。

> 【Birth Size】：使用此控件来设置粒子出现时的大小。

> 【Death Size】：使用此控件来设置粒子消失时的大小

> 【Size Variation】：使用此控件控制生成粒子的随机性大小。

> 【Opacity map】：使用此控件选择颗粒不透明贴图。选定的贴图，与最大不透明度控制相结合，确定颗粒不透明度的变化。从弹出的菜单选项中，选择以下其中一项：

- 【Constant】：从生成到消失，将颗粒保持在最大不透明度。
- 【Fade Out Sharp】：将颗粒保持在最大不透明度之前消失，像火花一样快速消逝。
- 【Fade Out】：粒子开始时为最大不透明度，然后渐隐。
- 【Fade In】：粒子开始完全透明。
- 【Fade In and Out】：粒子开始和结束时完全透明。
- 【Oscillate】：粒子在振荡之间，不透明度数值逐渐变为最大。

> 【Max Opacity】：使用此控件，控制粒子在生成中不透明度的最大值。

> 【Source Alpha Inheritance】：该控件使粒子的生产区域只会发出非透明的粒子（在源图层上）。

> 【Color Map】：使用此控件定义粒子色彩数值。从弹出的菜单选项，选择以下其中一项：
  ■ 【Birth to Death】：亮暗色彩过渡。
  ■ 【Origin to Death】：生成粒子的颜色从源层中逐渐变暗。
  ■ 【Birth to Origin】：粒子按设置颜色信息生成。
  ■ 【Origin Constant】：在源图层上保留粒子的原色。
> 【Birth Color】：在不选择彩色贴图的情况下，使用该控件来生成的粒子的颜色。
> 【Death Color】：在不选择彩色贴图的情况下，使用该控件来选择消失粒子的颜色。
> 【Transfer mode】：此控件用于选择粒子相互混合模式。选择的模式只适用于颗粒重叠的部分。可以选择下列选项之一：【Composite】（复合）、【Screen】（屏幕）、【Add】（添加）或【Black Matte】（黑色遮罩）。黑色遮罩所有的粒子呈现黑色，包括镜头和多边形的粒子类型。
● 【Random Seed】：使用此参数设置整个粒子运动的随机性，如图7.4.17所示。

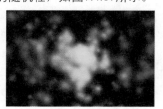

图7.4.17

7.4.7　CC Particle World

【CC Particle World】效果是由一系列的粒子特效通过参数控制，产生变化来形成不同的动画。CC粒子世界提供了一个三维的环境，粒子将在其中产生动画。粒子世界包含在三维空间中控制粒子行为，支持AE默认相机，可以创建逼真的三维粒子动画效果，如图7.4.18所示。

图7.4.18

● 【Grid & Guides】（Control Group）：这组控件提供了参考网格和其他视觉参考，可以在合成窗口中显示。发生器是在"×"轴线垂直于网格，打开时，拖动坐标点可以改变位置，如图7.4.19所示。

图7.4.19

> 【Position】：勾选此复选框可打开/关闭Producer（发生器）半径选项。打开时，拖动×轴可以改变发生器半径。按住Shift键的同时拖动可以均匀的改变X、Y和Z轴的空间。
> 【Radius】：勾选此复选框可打开/关闭半径显示。
> 【Motion Path】：勾选此复选框可打开/关闭路径显示，并显示发生器的立场。（注：在对其设置关键帧时，它的运动路径是不可见的）
> 【Motion Path Frames】：使用此控件确定向前和向后的的帧数，发生器的运动路径将被绘制在合成窗口。
> 【Grid】：勾选此复选框可打开/关闭地板（或墙）在合成窗口的网格。
> 【Grid Position】：使用此弹出菜单选择网格模式。
  ■ 【Floor】：地板模式。
  ■ 【Producer】：发生器模式。
  ■ 【World】：世界坐标模式。
> 【Grid Axis】：使用此弹出菜单来确定X、Y和Z的网格。
> 【Grid Subdivisions】：使用此控件设置网格中的格子数量。
> 【Grid Size】：使用此控件来确定网格的尺寸。
> 【Horizon】：勾选此复选框可打开/关闭一条线，作为地平线。这对于倾斜或滚动相机时非常有用。
> 【Axis Box】：使用此复选框可以在合成窗口打开/关闭参考箱。显示当前的世界

轴。此框还可以充当摄像机轨迹使用。

- 【Birth Rate】：使用这种控件来确定粒子速率，速率越高，粒子的密度越大。数值越大渲染时长越长。
- 【Longevity】（sec）：使用这种控件来确定粒子存在时长。数值越高，颗粒存在时间越长。
- 【Producer】（Control Group）如图7.4.20所示。

图7.4.20

> 【Producer X、Y、Z】使用该控件来确定粒子的位置，以X、Y、Z坐标为变换轴。在粒子世界坐标中是由源层的宽度和中心化决定。
> 【Radius X、Y、Z】：使用这些控件来确定粒子的尺寸大小，基于X、Y、Z坐标。

- 【Physics】（Control Group）：主要用于控制粒子的物理属性，参数设置，如图7.4.21所示。

图7.4.21

> 【Animation】使用动画，在弹出菜单中选择一种运动类型的粒子，每一种类型都有着非常广泛的作用。

  - 【Explosive】：粒子随机分布的速率，一般用于创建粒子爆发（即烟花爆竹）。
  - 【Direction Axis】：控制颗粒向一个方向匀速运动。在Comp UI或方向轴控件中，对指定的轴进行多角度旋转，【额外】控件增加颗粒的随机性，从而形成锥形效果。
  - 【Cone Axis】：颗粒均匀地分布在类似圆锥形状中，其宽度是由【额外】数值进行控制。【额外】的角度沿指定轴的Comp UI或方向轴的控件

进行调整。【额外】控件控制着粒子随机运动的方向。

  - 【Viscouse】：颗粒的初始速度是通过减少额外参数的设置来完成的。
  - 【Twirl】：控制单方向旋转，粒子在扭曲旋转中均匀分布。【额外】控件的参数可以控制旋转速度。在Comp UI或方向轴控制组设置旋转轴。
  - 【Twirly】：创建单方向的旋转。颗粒均匀地分布。【额外】控件添加【发生器】的旋转时，速度将被设置得非常低。【额外】控件会降低旋转速度，旋转轴可以设置在 Comp UI或方向轴控件组。
  - 【Vortex】：创建一个向上的龙卷风式旋转。【额外】控件会降低转速。转动轴可以设置Comp UI或方向轴控件组。
  - 【Fire】：使粒子振荡而上升。【额外】控件可以调整振荡幅度，由于火向上燃烧，重力属性使颗粒上升而非下降。
  - 【Jet Sideways】：创建粒子并继承制作人的速度，但通道进入侧向运动。【额外】控件添加随机运动的粒子，故需要推动【发生器】创造这种效果。
  - 【Fractal Omni】：粒子分布的速度和方向取决于【分形模型】，【分形模型】的变化是平滑的过程。这种类型的粒子动画有助于创建一些不均匀的外观效果（如自然爆炸）。
  - 【Fractal Uni】：粒子喷发由【发生器】控制，【分形模型】确定速度和方向，这种类型的粒子动画有助于创建任何一个不均匀的外观效果，【额外】控件确定分形噪声的频率在动画中使用。使用【分形模型】控件控制着【额外】的角度，可以在 Comp UI或方向轴控件中设置旋转轴组。

> 【Velocity】：控制粒子产生时的速度，设置越高，粒子移动速度越快。一旦从【发

生器】中喷出，速度和方向很大程度上是由重力和其他自然力决定的。设置为负时，粒子喷射方向将相反。

> 【Inherit Velocity %】：此控件控制粒子在发射器里的运动速度，【发生器】被动画影响。

> 【Gravity】：使用此控件来确定重力。重力值越大颗粒下降得越快。重力值为负值时，粒子运动方向向上。

> 【Resistance】：使用此控件来不断减缓粒子速度。当它运动的时候，它将模拟粒子是如何受到阻力的。

> 【Extra】：使用此控件来决定增加的颗粒的运动的随机性。数值越高，该粒子运动的随机性越大。【额外】控件影响不同的动画类型。

> 【Extra Angle】：这种控件用来设置一个额外的因素，效果随粒子动画系统被使用。

● 【Floor】（Sub-Group）如图7.4.22所示。

图7.4.22

> 【Floor Position】：使用此控件来设置水平相对高度，这可以用于粒子动画场景中。如粒子的能见度，动画的渲染。

> 【Particle Visibility】：使用此菜单选择要被呈现的粒子，可用的选项包括：

■ 【All】：呈现所有的粒子。

■ 【Above Floor】：呈现仅地面以上的颗粒。

■ 【After Floor】：呈现已经击中或通过地板的粒子。

> 【Render Animation】：使用弹出式菜单来确定【动画】的呈现方式，以下选项将可用：

■ 【Normal】：正常的呈现粒子，地板将被忽略。

■ 【Reflected on Floor】：地板作为一种镜面，只呈现倒映在地板上的粒子。

■ 【Projected on Floor】：地板上呈现粒子的投影，投影的计算是从光的方向进行计算，从而得到完美的阴影效果。（提示：设置传输模式为哑光）

> 【Floor Action】：使用此弹出菜单来确立粒子和地板接触时会发生什么反应。

■ 【None】：地板将被忽略，粒子通过地板。

■ 【Ice】：粒子在经过地板时停止运动。

■ 【Glue】：粒子经过地板上时会停止运动，好像粘到表面上一样。

■ 【Bounce】：粒子经过地板上时，会发生反弹，有三个反弹设置可以进行控制。

> 【Bounciness】：使用此控件来确定粒子弹起的最大高度。（提示：这个控件是Floor Action中选择Bounce时启用）

> 【Random Bounciness】：使用此控件确定弹跳颗粒的变化量。（提示：这个控件是Floor Action中选择Bounce时启用）

> 【Bounce Spread】：使用此控件来确定颗粒反弹的方向。（提示：这个控件是Floor Action中选择Bounce时启用）

> 【Direction Axis】：默认的情况下，主要的轴点方向是沿Y轴向上，不过轴点可以向任何方向倾斜。

> 【Gravity Vector】：使用此控件自定义粒子所受的重力方向。调节数值可以修改重力指定粒子的方向。默认情况下，重力方向都是沿Y轴向下，以模拟真实的世界引力，如图7.4.23所示。

图7.4.23

● 【Particle】（Control Group）：主要用于控制粒子的基础属性，如图7.4.24所示。

图7.4.24

> 【Particle Type】：使用此控件来选择想要使用的粒子的类型。从弹出菜单选择以下选项之一：

- 【Line】：粒子的抗锯齿模式

- 【Shaded Sphere】：粒子的形状为球形，粒子的边缘变暗。

- 【Faded Sphere】：球形粒子，粒子的边缘逐渐消失。

- 【Darkened & Faded Sphere】：球形颗粒形状，粒子的中心到边缘逐渐变暗并消失。

- 【Bubble】：粒子的形状为球形，越往中间颜色越透明，类似泡沫状。

- 【Motion Polygon】：多边形粒子形状，粒子速度影响多边形的大小。

- 【Motion Square】：正方粒子形状，粒子速度影响多边形的大小。

- 【TriPolygon】：三边形粒子形状，粒子的转速由旋转速度控制，粒子产生时的初始旋转增加了初始旋转角度的随机性，在旋转轴设置COMP UI或旋转轴控件。

- 【QuadPolygon】：四边形粒子形状，粒子的转速由旋转速度控制。粒子产生时的初始旋转增加了初始旋转角度的随机性，在旋转轴设置COMP UI或旋转轴控件。

- 【Textured TriPolygon】：纹理化三边形粒子形状，在弹出窗口中的选择图层中粒子的纹理。在出生粒子的初始添加初始角度。在旋转轴设置COMP UI或旋转轴控件。

- 【Textured QuadPolygon】：纹理化四边形粒子形状，在弹出窗口中选择图层的粒子纹理。粒子的转速由旋转速度控制。粒子产生时的初始旋转增加了初始旋转角度的随机性，在旋转轴设置COMP UI或旋转轴控件。

- 【Tetrahedron】：四面体粒子，粒子的转速由旋转速度控制。粒子产生时的初始旋转增加了初始旋转角度的随机性，在旋转轴设置COMP UI或旋转轴控件。

- 【Cube】：立方体颗粒，粒子的转速由旋转速度控制。粒子产生时的初始旋转增加了初始旋转角度的随机性，在旋转轴设置COMP UI或旋转轴控件。

- 【Lens Convex】：粒子的形状如凸透镜。

- 【Lens Concave】：颗粒形状为凹透镜

- 【Lens Fade】：颗粒形状为凹透镜，边缘减弱

- 【Lens Darken Fade】：颗粒形状为凹透镜，边缘减弱变黑。

- 【Lens Bubble】：颗粒形状呈泡沫状透镜，向内减弱。

- 【Textured Square】：纹理化正方形粒子，并选择弹出的粒子纹理层。粒子纹理的颜色是标准粒子的颜色。使用原始纹理颜色，需要将出生和死亡时的颜色设置为白色，此时粒子不会旋转。

- 【Textured Disc】：纹理化粒子形状并呈盘状，在纹理层中选择粒子的弹出方式和大小。在这种类型下，直径设置为结构层的最小宽度或高度，比如在一个结构层尺寸为120*60里，在纹理层上正中间会形成一个直径为60的粒子。（注：散点值的上升，将会使图层的部分被切断。粒子纹理的颜色是标准粒子的颜色。要使用原始的纹理颜色，将出生和死亡的颜色设置为白色。粒子的转速是由旋转速度控制。粒子产生时的初始旋转增加了初始旋转角度的随机性，在旋转轴设置COMP UI或旋转轴控件。）

- 【Textured Faded Disc】：纹理化褪色盘装粒子，边缘减弱虚化。粒子的质地在纹理图的弹出窗口中选择（可见粒子的光盘大小为粒子纹理大小）。粒子纹理的颜色为标准粒子的颜色。如要使用原始的纹理颜色，请将出生和死亡的颜色设置为白色。旋转速度

旋转速度控制由确定。粒子产生时的初始旋转增加了初始旋转角度的随机性，在旋转轴设置COMP UI或旋转轴控件。

> 【Texture】：（Sub-Control Group）：控制粒子所需要的纹理类型。此组件中的控件设置该纹理的属性。

■ 【Texture Layer】：使用此菜单选择要使用的粒子纹理层。

■ 【Scatter】：这个控件将源纹理作为粒子纹理，当散射增加时，使用的粒子纹理将会小于源图层，比如分散设置为75，每个粒子的纹理将会随机减去四分之一大小的源纹理。

■ 【Texture Time】：使用此控件来控制粒子的寿命有几帧。当选定的纹理层不是电影或动画时，这个控件应设置为当前默认设置。如果它包含了电影/动画中，从弹出的菜单中选择一个选项。

＊ 【Birth】：粒子从纹理图层中的动画帧上的使用时间超过它们在出生前做为静态纹理时的时间。

＊ 【Current】：使用当前帧的纹理层的所有粒子。

■ 【From Start】：自定义形状、颜色和不透明度不同的粒子的使用寿命。（注意：出生/起始帧不影响图层中的纹理图层。若要纹理图层的效果相同，需设置创建纹理第一帧的图层）

■ 【Align to direction】：Textured Disc和Textured Faded Disc这两个粒子类型，可以到粒子的运动路径中对齐。（提示：如果你想要所有的粒子以类似的方式对齐，可以设定旋转速度或初始旋转设置至零。如滴状的粒子遵循的轨迹）。

> 【Rotation Speed】：使用此控件，以确定粒子的旋转速度。使用颗粒类型不同旋转也有区别。

> 【Initial Rotation】：使用此控件设置在粒子出生时，其增加的初始旋转角的随机

性。颗粒使用类型不同，初始旋转角度有区别。

> 【Rotation Axis】：该控件控制多边形颗粒的旋转轴。默认为任意绕X、Y和Z旋转。将此设置为Y时，多边形颗粒只会围绕Y轴旋转。

> 【Birth Size】：当颗粒第一次出现时，使用此控件来指定颗粒的大小。

> 【Death Size】：当颗粒要消失之前，使用此控件来指定颗粒的大小。

> 【Size Variation】：使用此控件来设定粒子从出生到死亡可以偏移多少。

> 【Max Opacity】：使用此控件来确定在粒子一生中的最大不透明度。在它们的一生中，颗粒不透明度的变化是根据当前选定的不透明贴图设置。自定义透明度贴图可以使用不透明度贴图控件进行创建。

> 【Opacity Map】：使用此控件来修改粒子运动不同阶段的透明度。

■ 【Color Map】：使用此控件定义粒子从出生到死亡的颜色数值。从弹出的菜单选项选择以下一项：

＊ 【Custom】：此选项允许使用自定义创建的颜色映射，可以选择多达五种不同颜色的颜色映射。这些粒子在其生存期内，颜色在指定的区间变化。

＊ 【Birth to Death】：粒子显示的颜色从出生时颜色，转往死亡的颜色，在它们消失之前颜色转变完成。

＊ 【Origin to Death】：粒子显示的颜色为从原始源图层进行采样的颜色，到指定的死亡颜色转变。

＊ 【Birth to Origin】：粒子显示的颜色从指定的出生颜色，转往取样基础源图层的颜色。

＊ 【Origin Constant】：使粒子在其整个运动过程中保持从基础源层的取样颜色。

■ 【Birth Color】：使用该控件来选择粒子出生时的颜色。如果不使用自定义，则选定原来的初始颜色或原始的色彩映射。

■ 【Death Color 】：使用该控件来选

择消亡的粒子颜色。如果不使用自定义，则选定原来的消亡颜色或原始的色彩映射。

> 【Custom Color Map】：使用此组中的控件来自定义创建，具有五种颜色的渐变，可以控制粒子从出生到消亡过程中的变换。如果颜色映射选择为自定义这些控件将启用。

> 【Volume Shade】：使用此控件控制体积类似的粒子的三维深度感。不应用于所有的动画系统和颗粒

> 【Transfer Mode】：使用此控件来定义颗粒重叠时使用的传输模式。选定的模式只适用于粒子重叠的部分。选择以下选项之一：【Composite】（复合）、【Screen】（屏幕）、【Add】（添加）或【Black Matte】（黑色遮罩）。黑色遮罩组所有的粒子都呈现为黑色，包括镜头和多边形粒子类型，可以用于复制的效果，比如复制图层上粒子产生的阴影。

● 【Extras】（Control Group）：主要用于控制粒子额外属性，如图7.4.25所示。

图7.4.25

> 【Effect Camera】：这些设置仅用于无AE默认相机时，任何参数值或动画，将在选择AE相机时被忽略。相机可以控制在合成界面中使用的主轴箱。调整X、Y、Z和FOV数值，旋转轴箱将会被拖动到指定位置。

■ 【Distance】使用此控件来确定粒子世界中，相机到中心的距离。

■ 【Rotation X, Y and Z】使用这些参数控制旋转相机。

■ 【FOV】：FOV控制的是渲染使用的虚拟透镜，类似于AE相机设置的视角。

> 【Depth Cue】（Sub-group）：景深控制。

■ 【Type】：使用此弹出菜单来确定景深类型是如何影响动画中颗粒的。

 ＊ 【None】：景深关闭。

 ＊ 【Fade】：粒子移动远离相机，颗粒将逐渐衰减。

 ＊ 【Fog】：粒子雾模式，雾将影响它们的颜色。

■ 【Distance】：使用此控件能够确定景深的增加率。在粒子世界，距离测量坐标（1.0=源层的宽度）较高的设置增加景深效应。（提示：如果类型不是选择景深控制，这个控件将被被禁用）

■ 【Fog Color】：使用此控件来选择雾的颜色。（提示：如果选中没有任何景深控制的类型，该控件将被禁用）

> 【Light Direction】（Sub-group）：使用此控件来确定光源的位置。光会从这个角度会照亮颗粒，渲染动画时在项目中选中地板从而进行控制。

> 【Hold Particle Release】：此功能可控制粒子的运动过程。

> 【Composite with Original】：选中时，可以将源层内的粒子直接合并，可以用于粒子动画围绕一个物体旋转。

● 【Random Seed】：该控件设置粒子速率的随机值。使用相同的粒子动画，可以使它作用于多个层，只有变化的随机粒子才能使它看起来有所不同，如图7.4.26所示。

图7.4.26

7.4.8　CC Pixel Polly

【CC Pixel Polly】是将源层打碎形成像破碎玻璃一样飞散的视觉效果。可以控制碎片所受的重力，旋转速度，以及溅射的方向和飞散速度，还可以设置粉碎中心点的位置。设置生效都是从动画的第一帧开始的，如图7.4.27所示。

图7.4.27

● 【Direction Randomness】：使用此控件控制碎片飞行方向的随机性。该参数值设置较低时，碎片从起点向外近乎沿直线溅射；较高的参数值设置会使碎片破碎时产生更大的偏移，导致碎片在随机的方向上溅射。

● 【Enable Depth Sort】：勾选此复选框可以更准确的进行3D渲染，各个碎片之间将会有更明显的层次关系。

● 【Start Time（Sec）】：使用此控件来设置碎片生成的时间，如图7.4.28和图7.4.29所示。

图7.4.28

图7.4.29

7.4.9 CC Rainfall

【CC Rainfall】是通过创建类似液体形态的粒子来模拟降雨的效果。可以设置雨水的尺寸、不透明度、颜色以及风的影响等属性，来实现对降雨效果更加细致的控制，如图7.4.30所示。

图7.4.30

● 【Scene Depth】：生成的雨滴将在整个场景纵深轴上进行位移。

● 【Wind】：使用此控件为场景添加风效果，通过调节风的强度可以影响到雨滴下坠时的倾斜角度。

● 【Spread】：使用此控件设置随机方向上雨滴的数量。

● 【Color】：使用此控件选择雪花的颜色。当启用【Background Illumination】时，当前所选颜色会与背景颜色所设置的比例进行混合。

● 【Background Reflection】：用同样的灯光渲染所有的雨滴，该组控件可以使用源层的明度信息来影响灯光。

> 【Influence %】：使用此控件来确定背景层影响雨滴照明程度。

> 【Spread Width】：使用此控件确定侧向光可以在背景层中传播的距离。

> 【Spread Height】：使用此控件来确定垂直光可以在背景层中传播的距离。

> 【Transfer Mode】：使用此弹出菜单选择当前效果源层与背景层之间的合成方式。选择下列选项之一：【Composite】、【Lighten】，每个选项都提供不一样的合成效果。

> 【Composite With Original】：勾选此选项模拟的水滴效果将显示在源层上，取消勾选后将不显示源层。

● 【Extras】（Control Group）：控件集合，是比较专业的控件设置。

> 【Appearance】：使用此弹出菜单选择水滴外观。选择下列选项之一：【Refracting】、【Soft Solid】。选择【Refracting】使得雨滴下降更加符合物理原理，因为光从侧面折射将会出现更多"透明"的中心。选择【Soft Solid】使得雨滴效果得到更快的渲染速度，这两个选项使雨滴的差异非常明显。

> 【Embed Depth %】：使用此控件来确定深度内场景水滴的显示。当该参数值设置为0%时完全不显示场景内的水滴，随着设置值的增加，深度场景内显示的水滴数目会越来越多，当参数值设置为100%时完全显示场景内的水滴。

> 【Random Seed】：使用此控件设置一个随机值来影响该效果其他所有参数设置，可以使该效果轻松复制到其他多个图层，如

需使用相同降雨动画，只要修改每个图层的随机值就能得不同的降雨外观。这种控制不能被设计成动画，如图7.4.31所示。

图7.4.31

7.4.10 CC Scatterize

【CC Scatterize】是创建一个爆炸或分散源层像素的效果。例如可能会使你的logo分散成一团粒子，也可以使粒子集合成你的logo，如图7.4.32所示。

图7.4.32

- 【Scatter】：使用此控件控制粒子散射程度。该参数值设置越高，它们的像素从原来的位置到各个方向上则越远。设置为负值时，散射像素的方向和正值时相反。
- 【Right Twist】、【Left Twist】：使用这些控件来扭曲像素图层。像素可以扭成任意角度，用正值或负值来确定方向。
- 【Transfer Mode】：使用此弹出菜单选择合成分散像素方式。选择其中一项：【Composite】、【Screen】、【Add】、【Alpha Add】，每个选项都提供一个不同的分散结果，如图7.4.33所示。

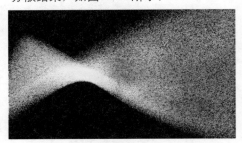

图7.4.33

7.4.11 CC Snowfall

【CC Snowfall】是在源层上模拟雪花飘落的效果。源层添加该效果后，预览时间线可以发现这种效果会自动模拟雪花飘落的动画，如图7.4.34所示。

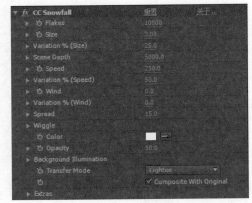

图7.4.34

- 【Variation %（Size）】：使用此控件来设置雪花偏离的随机性。
- 【Scene Depth】：生成的雪花将整个场景纵深轴上进行位移。
- 【Variation %（Speed）】：使用此控件设置雪花降落速度的随机性。
- 【Wind】：使用此控件为场景添加风效果，通过调节风的强度可以影响到雪花下坠时的倾斜角度。
- 【Variation %（Wind）】：使用此控件设置雪花粒子受风影响运动范围的随机性，这影响雪花的偏移效果。
  > 【Variation %（Amount）】：使用此控件设置先前【Amount】控件值随机性的特定范围。
  > 【Frequency】：使用此控件确定雪花的摆动或改变雪花方向。
  > 【Variation %（Frequency）】：使用此控件设置先前【Frequency】控件值随机性的特定范围。
  > 【Flake Flatness %】：使用此控件设置雪花片扁平化程度。
- 【Color】：使用此控件选择雪花的颜色。当启用【Background Illumination】时，当前所选颜色会与背景颜色所设置的比例进行混合。

- 【Background Illumination 】（Group）：用同样的灯光渲染所有的雪花片，该组控件可以使用 源层的明度信息来影响灯光。
  > 【Influence %】：使用此控件来确定背景层影响雪花的程度。
  > 【Spread Width】：使用此控件确定侧向光可以在背景层中传播的距离。
  > 【Spread Height】：使用此控件来确定垂直光可以在背景层中传播的距离。
- 【Transfer Mode】：使用此弹出菜单选择当前效果源层与背景层之间的合成方式。选择下列选项之一：【Composite】、【Lighten】，每个选项都提供不一样的合成效果。
- 【Composite With Original】：勾选此选项模拟的雪花效果将显示在源层上，取消勾选后将不显示在源层上。
- 【Extras】（Control Group）：控件集合，是比较专业的控件设置。
- 【Offset】：使用此控制来偏移整个雪花位置。当使用平移摄像机时，这种控制可以用来平移雪花，配合镜头进行相匹配的运动。
- 【Ground Level %】：使用这个控件来设置雪花片消失的地方，可以用于匹配源层。
- 【Embed Depth %】：使用此控件来确定深度内场景雪花的显示。当该参数值设置为0%时完全不显示场景内的雪花，随着设置值的增加，深度场景内显示的雪花数目会越来越多，当参数值设置为100%时完全显示场景内的雪花。
- 【Random Seed】：使用此控件来设置一个随机值来影响该效果其他所有参数设置。这可以使该效果轻松复制到其他个图层，如需使用相同降雪动画只要修改每个图层的随机值就能得不同的雪花飘落外观。这种控制是不能被设计成动画，如图7.4.35所示。

图7.4.35

7.4.12　CC Star Burst

【CC Star Burst】是在源层上模拟星空效果，并通过空间传播。源层添加该效果后，预览时间线可以发现这种效果会自动模拟动画，使其看起来好像是观察者飞行通过"星空"，如图7.4.36所示。

图7.4.36

- 【Scatter】：使用此控件控制粒子散射程度。该参数值设置越高，粒子的散射速度就越快，设置为负值时，粒子散射的方向和正值时相反。
- 【Speed】：使用此控件来确定粒子朝着观察者的前进速度，该参数设置为负值时粒子向后运动。
- 【Phase】：使用相位对齐到原始图层的位置。
- 【Blend w. Original】：使用此控件设置当前效果与源层之间的融合。当该参数值设置为100%时只显示原始源层；数值设置为50%时，产生当前效果与原始源层之间相互均匀的混合，如图7.4.37所示。

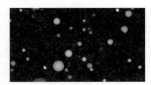

图7.4.37

7.5　扭曲

【扭曲】效果在不损害图像质量前提下对图像进行拉长、扭曲、挤压等操作，模拟出3D的空间效果，带给我们立体的画面感觉，如图7.5.1所示。

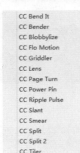

图7.5.1

7.5.1　CC Bend It

【CC Bend It】是对源层进行弯曲，可以使源层弯曲到两端重合，如图7.5.2所示。

图7.5.2

- 【Bend】：使用此控件设置源层的弯曲程度。该参数值设置为正值时源层向右弯曲，设置为负值时源层向左弯曲。
- 【Start 】、【End】：使用此控件基于X、Y轴坐标设置弯曲效果的中心点位置。
- 【Render Prestart】：使用此控件来确定如何呈现源层的中心点位置，从弹出的菜单选项选择其中一项：
  - > 【None】：不使用源层之前的中心点。
  - > 【Static】：使用源层之前的中心点但无弯曲效果。
  - > 【Bend】：使用源层之前的中心点并产生弯曲效果。
  - > 【Mirror】：镜面映射源层并产生镜像弯曲效果。
- 【Distort】：从弹出菜单中选择扭曲方式。
  - > 【Legal】：默认弯曲方式。
  - > 【Extended】：伸展弯曲方式，如图7.5.3所示。

图7.5.3

7.5.2　CC Bender

【CC Bender】是在源层上两个不同位置的点之间创建扭曲效果。通过设置扭曲的模式、扭曲程度以及两个点的位置来实现扭曲效果的细节化控制。该效果制作动画至少需要两个不同的关键帧，用不同的弯曲值或者不同的控制点（A点和B点）设置关键帧动画，如图7.5.4所示。

图7.5.4

- 【Amount】：使用此控件设置源层上两点之间的弯曲程度。该参数值设置为正值时源层向右弯曲，设置为负值时源层向左弯曲。
- 【Style】：从弹出菜单中选择弯曲效果所需要的样式类型。
  - > 【Bend】：从顶部控制点创建一个平滑的弯曲效果，底部控制点不受影响。
  - > 【Marilyn】：在顶部控制点与底部控制点的中间位置创建一个平滑的弯曲效果。
  - > 【Sharp】：在顶部控制点与底部控制点的中间位置创建一个尖锐的三角形弯曲效果。
  - > 【Boxer】：在顶部控制点与底部控制点之间创建一个平滑的弯曲效果，该效果受顶部控制点的影响较大。
- 【Adjust To Distance】：取消勾选此选项，则形成的扭曲区域边角之间有严格的比例关系。默认情况下未勾选此选项。
- 【Top】：使用此参数设置顶部控制点的位置。
- 【Base】：使用此参数设置底部控制点的位置，如图7.5.5所示。

图7.5.5

7.5.3　CC Blobbylize

【CC Blobbylize】是在源层上模拟创建水波

纹形态的扭曲效果。通过设置波纹扭曲效果的映射图层、通道信息以及模糊程度等属性来实现波纹扭曲效果的细节化控制，如图7.5.6所示。

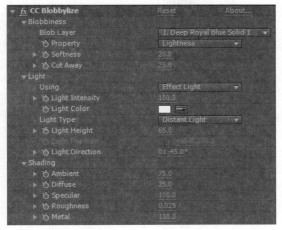

图7.5.6

- 【Blobbiness】（Control Group）
  - ＞ 【Blob Layer】：使用此控件来选择图层作为模拟波纹扭曲效果的映射图层。
  - ＞ 【Property】：在下列弹出菜单：红、绿、蓝、Alpha、通道蒙版、亮度中选择其中之一作为图层映射的通道信息依据。
  - ＞ 【Softness】：使用此参数来定义所选映射图层的模糊程度。设置更高的参数将弱化映射图层的细节，给人一种流畅的整体效果。
  - ＞ 【Cut Away】：使用此控件设置该效果的显示区域。该参数值设置为0，源层完整显现；该参数值设置为100时，显示为黑色。
- 【Light】（Control Group）
  - ＞ 【Using】：在弹出菜单中来选择是否使用效果灯光（Effect light）或者AE灯光。当选择AE灯光时，此命令组中的所有参数为关闭状态，默认选择为效果灯光（Effect light）。
  - ＞ 【Light Intensity】：使用此参数来控制灯光的强度。该值设置越高将会产生越明亮的灯光效果。
  - ＞ 【Light Color】：使用此控件来确定灯光颜色。
  - ＞ 【Light Type】：从下列弹出菜单中选择灯光类型。
    - ■ 【Distant Light】：平行光，模拟太阳光类型的照射光，可自定义光线的距离和角度，使所有光线都从相同的角度照射到源层。
    - ■ 【Point Light】：点光源，模拟灯泡类型的照射光，可定义光线的距离和位置。
  - ＞ 【Light Height】：使用此参数来确定源层到光源的距离。当参数值为正数时源层将会整体被照亮；反之，源层将变灰暗。
  - ＞ 【Light Position】：使用此参数来定义点光源在X、Y轴的坐标位置。当灯光类型选择平行光时，该命令被禁用。
  - ＞ 【Light Direction】：使用此参数来调节平行光源的方向。当灯光类型选择点光源时，该命令被禁用。
- 【Shading】（Control Group）：该命令组同AE材质设置的控件相类似。不同的是，粗糙度的光泽设置同AE材质设置中相反。
  - ＞ 【Ambient】：使用此参数来设置环境光的反射程度。
  - ＞ 【Diffuse】：使用此参数设置漫反射值。
  - ＞ 【Specular】：使用此参数控制高光强度。
  - ＞ 【Roughness】：使用此参数设置材质表面的粗糙程度，该参数的值设置越高，则材质表面越有光泽。
  - ＞ 【Metal】：使用此参数确定镜面高光的质感程度。将参数设置为100时，效果类似于金属质感；将参数设置为0时，效果类似于塑料质感，如图7.5.7所示。

图7.5.7

7.5.4　CC Flo Motion

【CC Flo Motion】是在源层中的某个设置点上模拟漩涡扭曲效果，就像黑洞引力一般拉伸图像。一般用来创建流动的扭曲效果，如图7.5.8所示。

图7.5.8

- 【Finer Controls】：勾选此选项，可以增加【Amount】效果的灵敏度。
- 【Knots 1&2】：使用此控件基于X、Y轴坐标设置漩涡扭曲效果的中心点位置。
- 【Amount 1&2】：使用此参数设置漩涡的扭曲程度。该参数值设置为正值时漩涡在图层中凹陷进去，参数为负值时漩涡在图层中凸显出来。
- 【Tile Edges】：勾选此选项，边缘的漩涡扭曲效果将被平铺，默认为勾选。
- 【Antialiasing】：使用此弹出菜单设置失真源层的抗锯齿质量。可以选择下列选项之一：低、中、高（在默认设置为低）。选择较低的抗锯齿质量可以快速预览效果，选择较高的抗锯齿质量会增加渲染时间。
- 【Falloff】：使用此控件微调漩涡扭曲效果的强度，不改变其他任何参数设置。衰减值越低，漩涡扭曲效果的强度越高，当衰减值为0时会产生最强的衰减效果，当衰减值为10时几乎没有衰减，如图7.5.9所示。

图7.5.9

7.5.5　CC Griddler

【CC Griddler】是一个将源层切割成一系列条形格的效果。该效果本身不带动画，需要设置关键帧动画，如图7.5.10所示。

图7.5.10

- 【Horizontal Scale】、【Vertical Scale】：使用此控件设置源层条形格的规模。该参数值设置为100时，显示源层本身；该参数值设置为50时，条形格的可见部分将按比例缩小一半；使用负值时将反转条形格方向。
- 【Tile Size】：使用此控件设置条形格的实际尺寸。
- 【Rotation】：使用此控件设置条形格的旋转角度。
- 【Cut Tiles】：关闭该选项后，切割条形格的间隙将会被填满，在默认情况下，切割条形格开启，如图7.5.11所示。

图7.5.11

7.5.6　CC Lens

【CC Lens】是一个在源层上创建镜头扭曲的效果，该效果通过参数设置可以实现从中心向外的扭曲或者从中心向内的扭曲，如图7.5.12所示。

图7.5.12

- 【Center】：使用此控件基于X、Y轴坐标设置虚拟镜头的中心点位置。
- 【Convergence】：使用此控件设置虚拟镜头的扭曲程度，如图7.5.13所示。

图7.5.13

7.5.7　CC Page Turn

【CC Page Turn】是在源层上模拟翻页效果。

在添加此效果模拟翻页时需要确保源层完全平铺在合成中。通过设置翻页方式、角度以及光线方向等属性可以实现对该效果细致化的控制，如图7.5.14所示。

图7.5.14

- 【Controls】：使用弹出菜单选择翻页类型。选择下列选项之一：经典翻页方式、左上角翻页方式、右上角翻页方式、左下角翻页方式、右下角翻页方式。通常情况下，经典翻页方式可以提供更多的控制选项。
- 【Fold Position】：使用此控件基于X、Y轴坐标确定翻页的完成百分比。
- 【Fold Direction】：使用此控件确定翻页的方向和褶皱度。该控件只有在【Controls】启用经典翻页时才会激活。
- 【Fold Radius】：使用此控件确定翻页控制点的半径和折叠边缘。较低的参数设置会创建一个尖锐的折叠效果，较高的参数设置可以创建一个更圆滑的折叠效果。
- 【Light Direction】：使用此控件设置卷曲页面上光线的方向。
- 【Render】：使用此弹出菜单控制源层中页面的显示。选择以下选项之一。
  > 【Front&Back Page】：源层中显示完整的翻页效果。
  > 【Back Page】：源层中仅显示卷曲的部分。
  > 【Front Page】：源层中仅显示未翻动的部分。
- 【Back Page】：在此弹出式菜单中设置翻页效果的背面页。
- 【Back Opacity】：使用此控件设置翻页效果的背面页透明度。该参数值设置为100%时，背面页完全不透明。当【Front Page】为选中状态时，此控件处于禁用状态。

- 【Paper Color】：使用此控件设置翻页效果的背面页颜色。当【Front Page】为选中状态时，此控件处于禁用状态，如图7.5.15所示。

图7.5.15

7.5.8　CC Power Pin

【CC Power Pin】效果可以设置源层各个边角的倾斜程度，使源层看起来像是橡胶片一样，各个边角可以自由延伸到任意位置，如图7.5.16所示。

图7.5.16

- 【Top Left】、【Top Right】、【Bottom Left】、【Bottom Right】：使用此控件设置源层各个边角的位置，通过控制这些边角点可以实现源层在各个方向上的缩放。
- 【Perspective】：使用此控件调整当前效果源层的显示角度。该参数值设置为100%时，效果看起来是自然的透视视角；数值为0%时，将会减少透视扭曲效果。
- 【Unstretch】：勾选此选项，将扭曲边界，产生反转源层边角位置的效果。
- 【Expansion（%）】：使用这些控件设置源层的展开或缩放，将其锁定在目标区域内，效果如图7.5.17所示。
  > 【Top】：源层顶部边框按比例展开或收缩。
  > 【Left】：源层左侧边框按比例展开或收缩。
  > 【Right】：源层右侧边框按比例展开或收缩。
  > 【Bottom】：源层底部边框按比例展开或收缩。

图7.5.17

7.5.9 CC Ripple Pulse

【CC Ripple Pulse】是在源层上模拟创建一个波纹效果。该效果本身不带有动画，至少需要设置两个不同的关键帧才能产生波纹动画效果，如图7.5.18所示。

图7.5.18

- 【Center】：使用此参数设置波纹在源层上的位置。
- 【Pulse Level（Animate）】：使用此参数控制波纹的起伏幅度。该参数值设置为正值时，波纹由中心点向外凸出；参数为负值时波纹由中心点向内凹陷。
- 【Time Span （sec）】：使用此控件确定单位时间波纹向外扩散的数量，该参数值越高波纹扩散速度越快。
- 【Amplitude】：使用此控件决定波纹波峰的高度。更高的参数值设置将增加波纹扭曲的高度；较低的参数值设置将创建一个平滑的波纹效果。
- 【Render Bump Map （RGBA）】：勾选此选项，将指定的动态波纹作为凹凸映射显示，在默认情况下渲染凹凸映射被关闭。

7.5.10 CC Slant

【CC Slant】是通过倾斜源层来创建扭曲效果。该效果可以控制源层在垂直方向和水平方向上的倾斜程度，并为源层遮罩设置新的颜色，如图7.5.19所示。

图7.5.19

- 【Slant】：使用此控件确定源层在水平方向上的倾斜程度。
- 【Stretching】：勾选此选项，源层在倾斜时会有透视变化；当禁用时，倾斜的参数值将会引起源层的等比缩放，以防止源层拉伸。
- 【Height】：使用此控件确定源层在垂直方向上的倾斜程度。
- 【Floor】：使用此控件设置源层倾斜基准线的位置。
- 【Set Color】：勾选此选项，控制选定颜色替换源层中的所有颜色，源层Alpha通道不会发生改变。
- 【Color】：使用此控件为源层拾取颜色。默认设置为关闭状态，当【Set Color】被勾选时该参数被激活，如图7.5.20所示。

图7.5.20

7.5.11 CC Smear

【CC Smear】是在源层上的指定区域创建一个扭曲变形效果。通过设置扭曲的起始点位置来控制扭曲的具体位置，如图7.5.21所示。

图7.5.21

- 【From】：使用此控件确定扭曲的起点位置。
- 【To】：使用此控件确定扭曲的终点位置。
- 【Reach】：使用此控件确定扭曲的变形程度。该参数值越大，扭曲变形效果就越强；

该参数设置为负值时，扭曲方向将会反转。

- 【Radius】：使用此控件可以确定扭曲半径区域的大小，如图7.5.22所示。

图7.5.22

7.5.12　CC Split

【CC Split】是在源层上的指定位置创建一个裂纹效果。该效果类似于拉链打开和关闭，参数设置如图7.5.23所示。

图7.5.23

- 【Point A】：使用此控件确定裂纹的起点位置。
- 【Point B】：使用此控件确定裂纹的终点位置。
- 【Split】：使用此控制来确定裂纹两侧的开口高度，如图7.5.24所示。

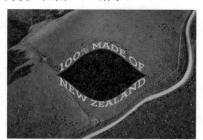

图7.5.24

7.5.13　CC Split2

【CC Split 2】效果和【CC Split】效果一样，用户可以在源层上的指定位置创建一个裂纹效果。不同的是，【CC Split 2】可以单独的控制裂纹两侧的开口高度。该效果类似于拉链打开和关闭，如图7.5.25和图7.5.26所示。

图7.5.25

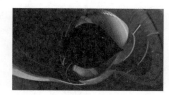

图7.5.26

- 【Point A】：使用此控件确定裂纹的起点位置。
- 【Point B】：使用此控件确定裂纹的终点位置。
- 【Split 1】：使用此控制来确定裂纹下侧的开口高度。
- 【Split 2】：使用此控制来确定裂纹上侧的开口高度。
- 【Profile】（Options）：单击打开一个对话框，在该对话框里可以自定义裂纹的形状，也可以在预设菜单里选择裂纹形状。

7.5.14　CC Tiler

【CC Tiler】可以在源层上平铺产生有规则的重复拼贴效果，该效果类似于由多个屏幕组成的电视墙效果，参数设置如图7.5.27所示。

图7.5.27

- 【Scale】：使用此控件来调整填补屏幕的拼贴规模。
- 【Center】：使用此控件来调整拼贴缩放的中心点位置。
- 【Blend w.Original】：使用此控件来调整当前效果与源层混合程度，如图7.5.28所示。

图7.5.28

7.6 生成

【Generate】效果可以为图像添加各种各样的填充图形或纹理，例如圆形、渐变等，同时也可对音频添加一定的渲染效果，如图7.6.1所示。

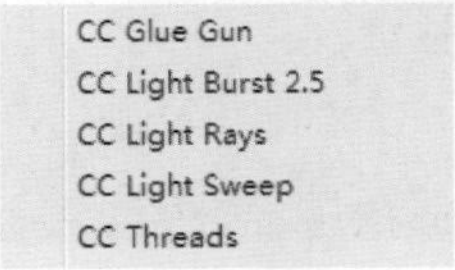

```
CC Glue Gun
CC Light Burst 2.5
CC Light Rays
CC Light Sweep
CC Threads
```

图7.6.1

7.6.1 CC Glue Gun

【CC Glue Gun】是在源层上模拟创建水滴效果。通过参数设置该效果可以用来高效反光，镜像源层，参数设置如图7.6.2所示。

图7.6.2

● 【Brush Position】：使用此控件调整效果的中心点位置。

● 【Stroke Width】：使用此控件确定效果宽度。

● 【Density】：使用此控件确定效果密度。

● 【Time Span（sec）】：使用此控件调节数值来修改时间跨度（以秒为单位）。

● 【Reflection】：使用此控件调整该效果的反射程度。最小值为0，最大值为200。

● 【Strength】：使用此控件修改效果强度。

● 【Style】（Control Group）：设置效果风格，如图7.6.3所示。

图7.6.3

> 【Paint Style】：从下列弹出菜单选择效果的风格。默认设置是【Plain】（简朴），当选择【Wobbly】（摇晃）时，激活下列参数命令。

■ 【Wobble Width】：使用此控件调节

数值来修改摆动宽度。

■ 【Wobble Height】：使用层控件调节数值来修改摆动高度。

■ 【Wobble Speed】：使用此控件调节数值来修改摆动速度。

● 【Light】（Control Group）：设置灯光的参数，如图7.6.4所示。

图7.6.4

> 【Using】：在下列此弹出菜单中来选择是否使用效果灯光（Effect light）或者AE灯光，选择AE灯光时，此命令组中的所有参数为关闭状态，默认选择为效果灯光（Effect light）。

> 【Light Intensity】：使用此参数来控制灯光的强度。该值设置越高将会产生越明亮的灯光效果。

> 【Light Color】：使用此控件来确定灯光颜色。

> 【Light Type】：从下列弹出菜单中选择灯光类型。

■ 【Distant Light】：平行光，模拟太阳光类型的照射光，用户可自定义光线的距离和角度，使所有光线都从相同的角度照射到源层。

■ 【Point Light】：点光源，模拟灯泡类型的照射光，用户可定义光线的距离和位置。

> 【Light Height】：使用此参数来确定源层到光源的距离。当参数值为正数时源层将会整体被照亮；反之，源层将变灰暗。

> 【Light Position】：使用此参数来定义点光源在X、Y轴的坐标位置。当灯光类型选择平行光时，该命令被禁用。

> 【Light Direction】：使用此参数来调节平行光源的方向。当灯光类型选择点光源时，该命令被禁用。

● 【Shading】（Control Group）：该命令组同
AE材质设置的控件相类似。不同的是，粗糙
度的光泽设置同AE材质设置中相反，如图
7.6.5所示。

图7.6.5

> 【Ambient】：使用此参数来设置环境光
的反射程度。

> 【Diffuse】：使用此参数设置漫反射值。

> 【Specular】：使用此参数控制高光强度。

> 【Roughness】：使用此参数设置材质表
面的粗糙程度，该参数的值设置越高，则
材质表面越有光泽。

> 【Metal】：使用此参数确定镜面高光的质
感程度。将参数设置为100时，效果类似
于金属质感；将参数设置为0时，效果类
似于塑料质感，如图7.6.6所示。

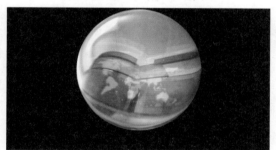

图7.6.6

7.6.2　CC Light Burst 2.5

【CC Light Burst 2.5】是在源层上模拟光线模
糊效果。该效果类似径向模糊，使源层看起来有
一种光线运动模糊的效果，如图7.6.7所示。

图7.6.7

● 【Center】：使用此控件调整效果的中心点位置。

● 【Intensity】：使用此控件调整效果的强度，
如图7.6.8和图7.6.9所示。

图7.6.8

图7.6.9

● 【Ray Length】：使用此控件调整光线长度，
如图7.6.10和图7.6.11所示。

图7.6.10

图7.6.11

● 【Burst】：使用此控件从弹出菜单中选
择光线迸发类型。选择下列选项之一：
【Fade】（淡出）、【Straight】（平滑）和
【Center】（中心）。

● 【Halo Alpha】：勾选此选项，将显示源层

Alpha通道的光线迸发效果。

- 【Set Color】：勾选此选项，使用选定颜色替换源层中的所有颜色，源层Alpha通道不会发生改变。
- 【Color】：使用此控件为源层拾取颜色。默认设置为关闭状态，当【Set Color】被勾选时该参数被激活。

7.6.3　CC Light Rays

【CC Light Rays】是在源层上模拟创建一个点光源效果。该效果的颜色受源层颜色影响，如图7.6.12所示。

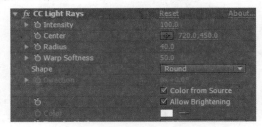

图7.6.12

- 【Intensity】：使用此控件调整灯光的强度。
- 【Center】：使用此控件调整灯光的中心点位置。
- 【Radius】：使用此控件调整灯光的半径。当半径达到一定数值时，会产生扭曲的残影，如图7.6.13和图7.6.14所示。

图7.6.13

图7.6.14

- 【Warp Softness】：使用此控件改变光线的

柔和程度。该参数设置值越大，光线效果越柔和。

- 【Shape】：使用此控件从弹出菜单中选择灯光的形状类型。选择下列选项之一：【Round】（圆形）、【Square】（正方形）。
- 【Direction】：使用此控件改变光线的方向。当【Shape】选择为【Square】（正方形）时，该参数选项被激活。
- 【Color From Source】：勾选此选项，灯光的颜色来源于源层。
- 【Allow Brightening】：勾选此选项，使灯光的中心点位置更亮。
- 【Color】：使用此控件调节灯光的颜色。当取消勾选【Color From Source】时，该参数选项被激活。
- 【Transfer Mode】：从弹出菜单中选择灯光与源层的叠加模式，每一个选项将提供不同的叠加效果。选择下列选项之一：None（无）、Add（添加）、Lighten（更亮）和Screen（屏幕）。

7.6.4　CC Light Sweep

【CC Light Sweep】是在源层上模拟创建一个光线条纹的效果。该效果类似光线在光滑材质表面的反射效果，如果源层包含Alpha通道信息，那么该通道部分可以显示出类似浮雕的效果，参数设置如图7.6.15所示。

图7.6.15

- 【Center】：使用此控件调整光线条纹的中心点位置。
- 【Direction】：使用此控件调节数值来改变光线的方向。
- 【Shape】：使用此控件从弹出菜单中选择光线条纹的形状类型，每一个选项将提供不同的形状效果。选择下列选项之一：【Linear】（线性）、【Smooth】（平滑）和【Sharp】

（尖锐）。

- 【Width】：使用此控件调节光条纹的宽度。
- 【Sweep Intensity】：使用此控件调节光条纹的强度。
- 【Edge Intensity】：使用此控件调节光条纹的边缘强度。
- 【Edge Thickness】：使用此控件调节光条纹的边缘厚度。
- 【Light Color】：使用此控件调节光条纹的颜色。
- 【Light Reception】：从弹出菜单中选择源层接收光条纹的类型，选择下列选项之一：

【Add】（添加）、【Composite】（综合），和【Cutout】（抠图），如图7.6.16所示。

图7.6.16

7.6.5　CC Threads

【CC Threads】在源层上生成交错的网格线效果。通常该效果用来制作背景，或者创建十分独特有趣的图案，参数设置如图7.6.17所示。

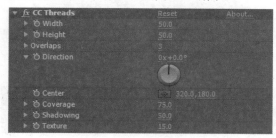

图7.6.17

- 【Width】：使用此控件调节整体效果的宽度。
- 【Height】：使用此控件调节整体效果的高度。
- 【Overlaps】：使用此控件调节数值来改变该效果的重叠类型。
- 【Direction】：使用此控件调节整体效果的方向。
- 【Center】：使用此控件调整网格线的中心点位置。
- 【Coverage】：调节数值改变效果的覆盖程度，如图7.6.18和图7.6.19所示。

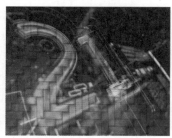

图7.6.18

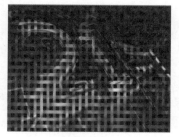

图7.6.19

- 【Shadowing】：调节数值改变效果的阴影程度，如图7.6.20和图7.6.21所示。

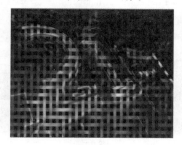

图7.6.20

图7.6.21

- 【Texture】：调节数值改变效果的质感，如图7.6.22和图7.6.23所示。

图7.6.22

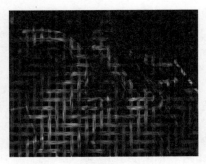
图7.6.23

7.7 时间

时间效果主要用于设置与素材的时间特性相关的效果，以原素材作为时间标准，在应用时间效果的时候将忽略之前施加的其他效果，如图7.7.1所示。

图7.7.1

7.7.1 CC Force Motion Blur

【CC Force Motion Blur】：是基于时间轴模拟运动模糊效果。该效果可以对一段动画中的多个关键帧进行融合，方便快速的渲染出运动模糊效果，如图7.7.2所示。

图7.7.2

- 【Motion Blur Samples】：使用此控件确定运动模糊采样程度。更高的参数设置可以得到更好的运动模糊效果，但同时也会相应的增加渲染时间。
- 【Override Shutter angle】：勾选此选项，将会忽略AE提供的内置快门角度值，启用该效果自身的【Shutter Angle】（快门角度）参数。
- 【Shutter Angle】：使用此控件来确定运动模糊强度。
- 【Native Motion Blur】：从弹出菜单中选择该运动模糊是否启用。

> 【On】：启用运动模糊。
> 【Off】：禁用运动模糊。

7.7.2 CC Time Blend

【CC Time Blend】是基于时间轴变化创建带有动态模糊的帧融合效果。该效果常用于制作连续的残影效果，如图7.7.3所示。

图7.7.3

- 【Clear】：清除积累缓冲区的连续残影效果。
- 【Transfer】：使用此弹出菜单选择效果源层的叠加模式。所有选项都是可用的，每个选项都提供不一样的叠加效果。选择下列选项之一：【Blend】、【Composite Over】、【Composite Under】、【Screen】、【Add】、【Soft Light】、【Hard Light】、【Lighten】、【Darken】、【Multiply】、【Difference】、【Color】、【Overlay】、【Luminosity】、【Blend-Classic】、【Composite Over-Classic】、【Composite Under-Classic】。
- 【Accumulation】：使用此控件设置帧融合的作用程度。
- 【Clear To】：使用此控件设置帧融合的作用位置。

> 【Transparent】：累积缓冲区。
> 【Current Frame】：当前关键帧。

7.7.3　CC Time Blend FX

【CC Time Blend FX】是基于时间轴变化，将前面的帧进行复制粘贴到所选位置，形成帧融合效果，如图7.7.4所示。

图7.7.4

- 【Clear】：清除积累缓冲区的连续残影效果。
- 【Instance】：使用此弹出菜单选择复制帧融合效果或者粘贴帧融合效果。默认选项为【Copy】，当选择【Paste】时，其他参数选项被激活。
- 【Transfer】：使用此弹出菜单选择效果源层的叠加模式。所有选项都是可用的，每个选项都提供不一样的叠加效果。选择下列选项之一：【Blend】、【Composite Over】、【Composite Under】、【Screen】、【Add】、【Soft Light】、【Hard Light】、【Lighten】、【Darken】、【Multiply】、【Difference】、【Color】、【Overlay】、【Luminosity】、【Blend-Classic】、【Composite Over-Classic】、【Composite Under-Classic】。
- 【Accumulation】：使用此控件设置帧融合的作用程度。
- 【Clear To】：使用此控件设置帧融合的作用位置。
  - ＞ 【Transparent】：累积缓冲区。
  - ＞ 【Current Frame】：当前关键帧。

7.7.4　CC Wide Time

【CC Wide Time】是基于时间轴变化创建多重帧融合、画面拉伸的效果，视觉上时间似乎被"拉伸变宽"了，如图7.7.5所示。

图7.7.5

- 【Forward Steps】：该命令用于设置画面中时间向前拉伸的等级效果。
- 【Backward Steps】：该命令用于设置画面中时间向后拉伸的等级效果。
- 【Native Motion Blur】：是否开启运动模糊，如图7.7.6和7.7.7所示。

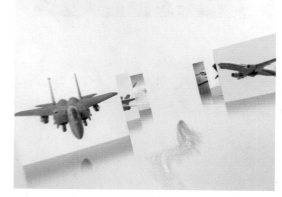

图7.7.6

图7.7.7

 **7.8　实用工具**

【实用工具】包括一系列的实用效果，实用工具为After Effects提供对HDR格式的支持，同时还有一

些其他的工具拓展，如图7.8.1所示。

图7.8.1

【CC Overbrights】是一个可以快速识别32bpc图片中过亮颜色的实用工具。通过参数设置可以快速识别过亮颜色并且将其显示出来，如图7.8.2所示。

图7.8.2

- 【Channel】：使用此弹出菜单选择通道中识别的Overbright（过亮）部分将如何显示。选项有以下几种：【RGB Solid】、【Lightness Solid】、【Luminance Solid】、【RGB Clip】、【Lightness Clip】、【Luminance Clip】。使用"Clip"选项时，Overbright的值将被显示在源层，可以使用颜色设置Clip Color控制。当使用"Solid"选项时，Overbright的值将被提取并显示为黑色，它们可以被RGB通道的颜色识别。

- 【Clip Color】：使用此控件设置Overbright（过亮）部分的显示颜色。默认情况该参数禁用。

7.9　通道

【通道】（Channel）效果是用来控制、抽取、插入和转换一个图像色彩的通道。通道包含各自的颜色分量（RGB）、计算颜色值（HSL）和透明值（Alpha）。【通道】（Channel）效果最大的优势就是能和其他效果配合使用，创造出奇幻的视觉效果，如图7.9.1所示。

图7.9.1

【CC Composite】：通常能和其他效果配合使用，创造出精彩合成的效果，如图7.9.2所示。

图7.9.2

- 【Opacity】：使用此控件设置源层在合成中的透明度。

- 【Composite Original】：使用此控件从弹出

菜单中选择源层的混合模式。每个选项都提供了不同的图层混合效果，【Composite Original】渲染支持除了溶解模式之外的所有标准AE图层混合模式效果。

- 【RGB Only】：勾选此选项以确定源层的Alpha通道是否包含在合成设置内。如果选择图层混合模式时选择了Alpha通道，该控制会被禁用。默认设置为勾选RGB通道，此时Alpha通道就会被忽略，如图7.9.3所示。

图7.9.3

7.10　透视

【透视】（Perspective）效果是专门用来对素材进行各种三维透视变换的一组效果，如图7.10.1所示。

图7.10.1

7.10.1 CC Cylinder

【CC Cylinder】是在源层上模拟圆柱效果，如图7.10.2所示。

图7.10.2

- 【Radius（%）】：使用此控件确定圆柱的半径。
- 【Position】：使用此控件来调节圆柱在X、Y、Z轴上的坐标位置。
- 【Rotation】：使用此控件来调节圆柱在X、Y、Z轴上的旋转。
- 【Render】：从弹出菜单中选择圆柱的显示模式。
  - 【Full】：显示完整的圆柱。
  - 【Outside】：显示圆柱的外侧部分。
  - 【Inside】：显示圆柱的内侧部分。
- 【Light】（Control Group）：设置灯光的参数。
  - 【Light Intensity】：使用此参数来控制灯光的强度。该值设置越高将会产生越明亮的灯光效果。
  - 【Light Color】：使用此控件来确定灯光颜色。
  - 【Light Height】：使用此参数来确定源层到光源的距离。当参数值为正数时，源层将会整体被照亮；反之，源层将变灰暗。
  - 【Light Direction】：使用此参数来调节光线的方向。
- 【Shading】（Control Group）：该命令组同AE材质设置的控件相类似。不同的是，粗糙度的光泽设置同AE材质设置中相反。
  - 【Ambient】：使用此参数来设置环境光的反射程度。
  - 【Diffuse】：使用此参数设置漫反射值。
  - 【Specular】：使用此参数控制高光强度。

- 【Roughness】：使用此参数设置材质表面的粗糙程度，该参数的值设置越高，则材质表面越有光泽。
- 【Metal】：使用此参数确定镜面高光的质感程度。将参数设置为100时，效果类似于金属质感；将参数设置为0时，效果类似于塑料质感，如图 7.10.3所示。

图7.10.3

7.10.2 CC Environment

【CC Environment】用于创建环境贴图效果，如图7.10.4所示。

图7.10.4

- 【Environment】：从弹出菜单中选择环境层的映射图层。
- 【Mapping】：使用此弹出菜单来确定源层的映射类型。
  - 【Spherical】：球形。
  - 【Probe】：锥形。
  - 【Vertical Cross】：垂直交叉形。
- 【Horizontal Pan】：使用此控制设置环境层水平位置。
- 【Filter Environment】：勾选此选项，可以对环境图层进行过滤，提高图像质量。该选项只有在【Mapping】选择【Spherical】映射时才被激活。

7.10.3 CC Sphere

【CC Sphere】是在源层上模拟圆球效果，如

图7.10.5所示。

图7.10.5

- 【Rotation】：使用此控件来调节圆球在X、Y、Z轴上的旋转。
- 【Radius】：使用此控件确定球体的半径。
- 【Offset】：使用此控件设置球体的中心点位置。
- 【Render】：从弹出菜单中选择圆球的显示模式。
  > 【Full】：显示完整的圆球。
  > 【Outside】：显示圆球的外侧部分。
  > 【Inside】：显示圆球的内侧部分。
- 【Light】（Control Group）：设置灯光的参数。
  > 【Light Intensity】：使用此参数来控制灯光的强度。该值设置越高将会产生越明亮的灯光效果。
  > 【Light Color】：使用此控件来确定灯光颜色。
  > 【Light Height】：使用此参数来确定源层到光源的距离。当参数值为正数时源层将会整体被照亮；反之，源层将变灰暗。
  > 【Light Direction】：使用此参数来调节光线的方向。
- 【Shading】（Control Group）：该命令组同AE材质设置的控件相类似。不同的是，粗糙度的光泽设置同AE材质设置中相反。
  > 【Ambient】：使用此参数来设置环境光的反射程度。
  > 【Diffuse】：使用此参数设置漫反射值。
  > 【Specular】：使用此参数控制高光强度。
  > 【Roughness】：使用此参数设置材质表面的粗糙程度，该参数的值设置越高，则材质表面越有光泽。
  > 【Metal】：使用此参数确定镜面高光的质感程度。将参数设置为100时，效果类似于金属质感；将参数设置为0时，效果类似于塑料质感。
  > 【Reflective】：使用此控件设置圆球整体的反射值。

- 【Reflection Map】：使用此控件选择圆球的反射贴图。
- 【Internal Shadows】：勾选此选项，圆球将产生内阴影效果。
- 【Transparency Falloff】：勾选此选项，圆球透明度自中心向外衰减，如图7.10.6所示。

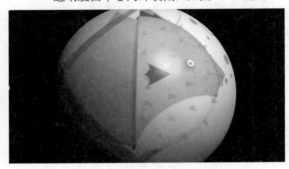

图7.10.6

7.10.4　CC Spotlight

【CC Spotlight】是在源层上模拟聚光灯效果，参数设置如图7.10.7所示。

图7.10.7

- 【From】：使用此控件确定聚光灯光源的的位置。
- 【To】：使用此控件确定聚光灯照射区域的位置。
- 【Height】：使用此控件基于Z轴来确定聚光灯发射位置与照射区域之间的距离。
- 【Cone Angle】：使用此控件来确定聚光灯张开或集中的角度，类似于相机镜头的光圈控制。
- 【Edge Softness】：使用此控件来调整照射区域的边缘羽化程度。该参数值较高将会产生尖锐的边缘效果，较低的参数值将会产生模糊的边缘过渡效果。
- 【Color】：使用此控制选择灯光颜色，默认情况下该参数禁用。

- 【Intensity】：使用此参数来控制灯光的强度。该值设置越高将会产生越明亮的灯光效果。
- 【Render】：使用此弹出菜单选择源层的显示方式。每个选项都提供独特的显示。
- 【Gel Layer】：使用此控件选择一个图层作为聚光灯照射显示的焦点，如图7.10.8所示。该选项只有在【Render】选择【Gel】显示类型时才被激活。

图7.10.8

7.11 颜色校正

【颜色校正】（Color Correction）效果是由原来的【Adjust】效果和【Image Control】效果两个部分综合扩充而来的，集中了以往After Effects中最强大的图像修改效果，大大提高了系统工作效率。【颜色校正】效果是所有效果中最重要的部分，掌握这一工具我们可以制作属于自己的风格影片，会直接影响最终影像的效果，如图7.11.1所示。

CC Color Neutralizer
CC Color Offset
CC Kernel
CC Toner

图7.11.1

7.11.1 CC Color Neutralizer

【CC Color Neutralizer】通过单独控制图像的暗部、中间调和高光表现出颜色平衡效果，参数设置如图7.11.2。

图7.11.2

- 【Shadows Unbalance】：使用此控件对暗部添加颜色，调整暗部的色彩平衡。
- 【Shadows】（Control Group）：分别对画面暗调部分进行红、绿、蓝色调倾向的偏移。

> 【Red-shadow】：对暗部的红色进行调节。
> 【Green-shadow】：对暗部的绿色进行调节。
> 【Blue-shadow】：对暗部的蓝色进行调节。
- 【Midtones Unbalance】：使用此控件对中间调部分添加颜色，调整中间调部分的色彩平衡。
- 【Midtones】（Control Group）：
> 【Red-midtones】：对中间调部分的红色进行调节。
> 【Green-midtones】：对中间调部分的绿色进行调节。
> 【Blue-midtones】：对中间调部分的蓝色进行调节。
- 【Highlights Unbalance】：使用此控件对高光部分添加颜色，调整高光部分的色彩平衡。
> 【Red-Highlight】：对高光部分的红色进行调节。
> 【Green-Highlight】：对高光部分的绿色进行调节。
> 【Green-Highlight】：对高光部分的蓝色进行调节。
- 【Pinning】：当其他参数为默认值时，该控件不产生作用。当对高光部分、中间调部分或是暗部区域进行调整时，移动该控件滑块，可以看到画面的效果会朝着极黑或是极白的方向变化，使得画面的对比度变大。
- 【Blend w.Original】：使用此控件设置当前效果与源层之间的融合程度。当该参数值设置为100%时只显示原始源层；数值设置为50%时，产生当前效果与原始源层之间相互均匀的混合。

- 【Special】（Control Group）：
  > 【View】：使用此控件选择视图显示模式，不同的模式显示的内容不同，
  > 【Black Point】：对暗部区域的色彩饱和度进行调整，能够使画面的冲击力更强。
  > 【White Point】：对亮部区域的色彩饱和度进行调整，如图7.11.3所示。

图7.11.3

7.11.2 CC Color Offset

【CC Color Offset】通过设置各个颜色通道的色彩偏移值来实现改变色相的效果，如图7.11.4所示。

图7.11.4

- 【Red Phase】：使用此控件设置红色通道的色相变化。
- 【Green Phase】：使用此控件设置绿色通道的色相变化。
- 【Blue Phase】：使用此控件设置蓝色通道的色相变化。
- 【Overflow】：该控件应用于映射颜色值超出正常范围的情况（0~255为正常范围）。从弹出菜单中可以选择下列选项：
  > 【Wrap】：使溢出值回到有效范围内。
  > 【Solarize】：反映颜色溢出，使溢出值降低。
  > 【Polarize】：反映曝光的平滑程度，使用三角波形图来代替极坐标形图，如图7.11.5所示。

图7.11.5

7.11.3 CC Kernel

【CC Kernel】是在源层中模拟创建高斯模糊、锐化、浮雕和查找边缘等效果，如图7.11.6所示。

图7.11.6

- 【Line 1】、【Line 2】、【Line 3】：使用这些控件和其子命令设置该效果的浮雕程度。
- 【Divider】：使用此控件设置该效果的曝光程度。
- 【Absolute Values】：勾选此选项，激活绝对极值效果。
- 【Blend w.Original】：使用此控件设置当前效果与源层之间的融合程度。当该参数值设置为100%时只显示原始源层；数值设置为50%时，产生当前效果与原始源层之间相互均匀的混合，如图7.11.7所示。

图7.11.7

7.11.4　CC Toner

【CC Toner】是调节各个明度的颜色平衡效果，基于源层的明度信息，将源层分为多个明度图层，通过设置单个明度图层的颜色并将其映射到源层中的相应位置，参数设置如图7.11.8所示。

图7.11.8

● 【Tones】：使用此弹出菜单选择映射色调的类型。

● 【Highlights】、【Brights】、【Midtones】、【Darktones】、

【Shadows】：使用这些控件来指定将哪些颜色映射到相应的明度中。（注意：是否启用这些控件是根据【Tones】的选择类型来确定的）

● 【Blend w.Original】：使用此控件设置当前效果与源层之间的融合程度。当该参数值设置为100%时只显示原始源层；设置为50%时，产生当前效果与原始源层之间相互均匀的混合，如图7.11.9所示。

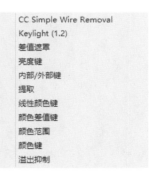

图7.11.9

7.12　键控

【键控】（Key）是利用一个视频信号中不同部位参量（例如亮度和色度）的不同，经过处理形成高/低双值键控信号，去控制电子开关，使待合成的两路视频信号交替输出，形成一个画面的一部分被抠掉而填进另一画面的效果，俗称"抠像"。由于键控信号的生产方式不同，键控可以分为亮度键和色度键两种。下拉菜单如图7.12.1所示。

【CC Simple Wire Removal】是一种简单的线性模糊和替换效果，通常使用该效果剔除威亚素材中的钢丝等物体，如图7.12.2所示。

● 【Point A】、【Point B】：使用此控件设置需要擦除线条的端点位置。

● 【Removal Style】：从下列菜单中选择擦拭线条的方式。

> 【Fade】：擦拭线条部分将显示背景图层。

> 【Frame Offset】：擦拭线条部分将显示插入帧。选择此选项时，【Frame Offset】被激活。

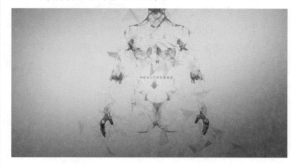

图7.12.1

图7.12.2

> 【Displace】：擦拭线条部分将扭曲显示。选择此选项时，【Mirror Blend】被激活。

> 【Displace Horizontal】：擦拭线条部分将垂直扭曲显示。选择此选项时，【Mirror Blend】被激活。

● 【Thickness】：使用此控件设置擦拭线条的宽度。

● 【Slope】：使用此控件调整擦拭线条的边缘羽化程度。

● 【Mirror Blend】：使用此控件设置擦拭线条的镜像程度。

● 【Frame Offset】：使用此控件以插入帧或替换帧的方式来补充擦除的区域，如图7.12.3所示。

图7.12.3

第8章

Trapcode 效果插件

有大量的公司在从事着After Effects插件的开发与应用，丰富的插件可以拓展用户的创作思路，实现惊人的画面效果，同时也节省了制作人员的大量时间。熟悉和掌握一些常用的第三方插件，可以使你的作品增色不少。

　　插件，英文名称"Plug-in"，它是根据应用程序接口编写出来的小程序。软件在开发人员编译发布之后，系统就不允许进行更改和扩充了，如果要进行某个功能的扩充，必须要修改代码重新编译发布。

　　使用插件可以很好地解决这个问题。熟悉Photoshop的用户对滤镜插件一定不会陌生，这些插件都是其他开发人员根据系统预定的接口编写的扩展功能。在系统设计期间并不知道插件的具体功能，仅仅是1在系统中为插件留下预定的接口，系统启动的时候根据插件的配置寻找插件，根据预定的接口把插件挂接到系统中。

　　After Effects的第三插件存在于你的After Effects安装目录下的Support Files > Plug-ins文件夹里，扩展名为AEX。Adobe公司的Photoshop和Premiere的有些插件也可以在After Effects里使用。After Effects第三方插件有两种常见的安装方式：有的插件自带安装程序，用户可以自行安装，另外一些插件扩展名为AEX的文件，用户可以直接把这些文件放在After Effects安装目录下的Support Files→Plug-ins文件夹里，启动After Effects就可以使用了，一般插件都位于Effect菜单下，用户可以轻松的找到。

　　在这个章节我们会详细的介绍Trapcode公司的几款插件，这也是在实际工作中我们会经常使用到的几款插件。

8.1　Form插件

　　【Form】是一款基于网格的3D粒子系统，它被用于创建流体和复杂的几何图形效果等。在【Form】中可以将其他层作为贴图，映射到粒子上，通过调节参数从而模拟出独特设计的视觉效果，如图8.1.1~图8.1.3所示。

　　　　图8.1.1　　　　　　　　　　　图8.1.2　　　　　　　　　　　图8.1.3

8.1.1　重置与选项

　　【重置】：重置当前参数设置，快速切换到【Form】的初始状态，重置命令不会对已经设置好的关键帧进行变动。

　　【选项】：调节【Shadowlet】值，为粒子提供一个柔软的投影效果，如图8.1.4所示。

图8.1.4

8.1.2　关于与动画预设

【关于】：【Form】版本的信息以及对插件本身的一些简单介绍，如图8.1.5所示。

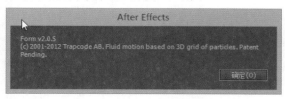

图8.1.5

【动画预设】：【Form】中内置近百种效果预设，合理的使用这些预设值能够有效的提高制作效率。如果打开预设窗口发现没有预设值，可以在【效果和预设】面板右上角单击小三角图标，选择【刷新列表】命令，这样预设值就会出现，前提是需要正确安装软件和预设。

8.1.3　Register

【Register】：登记注册信息，如图8.1.6和图8.1.7所示。

图8.1.6

图8.1.7

8.1.4　Base Form

【Base Form】（Control Group）：该控件组主要定义粒子的基本形态以及粒子的大小、位置等基本属性，如图8.1.8所示。

● 【Base Form】：从弹出菜单中选择粒子的基本形态，如图8.1.9所示。

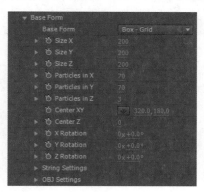

图8.1.8

图8.1.9

> 【Box-Grid】：网状立方体，默认为此状态。
> 【Box-Strings】：类似网状立方体，显示强度更亮。
> 【Sphere-Layered】：分层球体。
> 【OBJ Model】：OBJ模式，使用指定的OBJ文件映射到粒子上。

● 【Size X&Y&Z】：设置网格粒子在三维空间中的大小。

● 【Particles in X&Y&Z】：设置网格在X、Y、Z轴方向上拥有的粒子数量。

● 【Center XY&Z】：设置网格在三维空间中的具体位置。

● 【X&Y&Z Rotation】：影响粒子整个网格图层旋转（此处的位置与旋转不影响任何图层映射与场）。

● 【String Settings】（Control Group）：当【Base Form】设置为【Box-Strings】时，【String Settings】控件组有效，如图8.1.10所示。

图8.1.10

> 【Density】：设置粒子的密度值，一般保持默认值。
> 【Size Random】：设置粒子大小的随机值，可以让网格线条变得粗细不均。
> 【Size Rnd Distribution】：设置粒子随

机分布值，可以让网格线条粗细效果更为明显。

> 【Taper Size】：控制线条从中间向两边逐渐变细，有两种变化模式：平滑和线性，默认状态下是关闭，如图8.1.11所示。

图8.1.11

- Off：关闭。
- Smooth：平滑渐变。
- Linear：线性渐变。

> Taper Opacity：控制线条从中间向两边逐渐变透明，有两种变化模式：平滑和线性，默认状态下是关闭，如图8.1.12所示。

图8.1.12

- Off：关闭。
- Smooth：平滑渐变。
- Linear：线性渐变。

● 【OBJ Settings】（Control Group）：当【Base Form】设置为【OBJ Model】时，【OBJ Settings】控件组有效，通过该控件组可以设置OBJ映射模型的属性。

图8.1.13

> 【3D Model】：从弹出菜单中选择映射图层。
> 【Refresh】：使用该控件刷新OBJ缓存动画，如图8.1.14所示。

图8.1.14

> 【Skip Vertex】：使用该控件对导入的OBJ模型顶点数进行融合，比如设置参数为3，即表示将3个粒子融合显示为1个粒子。

> 【Speed】：使用该控件设置OBJ动画的速度，较高的值意味着更快的速度。
> 【Offset】：使用该控件设置OBJ图像序列的偏移。

8.1.5 Particle

【Particle】（Control Group）：该控件组主要设置粒子外观在三维空间中的基本属性变化，例如，设置粒子的大小、透明度、颜色以及这些属性如何随时间而变化，如图8.1.15所示。

图8.1.15

● 【Particle Type】：选择粒子类型，【Form】提供了11种不同的粒子类型可供选择，如图8.1.16所示。

图8.1.16

> 【Sphere】：球形，是一种基本粒子图形，也是默认值，可以设置粒子的羽化值。
> 【Glow Sphere（No DOF）】：发光球形，除了可以设置粒子的羽化值，还可以设置辉光度。
> 【Star（No DOF）】：星形，可以设置粒子旋转值和辉光度。
> 【Cloudlet】：云层形，可以设置羽化值。
> 【Streaklet】：长时间曝光粒子，是一个主要的大点被小点包围的光绘效果。利用【Streaklet】可以创建一些独特有趣的动画效果。

> 【Sprite/Sprite Colorize/Sprite Fill】：在【Form】中选择Sprite粒子类型时需要预先选择一个自定义图层或贴图。预选图层可以是静止图片，也可以是一段动画。【Sprite Colorize】是一种使用亮度值彩色粒子的着色模式；【Sprite Fill】是只填补Alpha粒子颜色的着色模式。

> 【Textured Polygon/Textured Polygon Colorize/Textured Polygon Fill】：在【Form】中选择Textured粒子类型时需要预先确定映射图层。【Textured Polygons】控制所有轴向上粒子的旋转和旋转速度；【Textured Polygon Colorize】是一种使用亮度值彩色粒子的着色模式；【Textured Polygon Fill】是只填补Alpha粒子颜色的着色模式。设置粒子为自定义【Sprite &Textured】模式时，可以为AE里任一图层设置任意粒子形态。当粒子类型（Particle Type）选择为自定义以后，【Texture】命令组下面的参数就可以设置了。

● 【Sphere Feather】：设置粒子的羽化值，粒子类型选择特定模式时该参数可激活使用，默认值是50。

● 【Texture】：设置Form粒子的映射图层，如图8.1.17所示。

图8.1.17

> 【Layer】：设置映射图层，图层的大小不要太大，100*100像素的比较合适，太大了Form也会根据情况自动调小，以保证渲染效率。

> 【Time Sampling】：时间采样模式，设置映射图层动画的某一帧作为粒子形态。【Time Sampling】有四种模式，如图8.1.18所示。

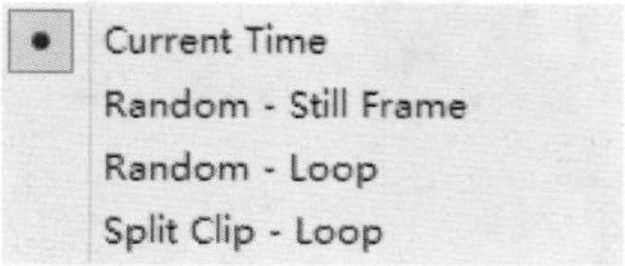

```
● Current Time
  Random - Still Frame
  Random - Loop
  Split Clip - Loop
```

图8.1.18

■ 【Current Time】：当前时间，是采用当前时间线映射图层所显示的画面作为粒子形态。

■ 【Random-Still Frame】：随机—静帧，是随机采用映射图层的某一帧作为粒子形态。

■ 【Random-Loop】：随机—循环，随机采用某一帧作为粒子形态，然后一帧一帧改变循环使用其他帧作为粒子形态。

■ 【Split Clip-Loop】：拆分剪辑—循环，把映射图层动画分割为几帧，循环使用作为粒子形态。

> 【Random Seed】：设置粒子形态变化随机值，默认设置为1。

> 【Number of Clips】：剪辑数量，该数值决定以何种形式参与粒子形状循环变化。当【TimeSampling】选择为【Split Clip-Loop】模式时，【Number of Clips】参数有效。

> 【Subframe Sampling】：子帧采集，允许你的样本帧在来自自定义粒子的两帧之间，当开启运动模糊时，这个参数的作用效果更加明显。

● 【Rotation】：主要设置旋转相关参数，只有当【Particle Type】选择自定义粒子类型时该参数可激活使用，如图8.1.19所示。

图8.1.19

> 【Rotate X&Y&Z】：设置粒子在X、Y、Z轴向上的旋转。

> 【Random Rotation】：设置粒子旋转的随机性。通过调节该参数使得粒子在空间中更加自然独特的呈现旋转效果。

> 【Random Speed X&Y&Z】：设置粒子在各个轴向上的旋转速度。

> 【Random Speed Rotate】：设置粒子的随机旋转速度。

> 【Random Speed Distribution】：设置微调旋转速度的随机速度。0.5的默认值是正常的高斯分布，将值设置为1时是平坦均匀分布。

● 【Size】：以像素为单位设置【Form】中粒子的尺寸。

● 【Size Random】：设置粒子大小的随机性，较高的参数设置意味着粒子的大小随机变化更加丰富。

● 【Opacity】：设置粒子的不透明度。

● 【Opacity Random】：设置粒子不透明度的随机性，较高的参数设置意味着粒子虚实变化层次更加丰富。

● 【Color】：设置粒子的颜色。

● 【Transfer Mode】：设置粒子融合模式，类似AE中的图层混合模式，只不过【Form】中的粒子类型可包含三维空间中的图层融合，如图8.1.20所示。

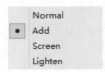

图8.1.20

> 【Normal】：正常的图层融合，前面的不透明粒子会遮盖后面的不透明粒子的显示。

> 【Add】：粒子叠加融合，叠加后的粒子看起来会比之前的显示更加明亮，通常被用来加强灯光或者火焰效果。

> 【Screen】：筛选亮度值较高的粒子进行融合，融合后的粒子效果看起来会比之前的显示更加明亮，通常被用来加强灯光或者火焰效果。

> 【Lighten】：沿着粒子在三维空间中的Z轴深度对粒子进行融合，融合后通常只有Z轴上靠前位置的粒子较之前显示更为明亮。

● 【Glow】：辉光组增加了粒子光晕，当【Particle Type】是【Glow】或者【Star】时该命令组被激活，如图8.1.21所示。

图8.1.21

> 【Size%】：设置辉光的大小。

> 【Opacity%】：设置辉光的不透明度。

> 【Feather】：设置辉光的柔和度，较高的参数设置给粒子羽化的柔和边缘。

> 【Transfer Mode】：设置辉光的融合模式，如图8.1.22所示。

图8.1.22

■ 【Normal】：正常的图层融合。

■ 【Add】：辉光叠加融合。

■ 【Screen】:辉光粒子经过筛选后融合。

● 【Streaklet】：该控件组主要用于【Streaklet】类型粒子的属性设置，当【Particle Type】选择为【Streaklet】时处于激活状态，如图8.1.23所示。

图8.1.23

> 【Random Seed】：设置粒子的随机值，改变此参数可以迅速改变粒子形态。

> 【No streaks】：设置【Streaks】粒子的数量，（No是数量的缩写）较高的值可以创建一个更密集的渲染线；较低的值将使【Streaks】在三维空间中作为点的集合呈现。

> 【Streak Size】：设置【Streaks】粒子效果的整体大小。较低的值使【Streaks】显的更薄；较高的值使【Streaks】显得更厚、更加明亮；值为0将关闭Streaks显示。

8.1.6 Shading

【Shading】（Control Group）：该控件组主要用于设置场景中粒子的表面材质和阴影效果，如图8.1.24所示。

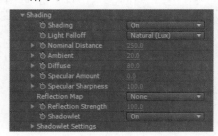

图8.1.24

- 【Shading】：在默认情况下，弹出菜单设置中【Shading】控件组是关闭的，可以将【Shading】弹出菜单设置为【On】，激活下面菜单的参数；【Shading】控件组需要匹配AE或者Lux灯光才能正常使用。

- 【Light Falloff】：从弹出菜单中选择灯光衰减的类型，如图8.1.25所示。

图8.1.25

> 【None（AE）】：不论灯光与粒子之间的距离是多少，灯光始终呈现相同程度的衰减。

> 【Natural（Lux）】：默认设置，在场景中光的强度以及光与粒子的距离呈平方衰减，该效果使得远离光源的粒子显得更加暗淡，更加符合物理世界的规律。

- 【Nominal Distance】：设置灯光衰减的距离，例如参数设置为250，这意味着在距离250像素时光线强度将达到100%，随着距离的增加光线逐渐衰减。

- 【Ambient】：设置粒子反射多少环境光。

- 【Diffuse】：设置粒子的漫反射值。

- 【Specular Amount】：设置粒子的高光值。

- 【Reflection Map】：选择反射环境映射图层，在场景中创建环境映射可以很好的融合粒子。

- 【Reflection Strength】：定义反射映射的强度。当【Sprite】和【Textured Polygon】粒子类型被选中时激活此参数。

- 【Shadowlet】：启用粒子的投影效果，默认情况下，弹出菜单设置为【Off】。

- 【Shadowlet Settings】：设置粒子阴影的基本属性，如图8.1.26所示。

图8.1.26

> 【Color】：设置阴影的颜色，通常使用较深的颜色，例如黑色或褐色，对应场景的暗部。

> 【Color Strength】：设置阴影颜色强度，默认值为100，较低的值使较少的颜色混合。

> 【Opacity】：设置阴影的不透明度，不透明度通常有较低的设置，介于1到10之间，默认值为5。

> 【Adjust Size】：调整阴影的大小，默认值是100，较高的值将创建较大的阴影。

> 【Adjust Distance】：调整灯光到阴影的距离，默认值是100，较高的值使阴影远离灯光，因此阴影效果是微弱的。

> 【Placement】：控制阴影在三维空间中的位置，如图8.1.27所示。

图8.1.27

■ 【Auto】：默认设置，让Form自动决定最佳定位。

■ 【Project】：阴影在三维空间中的具体位置由灯光位置所决定。

■ 【Always behind】：该模式下阴影会显示在粒子的后面，避免粒子闪烁效果。

■ 【Always in front】：阴影位于粒子的前面显示，由于阴影始终是在前面，它可以给粒子一种有趣的深度感。

8.1.7 Quick Maps

【Quick Maps】（Control Group）：该控件组主要通过快速映射图层来改变粒子网格的形态，如图8.1.28所示。

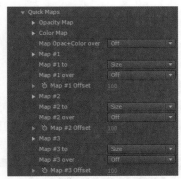

图8.1.28

- 【Quick Map】操作非常便捷，不需要事先创建一个单独的AE层，可直接产生于【Form】上。

● 【Opacity Map】：不透明度映射，可手动绘制映射曲线，右侧是预置曲线，单击即可选用，如图8.1.29所示。

图8.1.29

> 【Smooth】：让曲线变得光滑。
> 【Random】：使曲线随机化。
> 【Flip】：使曲线水平翻转。
> 【Copy】：拷贝一条曲线到系统粘贴板上。
> 【Paste】：从粘贴板上粘贴曲线。

● 【Color Map】：颜色映射，分为三个区域：颜色调节区域、预置区域以及命令区域；双击颜色滑块可修改颜色，滑动颜色滑块可调节颜色映射区域；在渐变色上或在颜色桶间单击可以增加颜色；单击颜色桶往下移动鼠标可以删除颜色；右侧是预置曲线，单击即可选用，如图8.1.30所示。

图8.1.30

● 【Map Opac+Color over】：设置不透明度映射和颜色映射的轴向，默认状态是Off，如图8.1.31所示。

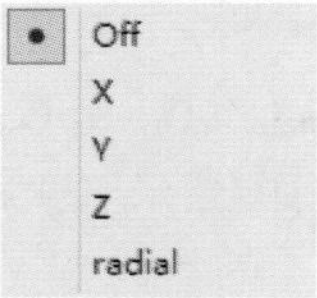

图8.1.31

> 【Off】：无映射。
> 【X】：从左到右映射。
> 【Y】：从上到下映射。
> 【Z】：从前到后映射。
> 【radial】：由圆的中心向外映射。

● 【Map #1&2&3】：图层映射，可细致调节映射曲线，如图8.1.32所示。

图8.1.32

● 【Map #1&2&3 to】：设置映射图层到相应的映射属性上，如图8.1.33所示。

图8.1.33

> 【Size】：映射到粒子大小上。
> 【Opacity】：映射到粒子的透明度上。
> 【Fractal Strength】：映射到粒子的分形场上。
> 【Disperse Strength】：映射到粒子的分散和扭曲强度上。
> 【Audio React 1&2&3】：映射到粒子的音频上。

● 【Map #1&2&3 over】：设置映射轴向，默认状态是Off，如图8.1.34所示。

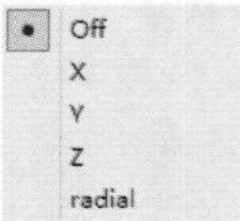

图8.1.34

> 【Off】：无映射。
> 【X】：从左到右映射。
> 【Y】：从上到下映射。
> 【Z】：从前到后映射。
> 【radial】：由圆的中心向外映射。

● 【Map #1&2&3 offset】：设置映射偏移，使曲线向上或者向下偏移。快速映射与图层映射的主要区别在于，快速映射可在【Form】中直接制作，不需要借助其他图层，速度快捷方便，而且也能提高粒子渲染速度。

8.1.8 Layer Maps

【Layer Maps】（Control Group）：该控件组主要通过图层映射来改变粒子网格的形态，参数设置如图8.1.35所示。

图8.1.35

- 【Color and Alpha】：通过图层映射影响粒子颜色及Alpha通道，参数设置如图8.1.36所示。

图8.1.36

> 【Layer】：选择图层作为映射层。
> 【Functionality】：从弹出菜单中选择图层映射类型，如图8.1.37所示。

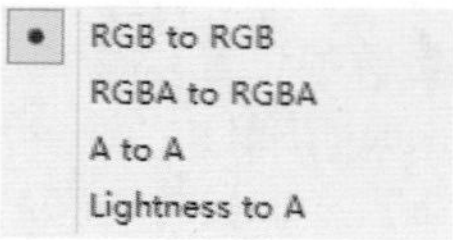

图8.1.37

- 【RGB to RGB】：仅映射粒子颜色。
- 【RGBA to RGBA】：用映射图层颜色替换粒子颜色，而映射图层的Alpha通道则替换粒子的透明度。
- 【A to A】：仅替换粒子的透明度。
- 【Lightness to A】：用映射图层的亮度替换粒子的透明度。

> 【Map Over】：设置映射轴向，默认状态是Off，如图8.1.38所示。

图8.1.38

- 【Off】：无映射。
- 【XY & XZ & YZ】：图层映射到粒子的各个坐标平面上。
- 【XY，time=Z】：将选择图层的内容映射为粒子在XY平面内显示的图像，当选择图层设置动画时，则将动画的时间参数映射为粒子在Z轴方向上的变化。
- 【XY，Time=Z+time】：类似【XY，time=Z】，该模式下映射图层的最终粒子效果以动画方式显示，当粒子在XYZ空间里的数量太少时，效果不是很明显。

> 【Time Span [Set]】：时间跨度，设置单位时间内Z轴空间受影响的粒子效果。

> 【Invert Map】：翻转映射，勾选后可将映射层进行翻转。

- 【Displacement】：设置图层映射上的置换信息，如图8.1.39所示。

图8.1.39

> 【Functionality】：从弹出菜单中选择图层映射类型，如图8.1.40所示。

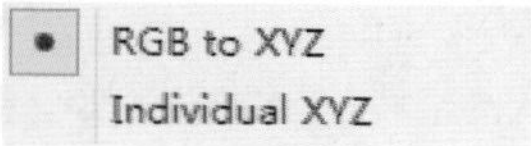

图8.1.40

- 【RGB to XYZ】：将RGB通道映射到XYZ轴向上。
- 【Individual XYZ】：当映射图层为多个图层时可激活该选项设置映射信息。

> 【Map Over】：设置映射轴向。
> 【Time Span [Set]】：时间跨度，设置单位时间内Z轴空间受影响的粒子效果。
> 【Layer for XYZ】：当【Functionality】选择【RGB to XYZ】选项时启用，从中选择映射图层。
> 【Layer for X&Y&Z】：当【Functionality】选择【Individual XYZ】选项时启用，从中选择映射图层。
> 【Strength】：设置图层映射的强度值。
> 【Invert Map】：勾选此选项可反转图层映射。

- 【Size】：该控件组通过设置映射图层的明度信息来影响粒子的大小，参数设置如图8.1.41所示。

图8.1.41

- 【Fractal Strength】：该控件组通过设置映射图层的明度信息来控制粒子分形场的强度，映射图层通道的黑色部分不影响粒子的分形强度，而白色则相反，灰色则介于两者之间，如图8.1.42所示。

图8.1.42

- 【Disperse】：该控件类似【Fractal Strength】，通常与【Disperse & Twist】（发散和扭曲）部分一起来影响粒子的扭曲变化，如图8.1.43所示。

图8.1.43

- 【Rotate】：该控件通过映射图层的明度信息来定义粒子的旋转值，颜色浅的区域旋转会受到较大影响，而较暗的部分受影响较小，参数设置如图8.1.44所示。

图8.1.44

> 【Layer for X&Y&Z】：设置图层映射为确定的平面。
> 【Strength】：设置图层映射的强度值。

 8.1.9　Audio React

【Audio React】（Control Group）：该控件组主要设置音频驱动以及音频的可视化效果。在【Form】中通过该控件提取音频中的响度信息，将其映射为关键帧信息来驱动粒子运动，如图8.1.45所示。

图8.1.45

- 【Audio Layer】：选择音频文件作为映射图层，通常而言WAV格式是更好的选择，这种文件相对于MP3运行速度更快。
- 【Reactor 1】：音频驱动的参数设置，在【Form】中最多可以映射5组音频信息，如图

8.1.46所示。

图8.1.46

> 【Time Offset [sec]】：时间偏移，设置提取音频数据的位置，默认是开始位置。
> 【Frequency [Hz]】：设置音频采样频率。
> 【Width】：该控件与采样频率一起确定提取音乐的范围。
> 【Threshold】：通过设置阈值可有效去除声音中的噪音。
> 【Strength】：设置音乐驱动粒子运动的强度，强度值越大，粒子反应越大，反之则小。
> 【Map To】：通过该控件设置音频映射影响粒子的具体属性，例如粒子大小、透明度、分形强度等，如图8.1.47所示。
> 【Delay Direction】：控制音频可视化效果的延迟方向，包括从左到右、从右到左、从上到下、从下到上等，如图8.1.48所示。
> 【Delay Max [sec]】：最大延迟，控制音频可视化效果的最大停留时间。
> 【X&Y&Z Mid】：当【Delay Direction】为【Outwards】或者【Inwards】时，设置音频可视化效果的开始或结束位置。

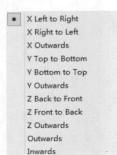

图8.1.47　　　　　图8.1.48

8.1.10　Disperse and Twist

【Disperse and Twist】（Control Group）：该控件组设置【Form】在三维空间的发散和扭曲效果，如图8.1.49所示。

图8.1.49

- 【Disperse】：控制粒子分散位置的最大随机值。该值越高，分散程度越高。
- 【Twist】：控制粒子网格在X轴上的弯曲。该值越高，粒子网格的弯曲程度更高。

8.1.11　Fractal Field

【Fractal Field】（Control Group）：分形场，用于创建流动的、有结构的、燃烧的运动粒子栅格，其值可以影响粒子的大小、位移及不透明度，如图8.1.50所示。

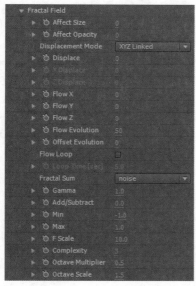

图8.1.50

- 【Affect Size】：使用该控件设置分形噪波效果的大小。
- 【Affect Opacity】：使用该控件设置分形噪波效果的不透明度。
- 【Displacement Mode】：设置分形场作为置换贴图影响粒子的方式，如图8.1.51所示。

图8.1.51

- > 【XYZ Linked】：应用于所有维度相同的位移。
- > 【XYZ Individual】：在X、Y和Z分别应用位移。
- > 【Radial】：径向位移被应用在Form上。
- 【X Displace& Y Displace& Z Displace】：定义粒子在XYZ三个轴向上的位移量，该值越高，位移越大。如果位移设置为0，在所有方向上没有位移会发生。
- 【Flow X&Y&Z】：控件各个轴向上粒子的运动速度，如分形场通过粒子进行的网格移动。
- 【Flow Evolution】：通过设置该参数可影响粒子运动形态。
- 【Offset Evolution】：偏移演变，改变此数值可以产生不同的噪波。
- 【Flow Loop】：循环流动，勾选此选项，Form会实现噪波的无缝循环。
- 【Loop Time[sec]】：循环时间，噪波循环的时间间隔（5就是每5秒循环一次）。
- 【Fractal Sum】：从弹出菜单中选择分形场的过度类型，相比较而言，【Noise】模式更为平滑，【Abs（noise）】则显得尖锐一些，如图8.1.52所示。

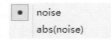

图8.1.52

- 【Gamma】：调整分形场的伽马值，较低的值导致图层中的明暗对比较高，较高的值将会导致图像明暗对比较低。
- 【Add/Subtract】：设置分形噪波显示的明暗程度。
- 【Min】：设定分形噪波的最小值。
- 【Max】：设定分形噪波的最大值。
- 【F Scale】：控制分形噪波的大小变化，该数值小，则噪波显得平滑，该数值大，则噪波的细节更多。
- 【Complexity】：设置分形噪波的复杂程度。
- 【Octave Multiplier】：控制分形噪波的细节。
- 【Octave Scale】：控制分形噪波细节的精细程度。

8.1.12 Spherical Field

【Spherical Field】（Control Group）：可以在粒子的中间部分设置一个球形场，使绝大多数粒子不能正常通过球形场，这样用户可在自定义球形场部分放置想要的内容，实现更多独特的视觉效果设计，参数设置如图8.1.53所示。

图8.1.53

- 【Sphere 1】：球形场的基本参数设置。
  - > 【Strength】：设置球形场的强度，该参数为正值时，球形场会将粒子往外推；该参数为负值时，球形场会将粒子往里吸引。
  - > 【Position XY】：定义球形场XY轴的位置。
  - > 【Position Z】：定义球形场Z轴的位置。
  - > 【Radius】：定义球形场的半径。
  - > 【Scale X&Y&Z】：定义球形场XYZ轴的缩放。
  - > 【X&Y&Z Rotation】：定义球形场XYZ轴的旋转。
  - > 【Feather】：定义球形场的羽化值。
  - > 【Visualize Field】：勾选此选项，则在合成中显示场，【Strength】为正值时，显示为红色；【Strength】为负值时，显示为蓝色。

8.1.13 Kaleidospace

【Kaleidospace】（Control Group）：该控件可以在3D空间复制粒子形态，参数设置如图8.1.54所示。

图8.1.54

- 【Mirror Mode】：镜像复制模式，可以选择水平方向（Horizontal）或者垂直方向（Vertical）或者两个方向上都进行复制，如图8.1.55所示。

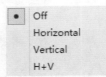

图8.1.55

- 【Behaviour】：从弹出菜单中选择镜像复制的方式，如图8.1.56所示。

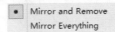

图8.1.56

- > 【Mirror and Remove】：镜像和移除，一半的图像是镜像的，另一半是不可见的（因为它取代了反射）。
- > 【Mirror Everything】：镜像所有的粒子。
- 【Center XY】：设定对称中心的XY轴坐标。

8.1.14 World Transform

【World Transform】（Control Group）：世界变换控件组，该控件组是将【Form】粒子作为一个整体进行属性变换。可以设置整个【Form】粒子的旋转、缩放、偏移等属性，同时，在使用世界变换时可以在不移动相机的情况下改变相机的角度，这意味着可以实现更多有趣的动画效果，参数设置如图8.1.57所示。

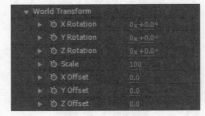

图8.1.57

- 【X&Y&Z Rotation】：设置整个【Form】粒子系统在各个轴向上的旋转值。
- 【Scale】：设置整个【Form】粒子系统在场景中的大小。
- 【X&Y&Z Offset】：设置整个【Form】粒子系统在各个轴向上的偏移量，通过参数调节可以重新定位【Form】粒子在场景中的位置。

8.1.15 Visibility

【Visibility】（Control Group）：该控件组可以有效控制【Form】粒子的景深，通过调节参数可以定义粒子的可见范围，参数设置如图8.1.58所示。

图8.1.58

- 【Far Vanish】：设定远处粒子消失的距离。
- 【Far Start Fade】：设定远处粒子淡出的距离。
- 【Near Start Fade】：设定近处粒子淡出的距离。
- 【Near Vanish】：设定近处粒子消失的距离。
- 【Near and Far Curves】：从弹出菜单中选择【Linear】线性或者【Smooth】平滑型插值曲线控制粒子淡出，如图8.1.59所示。

图8.1.59

8.1.16 Rendering

【Rendering】（Control Group）：该控件组主要是控制粒子的渲染方式，参数设置如图8.1.60所示。

图8.1.60

- 【Render Mode】：渲染模式，决定【Form】粒子最终的渲染质量，如图8.1.61所示。

图8.1.61

- > 【Motion Preview】：动态预览，快速显示粒子效果，一般用来预览。
- > 【Full Render】：完整渲染，高质量渲染粒子，但没有景深效果。

- > 【Full Render+DOF Square（AE）】：完整渲染+DOF平方（AE），高质量渲染粒子，采用和AE一样的景深设置。速度快，但景深质量一般。
- > 【Full Render+DOF Smooth】：完整渲染+DOF平滑，高质量渲染粒子，对于粒子景深效果采用类似于高斯模糊的算法，效果更好，但渲染时间长。
- 【Transfer Mode】：类似AE中的图层叠加模式，不同的模式下粒子的显示效果不一样。
- 【Opacity】：设置整个粒子层透明度值。
- 【Motion Blur】：为了使粒子效果更为真实，【Form】中可对粒子的运动模糊进行设置。当粒子高速运动时，它可以提供一个平滑的模糊效果，类似真正的摄像机捕捉快速移动的物体的效果，如图8.1.62所示。

图8.1.62

- > 【Motion Blur】：动态模糊可以打开或者关闭，默认是Comp Setting。如果使用AE项目里的动态模糊设定，那么在AE时间线上图层的动态模糊开关一定要打开，如图8.1.63所示。

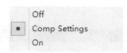

图8.1.63

- > 【Shutter Angle】：设置快门角度，较高的参数设置将会产生较大的模糊效果，默认值180是模拟一个半秒的运动信息被记录在胶片上。
- > 【Shutter Phase】：设置快门相位偏移虚拟相机快门打开的时间点，在模拟创建当前帧的运动模糊效果时，快门相位的负值等于快门角度。
- > 【Levels】：设置动态模糊的级别，该值越高，效果越好，但渲染时间也会大大增加。

8.2 Form效果实例

下面我们通过一个实例来详细的学习Form效果的基本操作。

01 现在使用Trapcode套件中的Form效果来模拟火焰效果。首先，新建【合成】，将合成重命名为"Fire"，参数设置如图8.2.1所示。

图8.2.1

02 选择【图层】>【新建】>【纯色】命令，或执行快捷键Ctrl+Y，在弹出对话框中将纯色层重命名为"火焰"，如图8.2.2所示。

图8.2.2

03 时间线面板上会出现"火焰"的纯色层，如图8.2.3所示。

图8.2.3

04 单击纯色层，执行【效果】>【Trapcode】>【Form】命令。合成窗口会出现Form的网格显示效果如图8.2.4所示。

图8.2.4

05 我们接下来需要对Form的参数进行调节，首先调节【Base Form】菜单栏下面的一些参数，主要是为了定义Form在控件中的具体形态。设置【Base Form】为【Sphere-Layered】，Form在空间中的基本形态为

圆形。然后，将【Size Y】设置为760，X轴向保持不变。我们还需要设置Form分别在各个轴向上的粒子数目，来得到更加具体的粒子形态。设置【Particular in X】为400；【Particular in Y】为800；【Sphere-Layered】为1。最后调节一下Form在空间中的位置，【Center XY】X轴不变，Y轴为150，如图8.2.5所示。

图8.2.5

06 参数调节后效果如图8.2.6所示。

图8.2.6

07 继续调整Form形态，使其更好的模拟火焰效果。接下来需要设置【Fractal Field】分形场，设置完成后Form在空间中会产生扭曲变形，参数设置如图8.2.7所示。

图8.2.7

08 设置【Affect Size】为1；【Affect Opacity】为5。设置完成后，Form形态内部会产生随机的虚化效果，如图8.2.8所示。

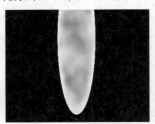

图8.2.8

09 现在需要使Form形态产生扭曲感，设置【Displace】为120，Form会有很大的分形效果。由于我们之前参数调整过Y轴的尺寸，使其看上去是一个竖着的形态。在这里我们还需要调节【Flow Y】为-120。调整完成后，效果如图8.2.9所示。

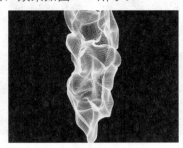

图8.2.9

10 继续调整Fractal Field（分形场），对Form形态进行更细致的调节。设置【Gamma】为0.8；【F Scale】为12；【Complexity】为2。调整完成后，降低了Form的伽马值，使其叠加效果的亮度略微降低，同时减少Form的复杂度，使其看上去更加明了，分形程度也较之前有所提高。调整后与之前有一些形态和亮度上的细微变化。这些小细节的调整往往对最终效果是否出彩起到很重要的作用，如图8.2.10所示。

图8.2.10

11 经过这些参数调节后，Form已经基本有了火焰的形态。下面我们需要对Form的粒子大小、透明度、颜色进行设置，使其看上去更加像是火焰。调整【Size】为3，提高粒子大小，如图8.2.11所示。

12 Form显得明亮很多，这时候需要在不改变大小的同时降低Form的明度，设置【Opacity】为30，降低粒子的透明度，如图8.2.12所示。

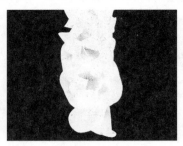

图8.2.11

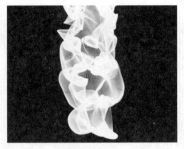

图8.2.12

13 最后需要为Form上颜色，【Color】拾取颜色为#623210，效果如图8.2.13所示。

图8.2.13

14 最后需要整体对Form做一个虚实和形态上的调整，使其看上去模拟的更加真实。下面我们开始对Quick Map进行设置。单击打开Quick Map面板，首先对【Map # 1】进行设置，将【Map # 1 to】设置为【Size】；【Map # 1 over】设置为【Y】，这表示【Map # 1】对Form映射Y轴的尺寸进行控制，通过绘制可以得到想要的控制效果。如图8.2.14和图8.2.15所示。

图8.2.14

图8.2.15

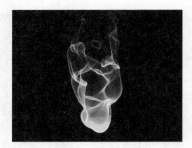

图8.2.17

15 然后开始对【Map＃2】进行设置，将【Map＃1 to】设置为【Fractal Strength】；【Map＃1 over】设置为【Y】，这表示【Map＃1】对Form映射Y轴的分形强度进行控制，值得注意的是，在绘制好图形后可以执行右侧的【Smooth】命令来平滑绘制效果，如图8.2.16所示。

图8.2.18

18 最终效果完成，可以进行动画预览，能够看到燃烧的火焰效果。模拟火焰的制作到此结束，如图8.2.19所示。

图8.2.16

16 通过对【Map＃2】的调整我们可以得到如图8.2.17所示的效果。

17 经过一系列的调整后，火焰的底端形态也出来了。最后再对整体的透明度做一个调节，如图8.2.18所示。

图8.2.19

8.3　Particular插件

　　【Particular】插件是Trapcode公司针对AE软件开发的3D粒子生成插件，灵活易用。主要用来实现粒子效果的制作。【Particular】自带近百种效果预置且支持多种粒子发射模式，提供多种粒子的渲染方式，可以轻松地模拟现实世界中的雨、雪、烟、云、焰火、爆炸等效果。也可以产生类似高科技风格的图形效果，它对于运动的图形设计是非常有用的。同时，在粒子运动的控制上，它对重力、空气阻力以及粒子间斥力等相关条件的模拟也相当出色。利用【Particular】可以轻松制作出多种粒子转场效果，Particular效果如图8.3.1~图8.3.3所示。

图8.3.1

图8.3.2

图8.3.3

　　【Particular】主要可以分为以下几个系统：【Emitter】发射器系统，主要负责管理粒子发射器的形状、位置以及发射粒子的密度和方向等；【Particle】粒子系统，主要负责管理粒子的外观、形状、颜色、大小、寿命（粒子存在时间）等；【Shading】粒子着色系统，主要负责管理粒子的材质、反射、折射、环境光、阴影等；粒子运动控制系统，它是一个联合系统，其中包括：【Physics】（物粒子系统）、【Aux system】（拖尾子系统）、【World Transform】（世界变换子系统）、【Visibility】（可见性子系统）、【Rendering】（渲染子系统），渲染子系统主要负责管理【Render Mode】（渲染模式）和【Motion Blue】（运动模糊）等参数设置，如图8.3.4所示。

图8.3.4

8.3.1 重置与选项

【重置】：重置当前参数设置，可以快速切换到【Particular】的初始状态，重置命令不会对已经设置好的关键帧进行变动。

【选项】：有关灯光发射和阴影设置，如图8.3.5所示。

图8.3.5

8.3.2 关于与动画预设

【关于】：对【Particular】版本信息的简单介绍，如图8.3.6所示。

图8.3.6

【动画预设】：【Particular】中内置近百种效果预设，合理的使用这些预设值能够有效的提高制作效率。如果打开预设窗口发现没有预设值，可以在【效果和预设】面板右上角单击小三角图标，选择【刷新列表】命令。这样预设值就会出现，前提是需要正确安装软件和预设。

【Register】：登记注册信息，如图8.3.7所示。

图8.3.7

8.3.3 Emitter

【Emitter】（Control Group）：主要控制粒子发射器的基本属性。它的参数设置涉及发射器生成粒子的密度、发射器形状、位置以及发射粒子的初始方向等，如图8.3.8所示。

图8.3.8

- 【Particles/sec】：控制每秒钟发射粒子的数量。
- 【Emitter Type】：从弹出菜单中选择发射器类型，如图8.3.9所示。

图8.3.9

> 【Point】：粒子从空间中单一的点发射出来。
> 【Box】：粒子从立体的盒子中发射出来。
> 【Sphere】：粒子从球形区域中发射出来。
> 【Grid】：粒子从网格的交叉点发射出来。
> 【Light】：粒子从灯光中发射出来，使用该选项之前需要在合成中新建一个灯光，通过灯光的属性调节来影响粒子发射器的属性。
> 【Layer】：粒子从图层中发射出来，使用该选项之前需要把图层转换为3D图层。
> 【Layer Grid】：粒子从图层网格中发射出来，发射效果与【Grid】发射器类似，使用该选项之前需要把图层转换为3D图层。

● 【Position XY】：设置粒子XY轴的位置。
● 【Position Z】：设置粒子Z轴的位置。
● 【Position Subframe】：从弹出菜单中选择当发射器位置的移动非常迅速时，平滑粒子运动轨迹的模式，如图8.3.10所示。

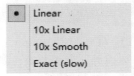

图8.3.10

> 【Linear】：线性平滑过渡，为默认设置。
> 【10×Linear】：10倍的线性平滑过渡，对于快速移动的粒子来说，该模式提供更准确的位置采样信息。
> 【10×Smooth】：10倍平滑过渡，该模式更加均衡的分配粒子采样点的位置，所以可以得到更加平滑的过渡效果。
> 【Exact（slow）】：根据发射器运动的速度准确地计算每个粒子的位置。一般不推荐使用，除非你有非常精确的粒子场景。

● 【Direction】：设置粒子发射方向，如图8.3.11所示。

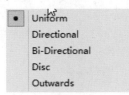

图8.3.11

> 【Uniform】：粒子会向各个方向上发射，为默认设置。

> 【Directional】：从某一端口向特定的方向发射粒子。
> 【Bi-Directional】：从某一端口向着两个完全相反的方向同时发射粒子。
> 【Disc】：粒子向外发射形成一个盘形。
> 【Outwards】：粒子向着远离中心的方向发射，当发射器类型是【Point】时，【Outwards】与【Uniform】完全一致。

● 【Direction Spread [%]】：设置粒子的扩散程度。该值越大，向四周扩散出来的粒子就越多；反之，粒子就越少。
● 【X&Y&Z Rotation】：设置粒子在三维空间中各个轴向上的旋转值。
● 【Velocity】：设置粒子运动的速度，当值设置为0时，粒子是静止不动的。
● 【Velocity Random [%]】：设置粒子运动速度的随机值。
● 【Velocity from Motion [%]】：设置粒子拖尾的长度。该控件允许粒子继承运动中发射器的【Velocity】属性。设为正值时，粒子随着发射器移动的方向运动；设为负值时，粒子向着发射器移动的反方向运动。
● 【Emitter Size X&Y&X】：设置发射器在各个轴向上面的大小。
● 【Particles/sec modifier】：当发射器类型选择【Lights】时灯光被激活，如图8.3.12所示。

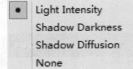

图8.3.12

> 【Light Intensity】：使用强度值来改变粒子发射率。
> 【Shadow Darkness】：使用阴影暗部值来改变粒子发射率。
> 【Shadow Diffusion】：使用阴影扩散值来改变粒子发射率。
> 【None】：不基于任何灯光属性改变粒子发射率，当灯光用于照明场景时是很有用的选项。

● 【Layer Emitter】：设置图层发射器的基本属性，当【Emitter Type】选择特定类型时该控件可激活使用，如图8.3.13所示。

图8.3.13

> 【Layer】：选择作为粒子发射器的图层。

> 【Layer Sampling】：设置粒子发射的图层采样类型，如图8.3.14所示。

   ■ 【Current Time】：当前时间。

   ■ 【Particle Birth Time】:粒子出生时间。

   ■ 【Still】：全部时间。

> 【Layer RGB Usage】：通过设置图层的颜色通道来映射粒子的基本属性，如图8.3.15所示。

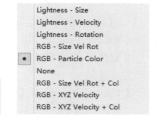

图8.3.14   图8.3.15

   ■ 【Lightness-Size】：明度影响粒子的大小。

   ■ 【Lightness-Velocity】：明度影响粒子运动速度。如果明度低于50%，粒子会向后发出；如果明度等于50%，速度将为零；明度在50%以上，粒子会向前发出。

   ■ 【Lightness-Rotation】：明度影响粒子的旋转。

   ■ 【RGB-Size Vel Rot】：该选项是对前面菜单的组合。使用R（红色通道）值来定义粒子尺寸；使用G（绿色通道）值来控制粒子速度；使用B（蓝色通道）值来控制粒子旋转。

   ■ 【RGB-Particle Color】：该选项使用每个像素的RGB颜色信息来确定粒子颜色。

   ■ 【None】：选择此选项只需要设置粒子发射区。

● 【Grid Emitter】：该控件设置粒子网格的基本属性，当【Emitter Type】选择特定类型时该控件可激活使用，如图8.3.16所示。

图8.3.16

> 【Particular in X】、【Particular Y】、【Particular Z】：设置网格中X、Y、Z轴向上发射的粒子数目，该值设置越高就会产生更多的粒子。

> 【Type】：从弹出菜单中选择网格发射粒子的类型，如图8.3.17所示。

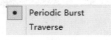

图8.3.17

   ■ 【Periodic Burst】：整个网格的粒子只发射一次。

   ■ 【Traverse】：整个网格中的粒子将按顺序发射一次。

● 【Emission Extra】额外控件集合，该控件组中的属性并不常用，如图8.3.18所示。

图8.3.18

> 【Pre Run】：设置粒子的提前运动时间，默认值是0，单位是百分比。例如将值设置为100%，即表示在第一帧开始之前10秒，粒子就已经开始生成了。

> 【Perodicity Rnd】：设置随机间隔发射粒子。

> 【Lights Unique Seeds】：随机改变灯光发射粒子的属性，默认为勾选。

● 【Random Seed】：设置整个【Particular】粒子的随机属性，默认值是100000，调整该参数会使【Particular】中的所有随机属性发生变化，常用于修改效果预设值。

8.3.4 Particle

【Particle】（Control Group）：该控件组主要设置粒子外观在三维空间中的基本属性变化，例如，设置粒子的大小、透明度、颜色、寿命（粒子存在时间）以及这些属性如何随时间而变化，如图8.3.19所示。在【Particular】中的粒子可以分为三个阶段：出生、生命周期、死亡。

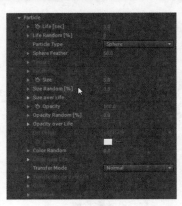

图8.3.19

- 【Life [sec]】：设置粒子从出现到消失的时间，默认设置为3秒。
- 【Life Random [%]】：随机增加或者减少粒子的生命。该值设置越高，粒子生命周期将会有可能翻倍或者被极大的减少，但不会导致生命为0。
- 【Particle Type】：从弹出菜单中选择粒子类型，如图8.3.20所示。

图8.3.20

> 【Sphere】：球形是一种基本粒子图形，也是默认值，可以设置粒子的羽化值。
> 【Glow Sphere（No DOF）】：发光球形除了可以设置粒子的羽化值，还可以设置辉光度。
> 【Star（No DOF）】：星形可以设置旋转值和辉光度。
> 【Cloudlet】：云层形可以设置羽化值。
> 【Streaklet】：长时间曝光粒子，是一个主要的大点被小点包围的光绘效果。利用【Streaklet】可以创建一些独特有趣的动画效果。
> 【Sprite/Sprite Colorize/Sprite Fill】：在【Particular】中选择【Sprite】粒子类型时需要预先选择一个自定义图层或贴图。预选图层可以是静止图片也可以是一段动画。【Sprite Colorize】是一种使用亮度值

彩色粒子的着色模式；【Sprite Fill】是只填补Alpha粒子颜色的着色模式。

> 【Textured Polygon/Textured Polygon Colorize/Textured Polygon Fill】：在【Form】中选择Textured粒子类型时需要预先确定映射图层。【Textured Polygons】控制所有轴向上粒子的旋转和旋转速度；【Textured Polygon Colorize】是一种使用亮度值彩色粒子的着色模式；【Textured Polygon Fill】是只填补Alpha粒子颜色的着色模式。设置粒子为自定义【Sprite &Textured】模式时，可以为AE里任一图层设置任意粒子形态。当粒子类型（Particle Type）选择为自定义以后，【Texture】命令组下面的参数就可以设置了。

- 【Sphere Feather】：设置粒子羽化值，粒子类型选择特定模式时该参数可激活使用，默认值是50。
- 【Texture】：设置【Particular】粒子的映射图层，当【Particular Type】选择特定类型时该控件可激活使用，如图8.3.21所示。

图8.3.21

> 【Layer】：设置映射图层，图层的大小不要太大，100*100像素的比较合适，太大了【Particular】也会根据情况自动调小，以保证渲染效率。
> 【Time Sampling】：时间采样模式，是设置映射图层动画的某一帧作为粒子形态，如图8.3.22所示。

图8.3.22

- 【Current Time】：当前时间。
- 【Start at Birth-Play Once】：开始时-播放一次。
- 【Start at Birth-Loop】：开始时-循环。

- ■ 【Start at Birth-Stretch】：开始时-伸展。
- ■ 【Random-Still Frame】：随机-静止帧。
- ■ 【Random-Play Once】：随机-播放一次。
- ■ 【Random-Loop】：随机-循环。
- ■ 【Split Clip-Play Once】：拆分剪辑-播放一次。
- ■ 【Split Clip-Loop】：拆分剪辑-循环。
- ■ 【Split Clip-Stretch】：拆分剪辑-伸展。
- ■ 【Current Frame-Freeze】：当前时间—冻结

> 【Random Seed】：设置粒子形态变化的随机值，默认设置为1。

> 【Number of Clips】：剪辑数量，该数值决定以何种形式参与粒子形状循环变化。

> 【Subframe Sampling】：子帧采集允许样本帧来自自定义粒子的两帧之间，当开启运动模糊时，这个参数的作用效果更加明显。

● 【Rotation】：主要设置旋转相关参数，只有【Particle Type】选择自定义粒子类型时该参数才可激活使用，如图8.3.23所示。

图8.3.23

> 【Orient to Motion】：该控件定位粒子移动的方向，默认情况下，此设置关闭，如图8.3.24所示。

图8.3.24

> 【Rotation X&Y&Z】：设置粒子在X、Y、Z轴向上的旋转。

> 【Random Rotation】：设置粒子旋转的随机性。通过调节该参数使粒子在空间中自然独特的呈现旋转效果。

> 【Random Speed X&Y&Z】：设置粒子在各个轴向上的旋转速度。

> 【Random Speed Rotate】：设置粒子的随机旋转速度。

> 【Random Speed Distribution】：设置微调旋转速度的随机值，0.5的默认值是正常的高斯分布，将值设置为1时是平坦均匀分布。

● 【Size】：以像素为单位设置【Particular】中粒子的尺寸。

● 【Size Random [%]】：设置粒子大小的随机性，较高的参数设置意味着粒子的大小随机变化更加丰富。

● 【Size over Life】：设置粒子大小随时间的变化状态。Y轴表示粒子的大小，X轴表示粒子从出生到死亡的时间。可以手动绘制曲线，常用曲线在图形右边，如图8.3.25所示。

图8.3.25

> 【Smooth】：让曲线变得光滑。

> 【Random】：使曲线随机化。

> 【Flip】：使曲线水平翻转。

> 【Copy】：拷贝一条曲线到系统粘贴板上。

> 【Paste】：从粘贴板上粘贴曲线。

● 【Opacity】：设置粒子的不透明度。

● 【Opacity Random [%]】：设置粒子不透明度的随机性，较高的参数设置意味着粒子虚实变化层次更加丰富。

● 【Opacity over Life】：与【Size over Life】的作用类似，如图8.3.26所示。

图8.3.26

● 【Set Color】：设置颜色拾取模式，如图8.3.27所示。

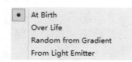

图8.3.27

> 【At Birth】：默认设置，设置粒子出生时的颜色，并在其生命周期中保持。

> 【Over Life】：设置颜色随时间发生的变化。

> 【Random From Gradient】：设置从【Color over Life】中随机选择颜色。

> 【From Light Emitter】：设置灯光颜色来

控制粒子颜色。

● 【Color】：设置粒子出生时的颜色，当【Set Color】选择【At Birth】时此选项激活。

● 【Color Random】：设置现有颜色的随机性，这样每个粒子就会随机的改变色相。

● 【Color over Life】：表示粒子随时间的颜色变化。默认设置下，从粒子出生到死亡，颜色会从红色变化到黄色然后再变化到绿色，最后变化到蓝色，经历这样一个颜色变化的周期。图表的右边有常用的颜色变化方案。我们还可以任意添加颜色，只需要单击图形下面区域，删除颜色只需要选中颜色然后向外拖拽即可。双击方块颜色即可改变颜色，如图8.3.28所示。

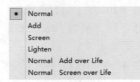

图8.3.28

● 【Transfer Mode】：设置粒子融合模式，类似AE中的图层混合模式，只不过【Particular】中的粒子类型可包含三维空间中的图层融合，如图8.3.29所示。

图8.3.29

> 【Normal】：正常的图层融合，前面的不透明粒子会遮盖后面不透明粒子的显示。

> 【Add】：粒子叠加融合，叠加后的粒子看起来会比之前的显示更加明亮，通常被用来加强灯光或者火焰效果。

> 【Screen】：筛选亮度值较高的粒子进行融合，融合后的粒子效果看起来会比之前的显示更加明亮，通常被用来加强灯光或者火焰效果。

> 【Lighten】：沿着粒子在三维空间中的Z轴对粒子进行深度融合，融合后通常只有Z轴上靠前位置的粒子较之前显示更为明亮。

> 【Normal Add over Life】：超越了AE的内置模式，随时间改变【Add】叠加的效果。

> 【Normal Screen over Life】：超越了AE的内置模式，随时间改变【Screen】叠加方式。

● 【Transfer Mode over Life】：曲线图可以大致控制粒子颜色的叠加模式，X轴表示时间，Y轴表示叠加模式。随着时间的变化叠加模式也会发生变化，图表右边有预设曲线可供参考，如图8.3.30所示。

图8.3.30

> 【Smooth】：让曲线变得光滑。

> 【Random】：使曲线随机化。

> 【Flip】：使曲线水平翻转。

> 【Copy】：拷贝一条曲线到系统粘贴板上。

> 【Paste】：从粘贴板上粘贴曲线。

● 【Glow】：辉光组增加了粒子光晕，当【Particle Type】是【Glow】或者【Star】时该命令组被激活，如图8.3.31所示。

图8.3.31

> 【Size】：设置辉光的大小。

> 【Opacity】：设置辉光的不透明度。

> 【Feather】：设置辉光的柔和度，较高的参数设置给粒子羽化的柔和边缘。

> 【Transfer Mode】：设置辉光的融合模式，如图8.3.32所示。

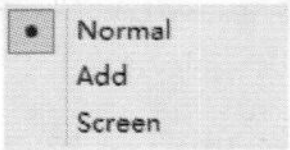

图8.3.32

■ 【Normal】：正常的图层融合。

■ 【Add】：辉光叠加融合。

■ 【Screen】：辉光粒子经过筛选后融合。

● 【Streaklet】：该控件组主要用于【Streaklet】类型粒子的属性设置，当【Particle Type】选择【Streaklet】时处于激活状态，如图8.3.33所示。

图8.3.33

> 【Random Seed】：设置粒子随机值，改变此参数可以迅速改变粒子形态。

> 【No streaks】：设置【Streaks】粒子的

数量（No是数量的缩写）。较高的值可以创建一个更密集的渲染线；较低的值将使【Streaks】在三维空间中作为点的集合呈现。

> 【Streak Size】：设置【Streaks】粒子效果的整体大小。较低的值使【Streaks】显的更薄；较高的值使【Streaks】显得更厚、更加明亮；值为0时将关闭Streaks显示。

8.3.5 Shading

【Shading】（Control Group）：该控件组主要用于设置场景中粒子的表面材质和阴影效果，参数设置如图8.3.34所示。

图8.3.34

● 【Shading】：在默认情况下，弹出菜单设置中【Shading】控件组是关闭的，如图8.3.35所示，可以将【Shading】弹出菜单设置为【On】，激活下面菜单的参数；【Shading】控件组需要匹配AE或者Lux灯光才能正常使用。

图8.3.35

● 【Light Falloff】：从弹出菜单中选择灯光衰减的类型，如图8.3.36所示。

图8.3.36

> 【None（AE）】：不论灯光与粒子之间的距离是多少，灯光始终呈现相同程度的衰减。

> 【Natural（Lux）】：默认设置，在场景中光的强度以及光与粒子的距离呈平方衰减，该效果使得远离光源的粒子显得更加暗淡，更加符合物理世界的规律。

● 【Nominal Distance】：设置灯光衰减的距离，例如参数设置为250，这意味着在距离250像素时光线强度将达到100%，随着距离

的增加光线逐渐衰减。

● 【Ambient】：设置粒子反射多少环境光。
● 【Diffuse】：设置粒子的漫反射值。
● 【Specular Amount】：设置粒子的高光值。
● 【Specular Sharpness】：定义尖锐的镜面反射。当自定义粒子类型被选中时激活此参数。例如，玻璃的高光区域非常尖锐，塑料就不会有很尖锐的高光。【Specular Sharpness】还可以降低【Specular Amount】值对粒子角度的敏感度，较高的参数设置可以提高【Specular Amount】值对粒子角度的敏感程度。

● 【Reflection Map】：选择反射环境映射图层，在场景中创建环境映射可以很好的融合粒子。

● 【Reflection Strength】：定义反射映射的强度。当【Sprite】和【Textured Polygon】粒子类型被选中时激活此参数。

● 【Shadowlet for Main】：设置阴影在主粒子系统中的开关，默认为【Off】，如图8.3.37所示。

图8.3.37

● 【Shadowlet for Aux】：设置阴影在辅助系统中的开关，默认为【Off】。

● 【Shadowlet Settings】：设置粒子阴影的基本属性，如图8.3.38所示。

图8.3.38

> 【Color】：设置阴影的颜色，通常使用较深的颜色，例如黑色或褐色，对应场景的暗部。

> 【Color Strength】：设置阴影颜色强度，默认值为100，较低的值使较少的颜色混合。

> 【Opacity】：设置阴影的不透明度，不透明度通常有较低的设置，介于1到10之间，默认值为5。

> 【Adjust Size】：调整阴影的大小，默认值是100，较高的值将创建较大的阴影。

> 【Adjust Distance】：调整灯光到阴影的

距离，默认值是100，较高的值使阴影远离灯光，因此阴影效果是微弱的。

> 【Placement】：控制阴影在三维空间中的位置，如图8.3.39所示。

图8.3.39

■ 【Auto】：默认设置，让Form自动决定最佳定位。

■ 【Project】：阴影在三维空间中的具体位置由灯光位置所决定。

■ 【Always behind】：该模式下阴影会显示在粒子的后面，避免粒子闪烁效果。

■ 【Always in front】：阴影位于粒子的前面，由于阴影始终是在前面，它可以给粒子一种有趣的深度感。

8.3.6 Physics

【Physics】（Control Group）：该控件组主要对粒子在三维空间中的物理属性进行设置，例如可以设置粒子【Gravity】（重力）、【Turbulence】（动荡）和控制粒子在合成中的【Bounce】（反弹）。这些概念是非常先进的，但是控件本身的设置相当简单，如图8.3.40所示。

图8.3.40

● 【Physics Model】：从弹出菜单中选择粒子运动的物理模式，默认情况下是【Air】，如图8.3.41所示。

图8.3.41

> 【Air】：默认设置，此选项可用来调整粒子在空气中的运动方式。

> 【Bounce】：此选项可以控制粒子在合成中反弹到其他图层上的方式。

● 【Gravity】：设置粒子的重力值。该参数为正值时，粒子会向下降；反之，粒子会上升。

● 【Physics Time Factor】：该控件通常用来加

快或减慢粒子运动，也可让粒子完全冻结，甚至是反方向运动。

● 【Air】（Control Group）：该控件组设置粒子如何在空气中运动，通过设置空气阻力、旋转、动荡和风等属性来模拟空气中真实的粒子运动，如图8.3.42所示。

图8.3.42

> 【Motion Path】：从弹出菜单中选择粒子的运动路径，该命令允许粒子按照自定义的3D路径进行运动，如图8.3.43所示。

图8.3.43

> 【Air Resistance】：该控件设置空气阻力值，使粒子通过空间的速度随时间的推移而降低。常用于制作爆炸和烟花效果，粒子以高速开始随着时间推移逐渐慢下来。

> 【Air Resistance Rotation】：默认未勾选，勾选该选项后空气阻力对粒子的旋转产生影响，粒子将在开始时快速运动，当降低空气阻力时，粒子的旋转也会相应减少。

> 【Spin Amplitude】：设置粒子在随机的圆形轨道上的运动。该参数设置为0时，关闭自转运动；较低的值会有较小的圆形轨道；较高的值会有较大的圆形轨道。设置该值有利于粒子运动的随机性，使动画效果看起来更加自然。

> 【Spin Frequency】：设置粒子在随机的圆

形轨道上的运动速度，较低的值意味着较低的粒子运动速度；较高的值意味着较高的粒子运动速度。

> 【Fade-in Spin [sec]】：设置粒子在消失之前受到旋转控制的时间长度。以秒为单位，高值意味着自旋前需要一段时间影响粒子，使动画逐渐淡入。

> 【Wind X&Y&Z】：设置各个轴向上的风力大小。

> 【Visualize Fields】：勾选此选项所有的场都可视。

> 【Turbulence Field】：该控件组主要设置紊流场的基本属性，紊流场能够很好的模拟火焰和烟雾效果，使粒子运动看起来更加自然，因为它可以模拟一些粒子穿过空气或液体的行为，参数设置如图8.3.44所示。

图8.3.44

- 【Affect Size】：使用该控件设置紊流场的大小。

- 【Affect Opacity】：使用该控件设置紊流场的不透明度。

- 【Fade-in Time [sec]】：设置紊流场粒子的淡入时间，较高的值意味着紊流场需要一段时间才能出现。

- 【Fade-in Curve】：从弹出菜单中选择淡入粒子的方式，如图8.3.45所示

图8.3.45

  * 【Linear】：线性过渡。

  * 【Smooth】：平滑过渡。

- 【Scale】：设置紊流场的大小。

- 【Complexity】：设置紊流场的复杂程度。

- 【Octave Multiplier】：控制紊流场的细节。

- 【Octave Scale】：控制紊流场细节的精细程度。

- 【Evolution Speed】：控制紊流场粒子进化速度的快慢。

- 【Evolution Offset】：控制紊流场粒子的速率偏移，通过该控件可以更好的调整紊流场的时间变化。

- 【X&Y&Z Offset】：设置紊流场在各个轴向上的偏移量，可设置关键帧动画。

- 【Move with Wind [%]】：该控件设置用风来移动紊流场，默认值是80，看起来是很逼真的烟雾效果。

> 【Spherical Field】：该控件组可以在粒子的中间部分设置一个球形场，绝大多数粒子不能正常通过球形场，这样用户可在自定义球形场部分放置想要的内容，实现更多独特的视觉效果设计，如图 8.3.46所示。（因为Particular是一个3D的粒子系统，所以有时候粒子会从区域后面通过，但是通常情况下粒子会避开这个区域而不是从中心通过）

图8.3.46

- 【Strength】：设置球形场的强度，该参数为正值时，球形场会将粒子往外推；该参数为负值时，球形场会将粒子往里吸。

- 【Position XY】：定义球形场XY轴的位置。

- 【Position Z】：定义球形场Z轴的位置。

- 【Radius】：定义球形场的半径。

- 【Feather】：定义球形场的羽化值。

● 【Bounce】（Control Group）：该控件组设置粒子在合成中的反弹属性，如图8.3.47所示。

图8.3.47

- 【Floor Layer】：从弹出菜单中选择反弹的地板图层，该图层不能是文本图层。
- 【Floor Mode】：设置地板图层模式，如图8.3.48所示。

图8.3.48

> 【Infinite Plane】：无限平面选项，扩展层的尺寸到无限大小，并且粒子不会反弹或关闭层的边缘。
> 【Layer Size】：图层尺寸选项，只使用图层的尺寸来计算的反弹区域。
> 【Layer Alpha】：使用图层指定区域的Alpha通道来计算反弹区域。

- 【Wall Layer】：使用弹出菜单选择反弹的【Wall Layer】壁层，壁层不能是文本图层，但可以在pre-comp中使用文本。
- 【Wall Mode】：选择壁层模式，类似【Floor Mode】选项。
- 【Collision Event】：控制粒子在碰撞期间的反应，有四种不同的方式，默认是【Bounce】反弹，如图8.3.49所示。

图8.3.49

> 【Bounce】：当粒子撞击地板或壁层后会反弹。
> 【Slide】：当粒子撞击地板或壁层后会滑动平行于地板或壁层。
> 【Stick】：当粒子撞击地板或壁层后粒子会停止运动并且保持反弹层上确切的位置信息。
> 【Kill】：当粒子撞击地板或壁层后会消失。
> 【Bounce】：控制粒子反弹的程度。

- 【Bounce Random [%]】：设置粒子反弹的随机性。
- 【Slide】：粒子撞击时会发生滑动。

8.3.7 Aux System

【Aux System】（Control Group）：该控件组主要辅助粒子系统的基本属性，合理的使用辅助粒子系统可以生成各种有趣的动画效果，常用该系统

来模拟雨滴坠落在地面后的反弹，如图8.3.50所示。

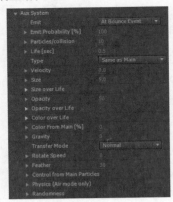

图8.3.50

- 【Emit】：从弹出菜单中选择辅助粒子系统中粒子发射器的类型，默认是【Off】，如图8.3.51所示。

图8.3.51

> 【Off】：关闭辅助粒子系统。
> 【At Bounce Event】：辅助粒子系统在碰撞事件发生时发射粒子。
> 【Continuously】：粒子本身变成了发射器。

- 【Emit Probability [%]】：设置辅助粒子从主要粒子中产生的百分比，较高的参数设置将会产生较多的辅助粒子。
- 【Particle Emit Rate&collision&sec】：这几个参数实际上表达的意义没有区别，只不过在【Emit】选择不同模式时命名不同而已，较低的参数设置将创建低发射量的辅助粒子；较高的参数设置将创建高发射量的辅助粒子。
- 【Life [sec]】：设置辅助粒子的寿命。
- 【Type】：设置辅助系统所使用的粒子类型，默认情况下与主要粒子系统使用相同的粒子类型，如图8.3.52所示。

图8.3.52

> 【Sphere】：球形，是一种基本粒子图形，也是默认值，可以设置粒子的羽化值。
> 【Glow Sphere（No DOF）】：发光球

形，除了可以设置粒子的羽化值，还可以设置辉光度。

> 【Star（No DOF）】：星形，可以设置旋转值和辉光度。

> 【Cloudlet】：云层形，可以设置羽化值。

> 【Streaklet】：长时间曝光粒子，是一个主要的大点被小点包围的光绘效果。利用【Streaklet】可以创建一些独特有趣的动画效果。

> 【Same as Main】：默认选项，辅助系统粒子类型与主要系统的粒子类型一致。

● 【Velocity】：设置辅助粒子出生时的初始速度。低值使粒子开始时速度慢；高值使粒子开始时速度快。

● 【Size】：设置辅助粒子的大小。

● 【Size over Life】：设置辅助粒子大小随时间的变化状态。Y轴表示辅助粒子的大小，X轴表示辅助粒子从出生到死亡的时间。可以手动绘制曲线，常用曲线在图形右边，如图8.3.53所示。

图8.3.53

> 【Smooth】：让曲线变得光滑。

> 【Random】：使曲线随机化。

> 【Flip】：使曲线水平翻转。

> 【Copy】：拷贝一条曲线到系统粘贴板上。

> 【Paste】：从粘贴板上粘贴曲线。

● 【Opacity】：设置辅助粒子的透明度。

● 【Opacity over Life】：与【Size over Life】作用类似，如图8.3.54所示。

图8.3.54

● 【Color over Life】：表示粒子随时间的颜色变化。默认设置下，从粒子出生到死亡，颜色会从红色变化到黄色然后再变化到绿色，最后变化到蓝色，会经历这样一个颜色变化的周期。图表的右边有常用的颜色变化方案。还可以任意添加颜色，只需要单击图形下面区域，删除颜色只需要选中颜色然后向

外拖拽即可。双击方块颜色即可改变颜色，如图8.3.55所示。

图8.3.55

● 【Color From Main [%]】：设置辅助粒子从主粒子继承颜色的百分比。默认值是0，表示辅助粒子的颜色由【Color over Life】来决定，该参数设置越高，则表示辅助粒子颜色受主粒子颜色影响越大。

● 【Gravity】：设置辅助粒子的重力值。该参数为正值时，辅助粒子会向下降；反之，辅助粒子会上升。

● 【Transfer Mode】：设置辅助粒子的融合模式，如图8.3.56所示。

图8.3.56

■ 【Normal】：正常的图层融合。

■ 【Add】：辅助粒子叠加融合。

■ 【Screen】：辅助粒子经过筛选后融合。

● 【Rotate Speed】：控制辅助粒子的旋转速度。

● 【Feather】：设置辅助粒子的羽化值。较高的值使羽化边缘过渡比较柔和；低值设置使边缘比较生硬。

● 【Control from Main Particles】：设置主要粒子系统控制辅助粒子系统如何及何时发射粒子。使用该控件辅助粒子的行为有更多的变化，有助于得到更自然的效果，如图8.3.57所示。

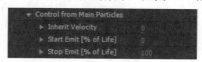

图8.3.57

> 【Inherit Velocity】：设置辅助粒子的继承速度，较高的参数设置将使辅助粒子从主要粒子继承更多的速度，提高粒子运动的速度。

> 【Start Emit [% of Life]】：设置辅助粒子何时出现在主要粒子的生命周期中，单位是百分比。

> 【Stop Emit [% of Life]】：设置辅助粒子

何时消失在主要粒子的生命周期中，单位是百分比。

- 【Physics（Air mode only）】：该控件组主要用于单独设置辅助粒子的运动行为，这可以使动画效果更有趣，同时对画面中的细节部分调节也更加灵活，如图8.3.58所示。

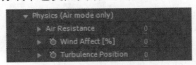

图8.3.58

> 【Air Resistance】：该控件将修改【Physics】>【Air】>【Air Resistance】的设定值。该参数设置为0时表示没有增加空气阻力；该参数为255时将导致修改的只是辅助粒子的空气阻力。
> 【Wind Affect [%]】：该控件将会增加【Physics】>【Air】>【Wind motion】在三维空间上的辅助粒子。
> 【Turbulence Position】：该控件将修改【Physics】>【Air】>【Turbulence Field】的设置值。不同的是，该控件只改变辅助粒子絮流场的偏移，它不会影响主要粒子的位移。

- 【Randomness】：该控件组主要设置辅助粒子系统的随机性，该组有三个控件，如图8.3.59所示。

图8.3.59

> 【Life】：设置辅助粒子存在时间的随机值。
> 【Size】：设置辅助粒子大小变化的随机值。
> 【Opacity】：设置辅助粒子透明度变化的随机值。

 8.3.8 World Transform

【World Transform】（Control Group）：世界变换控件组，该控件组是将【Particular】粒子作为一个整体进行属性变换。可以设置整个【Particular】粒子的旋转、缩放、偏移等属性，同时，在使用世界变换时可以在不移动相机的情况下改变相机的角度，这意味着可以实现更多有趣的动画效果，如图8.3.60所示。

图8.3.60

- 【X&Y&Z Rotation】：设置整个【Particular】粒子系统的在各个轴向上的旋转值。
- 【Scale】：设置整个【Particular】粒子系统在场景中的大小。
- 【X&Y&Z Offset】：设置整个【Particular】粒子系统在各个轴向上的偏移量，通过调节参数可以重新定位【Particular】粒子在场景中的位置。

 8.3.9 Visibility

【Visibility】（Control Group）：该控件组可以有效控制【Particular】粒子的景深，通过调节参数可以定义粒子的可见范围，如图8.3.61所示。

图8.3.61

- 【Far Vanish】：设定远处粒子消失的距离。
- 【Far Start Fade】：设定远处粒子淡出的距离。
- 【Near Start Fade】：设定近处粒子淡出的距离。
- 【Near Vanish】：设定近处粒子消失的距离。
- 【Near and Far Curves】：从弹出菜单中选择【Linear】线性或者【Smooth】平滑型插值曲线控制粒子的淡出，如图8.3.62所示。

图8.3.62

- 【Z Buffer】：设置Z缓冲区，一个Z缓冲区中包含每个像素的深度值，其中黑色是距摄像机的最远点；白色像素最接近摄像机；之间的灰度值代表中间距离。
- 【Z at Black】：粒子读取Z缓冲区的内容，通过参数设置确定图像中黑色像素对应的距离，默认值是10000。

- 【Z at White】：粒子读取Z缓冲区的内容，通过参数设置确定图像中白色像素对应的距离，默认值是0。

- 【Obscuration Layer】：Trapcode粒子适用于2D图层和3D图层，其他层的合成不会自动模糊粒子。

- 【Also Obscure With】：控制层发射器、壁层和地板图层设置昏暗的粒子，默认情况下是None，如图8.3.63所示。

图8.3.63

8.3.10　Rendering

【Rendering】（Control Group）：该控件组主要是控制粒子的渲染方式，如图8.3.64所示。

图8.3.64

- 【Render Mode】：渲染模式，决定【Particular】粒子最终的渲染质量，如图8.3.65所示。

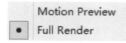

图8.3.65

- > 【Motion Preview】：动态预览，快速显示粒子效果，一般用来预览。
- > 【Full Render】：完整渲染高质量渲染粒子，但没有景深效果。
- 【Depth of Field】：用来模拟真实世界中摄像机的景深，增强场景的真实感。该版本中的景深可以设置动画，这是一个非常实用的功能。默认情况下DOF在【Camera Settings】选项中被打开；选择【Off】选项时DOF关闭，如图8.3.66所示。

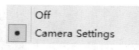

图8.3.66

- 【Depth of Field Type】：设置景深类型，默认情况下是【Smooth】。此设置只影响自定义类型粒子，如图8.3.67所示。

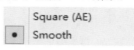

图8.3.67

- > 【Square（AE）】：这种模式可以较快的提供一个AE中内置的景深效果。
- > 【Smooth】：这种模式提供一个平滑的景深效果，大多数情况下这种效果更加逼真。Smooth模式下渲染要比Square模式下慢。
- 【Transfer Mode】：类似AE中的图层叠加模式，不同的模式下粒子的显示效果不一样，参数设置如图8.3.68所示。

图8.3.68

- 【Opacity】：设置整个粒子层透明度值。
- 【Motion Blur】：为了使粒子效果更为真实，【Particular】中可对粒子的运动模糊进行设置。当粒子高速运动时，它可以提供一个平滑的模糊效果，类似真正的摄像机捕捉快速移动物体的效果，参数设置如图8.3.69所示。
- > 【Motion Blur】：动态模糊可以打开或者关闭，默认是Comp Setting。如果使用AE项目里的动态模糊设定，那么在AE时间线上图层的动态模糊开关一定要打开，如图8.3.70所示。

图8.3.69

图8.3.70

> 【Shutter Angle】：设置快门角度，较高的参数设置将会产生较大的模糊效果，默认值180是模拟一个半秒的运动信息被记录在胶片上。

> 【Shutter Phase】：设置快门相位偏移虚拟相机快门打开的时间点，在模拟创建当前帧的运动模糊效果时，快门相位的负值等于快门角度。

> 【Type】：设置运动模糊的类型，如图8.3.71所示。

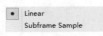

图8.3.71

■ 【Linear】：线性模式，一般情况下要比【Subframe Sample】模式渲染快，不过有时候会给人一种生硬的感觉。

■ 【Subframe Sample】：子帧采集模式，通常这种模式下运动模糊都会很平滑，给人感觉很真实，但是渲染时间会增加。

> 【Levels】：设置动态模糊的级别，该值越高，效果越好，但渲染时间也会大大增加。

> 【Linear Accuracy】：设置运动模糊的准确性。

> 【Opacity Boost】：当运动模糊激活时，粒子被涂抹，涂抹后粒子会失去原先的强度，变得不那么透明，增加粒子的强度值可以抵消这种损失。该参数值越高意味着有更多的不透明粒子出现。当粒子模拟火花或者作为灯光发射器的时候是非常有用的。

● 【Disregard】：有时候不是所有的合成都需要运动模糊的，【Disregard】就提供这样一种功能，某些地方粒子模拟运动模糊计算时可以忽略不计，如图8.3.72所示。

图8.3.72

■ 【Noting】:此模式中没有什么被忽略。

■ 【Physics Time Factor（PTF）】：忽略【Physics Time Factor】，选择此模式时，爆炸的运动模糊不受时间的停顿。非常实用的效果，如在爆炸的时候冻结时间。

■ 【Camera Motion】：在此模式下，相机的动作不参与运动模糊。当快门角度非常高，粒子很长时，这种模式最有用，在这种情况下，如果【Camera Motion】相机移动，运动将导致大量的模糊，除非将摄像机运动忽略。

■ 【Camera Motion &（PTF）】：无论是相机运动或PTF都有助于运动模糊。

8.4 Particular效果实例

01 导入素材"素材图片"，新建合成，将合成重命名为"半调"，参数设置如图8.4.1所示。

图8.4.1

02 将素材拖入该合成的时间线面板中，选中素材"素材图片"，单击鼠标右键，执行【变换】>【适合复合宽度】命令，或按快捷键Ctrl+Shift+Alt+H，对当前合成窗口中的图片进行大小的匹配。在时间线面板新建纯色层，选择【图层】>【新建】>【纯色】命令，或按快捷键Ctrl+Y，在弹出的对话框中选择第一项，将名称改为"Particular"，如图8.4.2所示。

图8.4.2

03 执行上述命令后，时间线面板会新建一个纯色层，如图8.4.3所示。

图8.4.3

04 单击选中"Particular"，选择【效果】>【Trapcode】>【Particular】命令。现在可以关闭素材"素材图片"的显示，对Particular的参数进行调节。打开效果控件面板。首先设置【Emitter Type】为【Layer Grid】（图层网格），如图8.4.4所示。

图8.4.4

05 继续设置Emitter，选择【Emitter】>【Layer Emitter】面板，对映射方式进行调节，参数调节如图8.4.5所示。

图8.4.5

06 【Layer】选择时间线面板中的素材"素材图片"，【Layer RGB Usage】调整为【Lightness-Size】。接下来我们需要设置【Grid Emitter】的尺寸。选择【Emitter】>【Grid Emitter】面板，将【Particular in X】

设置为70，【Particular in Y】设置为80，参数调节如图8.4.6所示。

图8.4.6

07 经过调整后"Particular"在合成窗口中显示，如图8.4.7所示。

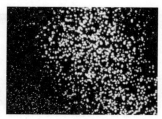

图8.4.7

08 从图中可以观察到粒子经由映射层发射出来，当前粒子处于一个运动状态中，需要降低运动速率，这样更方便观察图片的半调效果。选择【Emitter】>【Velocity】选项，设置参数为0，如图8.4.8所示。

图8.4.8

09 很明显的一个半调效果就这样出来，如图8.4.9所示。

图8.4.9

10 选择【Particular】>【Color】命令，打开颜色拾取器，设置颜色为明度较低的粉红色。参数设置如图8.4.10所示。

图8.4.10

11 最后给"Particular"设置一个简单的缩放动画，使其看上去不那么呆板，注意动画幅度不宜过大。在第一帧的时候设置"Particular"变换属性下的缩放关键帧，设置缩放值为120，在第三帧设置值为100，这样就有一个简单的缩放效果，如图8.4.11所示。

图8.4.11

12 最终效果如图8.4.12所示，半调效果制作完成。

图8.4.12

8.5 Mir循环线性背景制作

01 新建合成，将合成重命名为"Mir"，参数设置如图8.5.1所示。

图8.5.1

02 在时间线面板打开新建合成，创建纯色层，选择【图层】>【新建】>【纯色】命令。在弹出的对话框中修改合成名称为"Mir-线性背景"，参数设置如图8.5.2所示。

图8.5.2

03 单击确定按钮后，选中时间线面板中的纯色层，执行【效果】>【Trapcode】>【MIr】

命令，为其添加Mir效果，效果如图8.5.3所示。

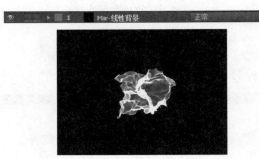

图8.5.3

04 对Mir进行设置，首先需要定义【Geometry】面板里面的参数，这部分参数主要用于定义Mir的基本形态和位置。打开【Geometry】，设置【Position XY】为585和360，Mir在合成的右下位置，如图8.5.4所示。

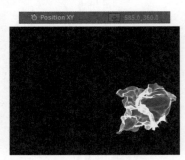

图8.5.4

05 用同样的方式设置【Size X】和【Size Y】分别为640和70，Mir形态大小发生变化，参数调整如图8.5.5所示。

图8.5.5

06 接下来对【Repeater】面板进行调控。
单击打开【Repeater】面板，首先设置
【Instances】为5，完成后Mir明显亮度提高
很多。然后设置【R Opacity】为81，降低
Mir的透明度，画面保持较多的细节，参数
调整如图8.5.6所示。

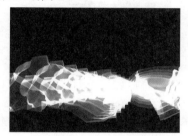

图8.5.6

07 继续调整【Repeater】面板参数，设置【R
Scale】为120，Mir产生类似拖影的效果，
如图8.5.7所示。

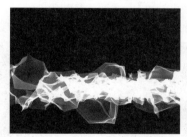

图8.5.7

08 设置【Repeater】>【R Rotation X】参数为
100，画面效果如图8.5.8所示。

图8.5.8

09 继续调整【Repeater】面板的参数，设置【R
Translate Y】和【R Translate Z】分别为12和
21，参数调整如图8.5.9所示。

图8.5.9

10 单击打开【Material】面板，对Mir设置材
质。打开【Color】，进入颜色拾取器，拾
取浅绿色，颜色设置如图8.5.10所示。

图8.5.10

11 完成颜色设置后Mir整体效果如图8.5.11
所示。

图8.5.11

12 继续调整【Material】面板，设置【Nudge
Colors】为43，画面颜色稍微变暗，参数设
置如图8.5.12所示。

图8.5.12

13 设置【Material】>【Diffuse】为95，
【Material】>【Falloff】选择为【Smooth】
模式。单击打开【Geometry】面板，设置
【Y Step】为69，效果如图8.5.13所示。

图8.5.13

14 然后依次调整【Geometry】>【Bend X】
为18，【Geometry】>【Bend Y】为3.1。
【Geometry】面板内的调控完成后的效果如
图8.5.14所示。

图8.5.14

15 设置【Shader】>【Shader】为【Flat】模式，【Shader】>【Draw】为【Wireframe】模式，效果如图8.5.15所示。

图8.5.15

16 继续设置【Shader】>【Ambient Occlution】为【on】，激活下列参数，设置【Shader】>【AO Intensity】为11，设置【Shader】>【AO Radius】为31，参数设置效果如图8.5.16和图8.5.17所示。

图8.5.16

图8.5.17

17 最后设置【Fractal】参数面板，定义Mir分形程度。【Fractal】>【Amplitude】为360，【Fractal】>【Frequency】为700，参数设置如图8.5.18所示。

图8.5.18

18 继续设置【Fractal】>【Offset X】为-50，【Fractal】>【Offset Z】为20，效果如图8.5.19所示。

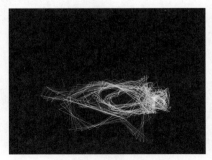

图8.5.19

19 依次设置【Scroll Y】为7；【Complexity】为3；【Oct Scale】为1.2；【Oct Mult】为0.9；【Amplitude X】为103；【Amplitude Y】为47；【Amplitude Z】为80；【Frequency X】为192；【Frequency Y】为88；【Frequency Z】为212；【FBend X】为3.2；【FBend Y】为0.2，参数设置如图8.5.20所示。

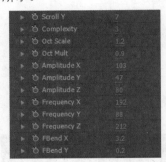

图8.5.20

20 由于Mir是动画的，所以还需要进行一些表达式的简单设置来使动画更加规整。单击打开【Geometry】，设置【Geometry】>【Rotate Y】表达式，按住Alt键后鼠标左键单击【Rotate Y】前的码表，输入"time * 40"。同样的方式设置【Rotate Z】，输入"time * 60"；设置【Fractal】>【Evolution】，输入"time * 12"。最终效果如图8.5.21所示，Mir背景制作完成。

图8.5.21

第9章

渲染与输出

本章详细介绍After Effects中渲染输出的应用。在After Effects中用户可以从一个合成影像中创建多种输出类型，可以输出为视频、电影、CD-ROM、GIF动画、FLASH动画和HDTV等格式成品。渲染的画面效果直接影响最终影片的画面效果，所以渲染输出的相关设置用户一定要能熟练应用。

9.1 After Effects的编辑格式

After Effects在电视和电影的后期制作软件中都占有一席之地，虽然不少电影都是在After Effects中完成后期效果的，但是相对于它在电视节目制作中的地位，还是稍稍逊色的。由于使用After Effects的用户大部分是为了满足电视制作的需要。我们将重点讲解一些和After Effects相关的电视制作和播出的基本概念。

9.1.1 常用电视制式

在制作电视节目之前要清楚客户的节目在什么地方播出，不同的电视制式在导入和导出素材时的文件设置是不一样的。选择菜单【合成】（Composition）>【新建合成】（New Composition）命令，弹出【合成设置】（Composition Settings）对话框，如图9.1.1所示。

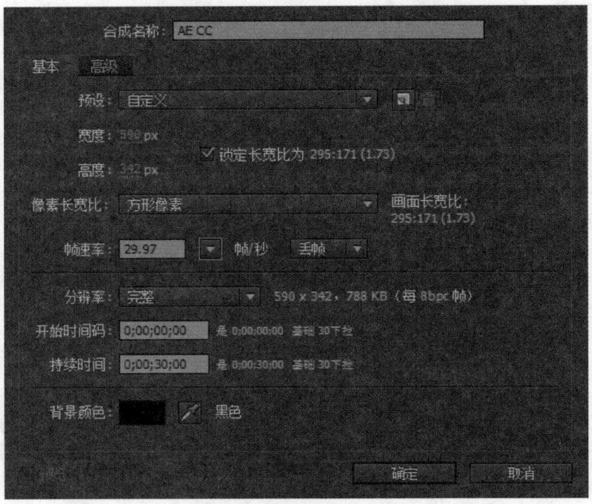

图9.1.1

打开对话框【预设】（Preset）命令的下拉菜单，可以看到关于不同制式文件格式的选项。当我们选择一种制式模板，相应的文件尺寸和帧速率（Frames Rate）都会相应的变化，如图9.1.2所示。

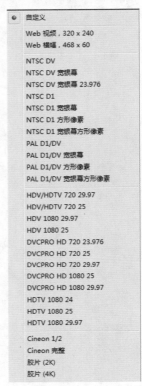

图9.1.2

目前各国的电视制式不尽相同，制式的区分主要在于其帧频（场频）的不同、分解率的不同、信号带宽以及载频的不同、色彩空间的转换关系不同等等。世界上现行的彩色电视制式有三种：NTSC（National Television System Committee）制（简称N制）、PAL（Phase Alternation Line）制和SECAM制。

NTSC彩色电视制式：它是1952年由美国国家电视标准委员会指定的彩色电视广播标准，它采用正交平衡调幅的技术方式，故也称为正交平衡调幅制。

PAL制式：它是西德在1962年指定的彩色电视广播标准，它采用逐行倒相正交平衡调幅的技术方法，克服了NTSC制相位敏感造成色彩失真的缺点。

SECAM制式：SECAM是法文的缩写，意为顺序传送彩色信号与存储恢复彩色信号制，是由法国在1956年提出，1966年制定的一种新的彩色电视制式。它也克服了NTSC制式相位失真的缺点，但采用时间分隔法来传送两个色差信号。

随着电视技术的不断发展，After Effects不但有PAL等标清制式的支持，对高清晰度电视（HDTV）和胶片（Film）等格式也有提供支持，可以满足客户的不同需求。

9.1.2 常用视频格式

熟悉常见的视频格式是后期制作的基础，下面我们介绍一下After Effects相关的视频格式。

AVI格式

英文全称为（Audio Video Interleaved），即音频视频交错格式。它于1992年被Microsoft公司推出，随Windows 3.1一起被人们所认识和熟知。所谓"音频视频交错"，就是可以将视频和音频交织在一起进行同步播放。这种视频格式的优点是图像质量好，可以跨多个平台使用，但是其缺点是体积过于庞大，而且压缩标准不统一。这是一种After Effects常见的输出格式。

MPEG格式

英文全称为（Moving Picture Expert Group），即运动图像专家组格式。MPEG文件格式是运动图像压缩算法的国际标准，它采用了有损压缩方法，从而减少运动图像中的冗余信息。MPEG的压缩方法说的更加深入一点就是保留相邻两幅画面绝大多数相同的部分，而把后续图像中和前面图像有冗余的部分去除，从而达到压缩的目的。目前常见的MPEG格式有三个压缩标准，分别是MPEG-1、MPEG-2和MPEG-4。

MPEG-1：制定于1992年，它是针对1.5Mbps以下数据传输率的数字存储媒体运动图像及其伴音编码而设计的国际标准。也就是我们通常所见到的VCD制作格式。这种视频格式的文件扩展名包括mpg、mlv、mpe、mpeg及VCD光盘中的dat文件等。

MPEG-2：制定于1994年，设计目标为高级工业标准的图像质量以及更高的传输率。这种格式主要应用在DVD/SVCD的制作（压缩）方面，同时在一些HDTV（高清晰电视广播）和一些高要求视频编辑、处理上面也有相当的应用。这种视频格式的文件扩展名包括mpg、mpe、mpeg、m2v及DVD光盘上的vob文件等。

MPEG-4：制定于1998年，是为了播放流式媒体的高质量视频而专门设计的，它可利用很窄的带度，通过帧重建技术，压缩和传输数据，以求使用最少的数据获得最佳的图像质量。MPEG-4最有吸引力的地方在于它能够保存接近于DVD画质的小体积视频文件。这种视频格式的文件扩展名包括asf、mov、DivX和AVI等。

MOV格式

美国Apple公司开发的一种视频格式，默认的播放器是苹果的QuickTime Player。具有较高的压缩比率和较完美的视频清晰度等特点，其最大的特点是跨平台性，即不仅能支持MAC，同样也能支持Windows系列。这是一种After Effects常见的输出格式。可以得到文件很小，但画面质量很高的影片。

ASF格式

英文全称为（Advanced Streaming format），即高级流格式。它是微软为了和现在的Real Player竞争而推出的一种视频格式，用户可以直接使用Windows自带的Windows Media Player对其进行播放。由于它使用了MPEG-4的压缩算法，所以压缩率和图像的质量都很不错。

提示：

After Effects除了支持WAV的音频格式，也支持我们常见的MP3格式，可以将该格式的音乐素材导入使用。在选择影片储存格式时，如果影片要输出使用，一定要保存无压缩的格式。

9.2 其他相关概念

9.2.1 场

场（Field），在电视上播放都会涉及到这一概念。我们在电脑显示器看到的影像是逐行扫描的显示

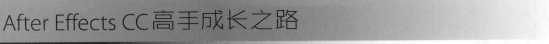

结果，而电视因为信号带宽的问题，图像是以隔行扫描（Interlaced）的方式显示的。图像是由两条叠加的扫描折线组成的。所以，电视显示出的图像是由两个场组成的，每一帧被分为两个图像区域（也就是两个场），如图9.2.1和图9.2.2所示。

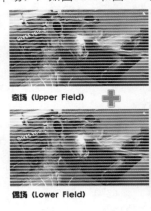

图9.2.1　　　　　　　　　　　　　　　　　图9.2.2

两个场分为奇场（Upper Field）和偶场（Lower Field），也可以叫做上场和下场。如果以隔行扫描的方式输出文件，就要面对一个关键问题，是先扫描上场还是下场。不同的设备对扫描顺序的要求是不同的，大部分三维制作软件和后期软件都支持场的顺序的输出切换。

提示：

经验的积累可以直接分辨素材是奇场还是偶场优先，如：不同的视频采集设备得到的素材奇场还是偶场优先是不同的，通过1394火线（Fire Wire）接口采集的DV素材永远都是偶场优先。

9.2.2　帧速率与像素比

影片在播放时每秒钟扫描的帧数，这就是帧速率（Frame Rate）。如我国使用的PAL制式电视系统，帧速率为25fps，也就是每一秒播放25帧画面。我们在三维软件中制作动画时就要注意影片的帧速率，After Effects中如果导入素材与项目的帧速率不同会导致素材的时间长度变化。

像素比（Pixel Aspect Ratio）就是像素的长宽比。不同制式的像素比是不一样的，在电脑显示器上播放像素比是1：1，而在电视上，以PAL制式为例，像素比是1：1.07，这样才能保持良好的画面效果。如果用户在After Effects中导入的素材是由Photoshop等其他软件制作的，一定要保证像素比的一致。在建立Photoshop文件时，可以对像素比作设置。

9.3　After Effects与其他软件

9.3.1　After Effects与Photoshop

After Effects可以任意的导入PSD文件。选择【文件】（File）>【导入】（Import）>【文件】（File…）命令，弹出【导入种类】（Import File）对话框，当我们选择导入PSD文件时，在【导入为】Import As下拉菜单中可以选择PSD文件以什么形式导入项目，如图9.3.1所示。

【合并的图层】（Merged Layers）选项就是将所有的层合并，再导入项目。这种导入方式可以读取PSD文件所最终呈现出的效果，但不能编辑其中的图层。【选择图层】（Choose Layers）选项可以让用户单独导入某一个层，但这样也会使PSD文件中所含有的一些效果失去作用。

如果文件以【合成】（Composition）的形式导入，整个文件将被作为一个合成影像导入项目，文件将保持原有的图层顺序和大部分效果，如图9.3.2所示。

图9.3.1　　　　　　　　　　　　　　　图9.3.2

同样的，After Effects也可以将某一帧画面输出成PSD文件格式，而项目中的每一个图层都将转换成为PSD文件中的一个图层。选择【合成】（Composition）>【帧另存为】（Save Frame As）>【Photoshop图层】（Photoshop Layers...）命令就可以将画面以PSD文件形式输出了。

9.3.2　After Effects与Illustrator

Adobe Illustrator是Adobe公司出品的矢量图形编辑软件，在出版印刷、插图绘制等多种行业被作为标准，其输出文件为AI格式，许多软件都支持这一文件格式的导入，Maya就可以完全读取AI格式的路径文件。After Effects可以随意的导入AI的路径文件，强大的矢量图形处理能力可以弥补After Effects中【遮罩】（Masks）功能的不足。

9.4　导出

菜单【文件】>【导出】命令主要用于输出影片，软件提供了多种输出格式，如图9.4.1所示。

图 9.4.1

● Adobe Flash （SWF）：输出Macromedia Flash （*.SWF）格式文件，如图9.4.2所示。

图 9.4.2

> 【JPEG品质】（JPEG Quality）：设置JEPG图像的质量。如果选择较低的数值，画面效果将有所损失。【功能不受支持】（Unsupported Features）：设置当系统遇到SWF格式不支持的图像的处理方式。

> 【忽略】（Ignore）：忽略 SWF 格式不支持的所有特征。

> 【栅格化】（Rasterize）：输出所有包含不支持特征的图像。

> 【采样率】（Sample Rate）：设置音频的采样频率。

> 【通道】（Channels）：设置音频通道为单声道（Mono）或立体声道（Stereo）。

> 【比特率】（Bit Rate）：设置音频质量。

> 【不断循环】（Loop Continuously）：设置输出的SWF文件是否连续循环地播放。

> 【防止编辑】（Prevent Import）：防止

SWF文件被导入到正在编辑的文件。

> 【包括对象名称】（Include Object Names）：输出的文件信息是否包括层、遮罩和效果名。

> 【包括图层标记Web链接】（Include Layer Marker Web Links）：输出的文件信息是否包括层的标记作为URL Web连接使用。

> 【拼合Illustrator图稿】（Include Illustrator Artwork）：设置是否合并Illustrator文件。

● Adobe Clip Nodtes…：输出剪辑注释。Clip Nodtes可以嵌入视频到PDF文件，通过E-mail发送有特定时间码注释的文件给客户，然后查看映射到时间轴的注释。

● Adobe Premiere Pro Project：输出Adobe Premiere Pro的项目文件。这种软件间的无缝链接是Adobe公司的软件优势所在。

9.5 渲染列队

在After Effects中【渲染队列】（Render Queue）视窗是用户完成影片需要设置的最后一个视窗，主要用来设置输出影片的格式，这也决定了影片的播放模式。当制作好影片以后，选择【合成】（Composition）>【添加到渲染队列】（Make Movie…）命令，或者按下快捷键Ctrl+M，弹出【渲染队列】（Render Queue）视窗，如图9.5.1所示。

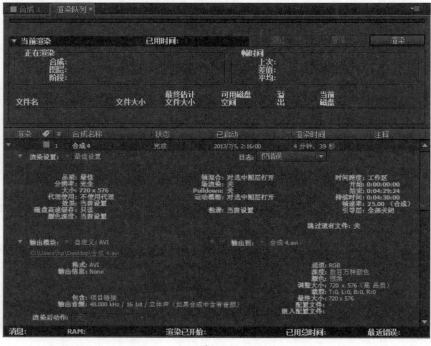

图9.5.1

9.5.1　输出到

首先先设置【输出到】文件的位置，单击【渲染列队】面板中【输出到】右侧的桔色文字，这里显示的是需要渲染的合成文件，设置渲染文件的位置。如果用户需要改变这些数据的设置，单击【输出到】（Output To）右侧的▼三角图标，可以选择渲染影片的输出位置，如图9.5.2所示。

图9.5.2

9.5.2　渲染设置模式

单击【渲染设置】（Render Settings）左侧的三角图标，展开渲染设置的数据细节，如图9.5.3所示。

如果用户需要改变这些数据的设置，可以单击【渲染设置】（Render Settings）右侧的▼三角图标，弹出菜单可以改变这些原始设置，如图9.5.4所示。

图9.5.3

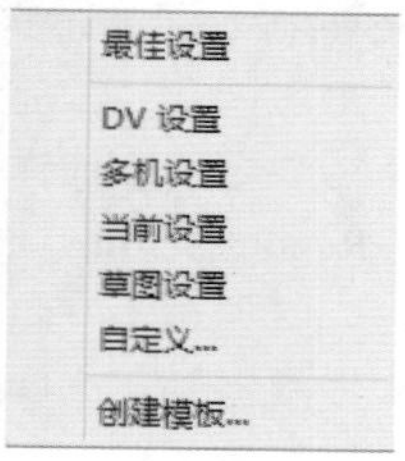

图9.5.4

- 【最佳设置】（Best Settings）
- 【DV设置】（DV Settings）
- 【多机设置】（Multi-Machine Settings）
- 【当前设置】（Current Settings）
- 【草图设置】（Draft Settings）
- 【自定义...】（Custom…）
- 【创建模板...】（Make Template）

选择【创建模板...】（Make Template）命令，弹出【渲染设置模板】（Render Setting Templates）对话框，用户可以制作自己常用的渲染模板，以便下次直接使用，如图9.5.5所示。

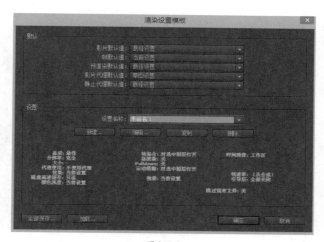

图9.5.5

9.5.3 渲染设置对话框

要改变这些渲染设置，可以选择【自定义】（Custom）命令或直接在设置类型的名称上单击，弹出【渲染设置】（Render Setting）对话框，如图9.5.6所示。

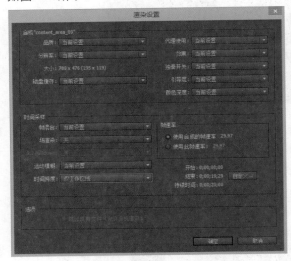

图9.5.6

下面我们详细介绍一下【渲染设置】（Render Setting）对话框的设置。

【合成】（Composition）设置：

- 【品质】（Quality）共有三种模式：【最佳】（Best）、【草图】（Draft）、【线框】（Wire frame），一般情况下选择【最佳】（Best）。
- 【分辨率】（Resolution）：一般情况下选择【完整】（Full）。
- 【大小】（Size）：在开始制作时已经设置完成。
- 【磁盘缓存】（Disk Cache）：可以选择使用OpenGL渲染。
- 【代理使用】（Proxy Use）：控制渲染时是否设置代理。
- 【效果】（Effects）：控制渲染时是否执行特效。
- 【独奏开关】（Solo Switches）：控制是否渲染独奏层。
- 【引导层】（Guide Layers）：控制是否渲染引导层。
- 【颜色深度】（Color Depth）：控制渲染项目的通道位数。
- 【帧混合】（Frame Blending）：当用户选

择【对选中图层打开】（On For Checked Layer）时，系统将只对【时间轴】（Timeline）视窗中，【列数】（Switches Column）中使用了【帧融合】（Frame Blending）的层进行帧融合渲染，也可以选择关闭所有层的帧融合选项。

- 【场渲染】（Field Render）：如果选择【关】Off，系统将渲染不带场的影片，也可以选择渲染带场的影片，用户将选择是上场优先还是下场优先。
- 【33:2 Pulldown】：控制3:2下拉的引导相位。
- 【运动模糊】（Motion Blur）：当用户选择【对选中图层打开】（On For Checked Layer）时，系统将只对【时间轴】（Timeline）视窗中【】（Switches Column）中的使用了【运动模糊】（Motion Blur）的层进行运动模糊渲染，也可以选择关闭所有层的运动模糊选项。
- 【时间跨度】（Time Span）：选择【合成长度】（Length Of Comp），系统将渲染整个项目，选择【仅工作区域】（Work Area Only），系统将只渲染【时间轴】（Timeline）视窗中工作区域部分的项目，用户也可以自己选择渲染的时间范围，选择【自定义】（Custom）或单击右侧的【自定义..】（Custom..）按钮，弹出【自定义时间范围】（Custom Time Span）对话框，可以自由设置渲染的时间范围，如图9.5.7所示。

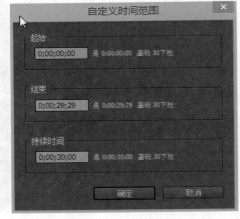

图9.5.7

● 【帧速率】（Frame Rate）：选择【使用合成的帧速率】（Use Comp's Frame Rate），系统间渲染默认项目的帧速率，选择【使用此帧速率】（Use This Frame Rate），用户可以自定义项目的帧速率。

9.5.4 输出模块

单击【输出模块】（Output Module）右侧的▼三角图标，弹出菜单可以改变这些原始设置，如图9.5.8所示。

用户可以在菜单中选择输出模块的类型。选择【创建模板】Make Template命令，弹出【输出模块模板】（Output Module Templates）对话框，用户可以制作自己常用的输出模块的模板，以便下次直接使用，如图9.5.9所示。

图9.5.8

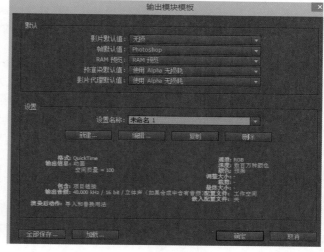

图9.5.9

9.5.5 输出模块设置

用户如果要改变这些渲染设置，可以选择【自定义】（Custom）命令或直接在设置类型的名称上单击，弹出【输出模块设置】（Output Module Setting）对话框，如图9.5.10所示。

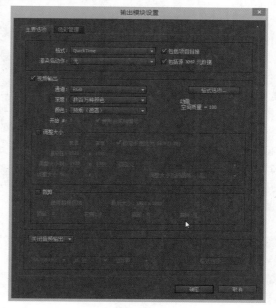

图9.5.10

下面我们详细介绍一下【输出模块设置】（Output Module Setting）对话框的设置。

● 【格式】（Format）：选择不同的文件格式，系统会显示相应的文件格式的设置，如图9.5.11所示。

```
AIFF
AVI
"DPX/Cineon"序列
F4V
FLV
"IFF"序列
"JPEG"序列
MP3
"OpenEXR"序列
"PNG"序列
"Photoshop"序列
● QuickTime
"Radiance"序列
"SGI"序列
"TIFF"序列
"Targa"序列
WAV
AME 中的更多格式
```

图9.5.11

下面我们详细介绍一下这些文件格式：

【AIFF】是音频交换文件格式（Audio Interchange File Format）的英文缩写，是一种文件格式存储的数字音频（波形）的数据，AIFF应用于个人电脑及其他电子音响设备以存储音乐数据，支持ACE2、ACE8、MAC3和MAC6压缩，支持16位44.1kHz立体声。

【AVI】这是我们经常使用的输出格式，无损的AVI格式是通用的输出格式，缺点是文件有些大。AVI英文全称为Audio Video Interleaved，即音频视频交错格式。是将语音和影像同步组合在一起的文件格式。它对视频文件采用了一种有损压缩方式，但压缩比较高，因此尽管画面质量不是太好，但其应用范围仍然非常广泛。AVI支持256色和RLE压缩。AVI信息主要应用在多媒体光盘上，用来保存电视、电影等各种影像信息。

【DPX/Cineon序列】是在柯达公司的Cineon文件格式发展出的基于位图（bitmap）的文件格式。

【F4V】是Adobe公司为了迎接高清时代而推出继FLV格式后的支持H.264的流媒体格式。它和FLV主要的区别在于，FLV格式采用的是H263编码，而F4V则支持H.264编码的高清晰视频，码率

最高可达50Mbps。主流的视频网站（如奇艺、土豆、酷6）等网站都开始用H264编码的F4V文件，H264编码的F4V文件，相同文件大小情况下，清晰度明显比On2 VP6和H263编码的FLV要好。土豆和56发布的视频大多数已为F4V，但下载后缀为FLV，这也是F4V特点之一。

【FLV】是（FLASH VIDEO）的简称，FLV流媒体格式是随着Flash MX的推出发展而来的视频格式。由于它形成的文件极小、加载速度极快，使得网络观看视频文件成为可能，它的出现有效地解决了视频文件导入Flash后，使导出的SWF文件体积庞大，不能在网络上很好的使用等缺点。

【"IFF"序列】（IFF Sequence）：为Amiga计算机设置的一种应用格式，可以使用Maya FCheck播放，在Adobe Photoshop中需要安装插件才可以打开。

【"JPEG"序列】（JPEG Sequence）：由ISO和IEC两个组织机构联合组成的一个专家组，负责制定静态的数字图像数据压缩编码标准，因此又称为JPEG标准。在技术上，是一个压缩系统而不是格式，这种有损耗的图像压缩算法会使图像丢失一些高频信息。用户可以自定义压缩比例，但并不建议用这种格式输出播放级别的视频图像，如图9.5.12所示。

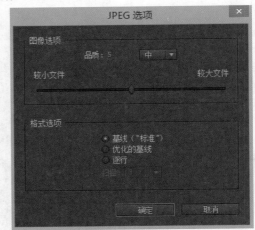

图9.5.12

【MP3】：是MPEG 1 Layer 3的缩写，网络上常见的音乐播放格式，将声音用 1:10 甚至 1:12 的压缩率，变成容量较小的文件，由于人耳只能听到一定频段内的声音，因此在人耳听起来，MP3与CD并没有什么不同。MP3是一种失真压缩。

【"OpenEXR"序列】是视觉效果行业使用

的一种文件格式，适用于高动态范围图像。该胶片格式具有适合于电影制作的颜色高保真度和动态范围。OpenEXR 由 Industrial Light and Magic（工业光魔）开发，支持多种无损或有损压缩方法。OpenEXR 胶片可以包含任意数量的通道，并且该格式同时支持 16 位图像和 32 位图像。

【"PNG"序列】是一种无损压缩的跨平台的图像文件格式，图像内包含Alpha通道，用于计算机间传送图像或储存经过良好压缩的图像，如图9.5.13所示。

图9.5.13

【"Photoshop"序列】是Adobe公司Photoshop文件格式。

【Quick Time】是跨平台的标准文件格式，可以包含各种类型的音频、电影、Web链接和其他数据。这是一种在After Effects中最为常用的文件格式，如图9.5.14所示。

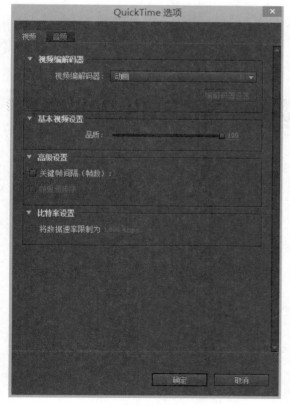

图9.5.14

Quick Time格式可用于低端Web，多媒体演示以及电影级别的播放，其多功能性和分辨率方面有很大优势。系统提供了许多Quick Time视频编解码器类型，如图9.5.15所示。

图9.5.15

- 【BMP】：Windows图像文件格式，压缩质量中等。
- 【Cinepak】：压缩16-bit 和24-bit video用于制作CD-ROM。
- 【图形】Graphics：压缩成8-bit的图像，主要用于静止图像。
- 【H.261＆H.263】：用于视频会议。
- 【Motion JPEG A&B】：用于创建使用Motion J-PEG硬件的视频文件，例如：捕捉和播放卡。
- 【MPEG-4 Video】：MPEG是活动图像专家组（Moving Picture Exports Group）的缩写，MPEG-4不只是具体压缩算法，它是针对数字电视、交互式绘图应用（影音合成内容）、交互式多媒体（WWW、资料撷取与分散）

等整合及压缩技术的需求而制定的国际标准。这种压缩器是现在比较流行的。

- 【Photo－JPEG】：一种用于带有渐变色区域的图像
- 【Planar RGB】：一种用于画面中有较大的实色区域的图像压缩器
- 【PNG】：一种无损压缩的跨平台的图像文件格式，图像内包含Alpha通道。
- 【Sorenson Video】：用于压缩24-bit Video在网上播放，这是一种常用的压缩器，可以得到清晰的图像，但文件却很小，如图9.5.16所示。

图9.5.16

- 【TGA】：用于Targa硬件支持的文件格式。
- 【TIFF】：一种无损压缩的跨平台的图像文件格式，图像内包含Alpha通道。
- 【动画】：用于有较大实色区域时画面的压缩。并不适用于Web和CD-ROM。

提示：

在选择输出模式后，要轻易的改变输出格式的设置，除非你非常熟悉该格式的设置，必须修改设置才能满足播放的需要，否则细节上的修改可以影响到播出时的画面质量。每种格式都对应相应的播出设备，各种参数的设定也都是为了满足播出的需要。不同的操作平台和不同的素材都对应不同的编码解码器，在实际的应用中选择不同的压缩输出方式，将会直接影响到整部影片的画面效果。所以选择解码器一定要注意不同的解码器对应不同的播放设备，在共享素材时一定要确认对方可以正常播放。最彻底的解决方法就是连同解码器一起传送过去，可以避免因解码器不同而造成的麻烦。

第10章

应用与拓展

在这个章节中我们通过实例操作来综合应用前面章节所讲到的一些命令，命令间的随机组合可以创造出不同的画面效果，这也是软件编写人员所不能预见到的，可以多尝试一些效果，需要时有机的将其融合进我们的作品中。

10.1 基础应用

10.1.1 调色实例

人类使用颜色，大约在15-20万年以前的冰河时期。我们在原始时代的遗址中，发现有同遗物埋在一起的红土、涂了红色的骨器遗物。红色，原始人把它作为生命的象征，有人认为红色是鲜血的颜色，原始人使用红土、黄土涂抹自己的身体，涂染劳动工具，这可能是对自己威力的崇拜，带有征服自然的目的。

要理解和运用色彩，必须掌握进行色彩归纳整理的原则和方法。作为客观世界的一种反映形式，特定的色彩可以向人们传达不同的信息，以至于影响人的情绪。不同的颜色使人产生不同的联想，作为影像艺术的基础元素，色彩的情绪表达在影视制作中有着不可替代的位置。

在After Effects中有许多重要的效果都是针对色彩的调整，但单一的使用一个工具调整画面的颜色，并不能对画面效果带来质的改变，需要综合的应用手中的工具，进行色彩的调整。

无论在硬件或软件上，人们都在不断改进对色彩调整手段的多样性，甚至出现了上百万元的胶转磁系统设备，体现出人们对胶片特有的色彩饱和度和颗粒感的迷恋。这并不是说只要使用了高档的设备或电影胶片，无论是谁都可以拍出完美的色彩效果。大家在电视电影中看到的各种各样的画面色彩效果都是通过后期软件的进一步加工得来的。

01 启动Adobe After Effects，选择【合成】（Composition）>【新建合成】（New Composition）命令，弹出【合成设置】（Composition Settings）对话框，创建一个新的合成视窗，命名为"画面调色"，设置控制面板参数，如图10.1.1所示。

02 选择【文件】（File）>【导入】（Import）>【文件…】（File）命令，在【项目】（Project）视窗选中导入的素材文件，将其拖入【时间轴】（Timeline）视窗，图像将被添加到合成影片中，在合成窗口中将显示出图像，如图10.1.2所示。

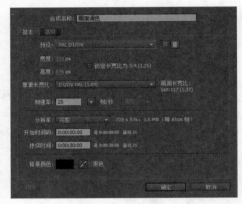

图10.1.1

图10.1.2

03 在实际的制作中，一般将三维软件渲染出来的金属只做成黑白色，在后期合成时方便随时匹配颜色，在播出之前，客户会不停的修改，这样的单色输出和分层制作会大大提高修改片子的速度，如图10.1.3所示。

04 按下快捷键Ctrl+Y，在【时间轴】（Timeline）视窗中创建一个纯色层，弹出【纯色层设置】（Solid Setting）对话框，创建一个蓝色的纯色层，颜色尽量饱和一些。在【时间轴】（Timeline）视窗中将蓝色的纯色层放在文字层的上方，将金属话筒在其下面，如图10.1.4所示。

图10.1.3

图10.1.4

05 将蓝色纯色的融合模式改为【叠加】（Overlay）模式，观察画面黑白金属文字已经变成了金色的，黑色的纯色层背景也被显示出来，这是为了下一步的再次层叠，如图10.1.5所示。

图10.1.5

06 选中建立的纯色层，可以通过为蓝色纯色层添加【色相/饱和度】（Hue/Saturation）效果修改纯色层的色相，从而改变话筒的颜色，如图10.1.6所示。

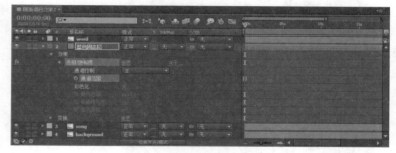

图10.1.6

07 在【时间轴】（Timeline）视窗中选中话筒所在的层，展开【效果】（Effect）>【色彩校正】（Color Correction）>【色相/饱和度】（Hue/Saturation）命令，在【效果控件】（Effect Controls）视窗中，将【色相/饱和度】（Hue/Saturation）效果下的【主色相】（Master Hue）旋转，从而调整颜色，如图10.1.7所示。

图10.1.7

08 观察画面，金属话筒已经被赋予棕色的效果，可以通过修改【主饱和度】Master Saturation的参数从而调整色彩的饱和度，如图10.1.8所示。

图10.1.8

10.1.2 画面降噪

01 启动Adobe After Effects，选择【合成】（Composition）>【新建合成】（New Composition）命令，弹出【合成设置】（Composition Settings）对话框，创建一个新的合成视窗，命名为"画面降噪效果"，设置控制面板参数，如图10.1.9所示。

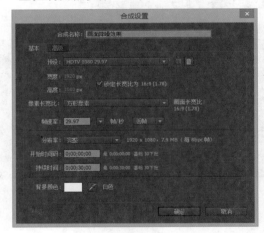

图10.1.9

02 选择【文件】（File）>【导入】（Import）>【文件…】（File）命令，在【项目】（Project）视窗选中导入的素材文件，将其拖入【时间轴】（Timeline）视窗，图像将被添加到合成影片中，在合成窗口中将显示出图像。（需要注意的是，我们在对素材作降噪处理时，观察素材一定要使用100%尺寸，也就是按素材的原始大小，只有这样才能观察到画面效果的细微变化，如图10.1.10所示。

图10.1.10

03 可以看到画面有细微的颗粒感，但并不均匀，人物脸部的躁点已经影响到了画面效果。在【时间轴】（Timeline）视窗中选中素材层，选择菜单【效果】（Effect）>【杂色和颗粒】（Noise&Grain）>【移除颗粒】（Remove Grain）命令，观察【合成】（Composition）视窗，在画面上出现一个白色方框，方框内的画面效果是降噪后的效果预览，如图10.1.11所示。

图10.1.11

04 观察【效果控件】（Effect Control）视窗中【移除颗粒】（Remove Grain）效果的属性，将【查看模式】（Viewing Mode）改为【杂色样本】（Noise Samples）模式，如图10.1.12所示。

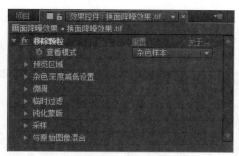

图10.1.12

05 在【合成】（Composition）视窗中素材上出现一个个小的白色方框，这是系统自动生成的降噪的采样点，如图10.1.13所示。

图10.1.13

06 采样点的位置决定了降噪的主要区域，降噪点越多，降噪的效果也就越好，同时也会增加机器的运算的负担。在观察【效果控件】（Effect Control）视窗中将【移除颗粒】（Remove Grain）效果属性的【采样】（Sampling）选项展开，将【样本选择】（Sample Selection）选项切换为【手动】（Manual），这时【杂色样本点】（Noise Sample Points）选项也被激活，展开其属性，可以看到每一个采样点的具体坐标位置，如图10.1.14所示。

07 可以增加取样点的数量，将【杂色样本点】（Number of Samples）的参数改为10，可以在【合成】（Composition）视窗中移动采样点的位置，将采样点移动到人物所在的区域，如图10.1.15所示。

08 最后将【查看模式】（Viewing Mode）修改为【最终输出】（Final Output）模式，在【合成】（Composition）视窗中观察降噪后的效果，画面中的杂点已经被去掉了，画面的有些部分被模糊掉了，这是不可避免的，不同于【模糊】（Blur）效果，画面中的主

要元素并没有失去细节，如图10.1.16所示。

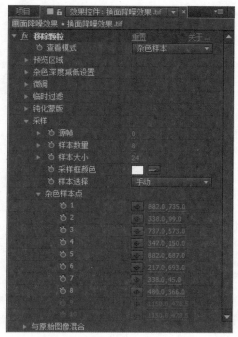

图10.1.14

图10.1.15

图10.1.16

10.1.3　画面颗粒

01 启动Adobe After Effects，选择【合成】（Composition）>【新建合成】（New Composition）命令，弹出【合成】（Composition Settings）对话框，创建一

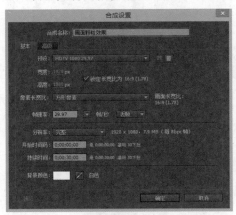

个新的合成视窗，命名为"画面颗粒效果"，设置控制面板参数，如图10.1.17所示。

图10.1.17

02 选择【文件】（File）>【导入】（Import）>【文件】（File）命令，在【项目】（Project）视窗选中导入的素材文件，将其拖入【时间轴】（Timeline）视窗，图像将被添加到合成影片中，在合成窗口中将显示出图像，如图10.1.18所示。

图10.1.18

03 这是一段颜色艳丽的素材，而老电影因为当时的技术手段的限制，拍摄的画面都是黑白的，并且很粗糙，我们下面就来模拟这种效果。在【时间轴】（Timeline）视窗中，选中素材，选择【效果】（Effect）>【杂色与颗粒】（Noise& Grain）>添加颗粒（Add Grain）命令，调整【查看模式】（Viewing Mode）为【最终输出】（Final Output）模

式，展开【微调】（Tweaking）属性，修改【强度】（Intensity）参数为3，【大小】（Size）参数为0.2，如图10.1.19所示。

图 10.1.19

04 在【时间轴】（Timeline）视窗中，选中素材，选择【效果】（Effect）>【颜色校正】（Color Correction）>【色相/饱和度】（Hue/Saturation）命令，勾选【彩色化】（Colorize）选项，将画面变成单色，调整【着色色相】（Colorize Hue）的参数为0 ＊ ＋35.0，如图10.1.20所示。

图 10.1.20

10.1.4 岩浆背景

01 启动Adobe After Effects，选择【合成】（Composition ）命令，弹出【合成】（Composition）对话框，创建一个新的合成面板，命名为"岩浆背景效果"，设置控制面板参数，如图10.1.21所示。

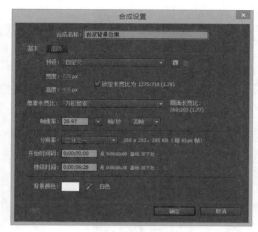

图10.1.21

02 在【时间轴】（Timeline）面板中，选择【新建】（New）>【纯色】（Solid）命令（或者按下快捷键Ctrl+Y），创建一个纯色层并命名为"岩浆"，如图10.1.22所示。

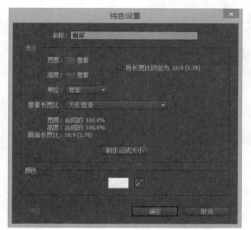

图10.1.22

03 在【时间轴】（Timeline）面板中选中新

创造的纯色层，选择【效果】（Effect）>【杂色和颗粒】（Noise&Grain）>【分形杂色】（Turbulent Noise）命令，在【效果控件】（Effect Controls）面板中设置参数，将【杂色类型】（Fractal Type）改为【动态】（Dynamic）；将【杂色类型】（Noise Type）改为【杂色】（Soft Linear）；勾选【反选】（Invert）选项。将【对比度】（Contrast）改为300，如图10.1.23所示。

04 在【时间轴】（Timeline）面板中选中"岩浆"层，将图层下【效果】（Effect）属性左边的小三角图标打开，展开该层的【分形杂色】（Turbulent Noise）属性。选择【偏移（湍流）】（Offset Turbulence）和【演化】（Evolution）属性，单击该属性左边的小钟表图标，为该属性设置关键帧动画。将时间指示器移动到0:00:00:00的位置，将【偏移（湍流）】（Offset Turbulence）属性设置为400，300；将【演化】（Evolution）设置为0X0.0，将时间指示器移动到0:00:05:00的位置，将【偏移（湍流）】（Offset Turbulence）属性设置为1000，600；将【演化】（Evolution）设置为5X 0.0，如图10.1.24所示。

05 在【时间轴】（Timeline）面板中，选择【效果】（Effect）>【颜色校正】（Color Correction）>【色光】Colorama命令，在【效果控件】（Effect Controls）面板中设置参数，将【使用预设调板】（Use Pre）改为【火焰】（Fire），如图10.1.25所示。

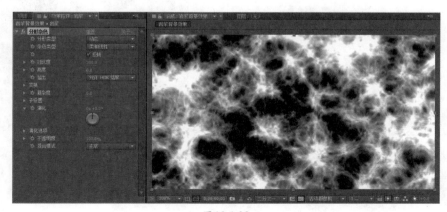

图10.1.23

图10.1.24

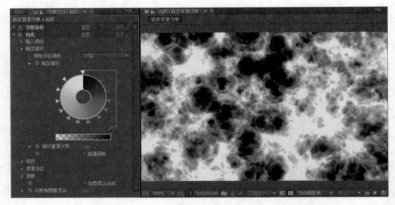

图10.1.25

06 按下小键盘上的"0"数字键，预览播放动画效果。可以看到岩浆涌动的效果，如图10.1.26所示。

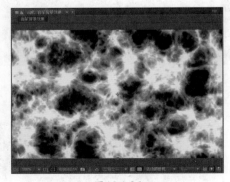

图10.1.26

10.1.5 云层背景

01 启动Adobe After Effects，选择【合成】（Composition）命令，弹出【合成】（Composition）对话框，创建一个新的合成面板，命名为"云雾背景效果"，设置控制面板参数，如图10.1.27所示。

02 按Ctrl+Y快捷键，新建一个【纯色】（Solid）层，设置颜色为灰色，命名为"光效"，如图10.1.28所示。

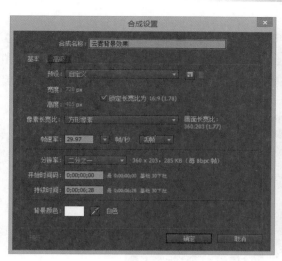

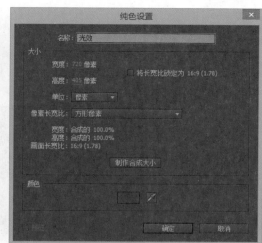

图10.1.27　　　　　　　　　　图10.1.28

03 选中该层，选择【效果】（Effect）>【杂色和颗粒】（Noise&Grain）>【分形杂色】（Turbulent Noise）命令，如图10.1.29所示。

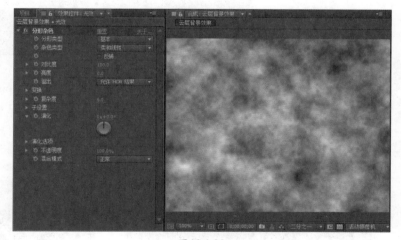

图10.1.29

04 修改【分形杂色】（Turbulent Noise）效果的参数，【分形类型】（Fractal Type）为【动态】（Dynamic）模式，【杂色类型】（Noise Type）为【柔和线性】）（Soft Linear）模式，加强【对比度】（Contrast）为200，降低【亮度】（Brightness）为-25，如图10.1.30所示。

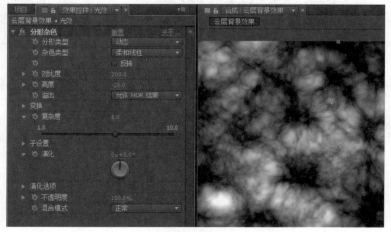

图10.1.30

05 在【时间轴】（Timeline）面板中展开【变换】（Transform）属性，为云层制作动画，勾选【透视位移】（Perspective Offset）选项，分别在时间起始处和结束处，设置【偏移（湍流）】（Offset Turbulence）值的关键帧，时间层横向运动，值越大运动速度越快。【演化】Evolution属性分别在时间起始处和结束处，设置关键帧，其值为5*+0.0。然后按下小键盘的数字键"0"，播放动画观察效果。云层在不断的滚动，如图10.1.31所示。

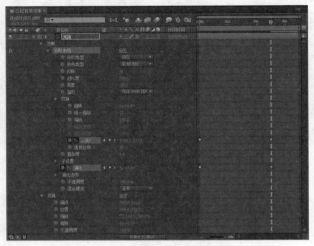

图10.1.31

06 使用□【蒙版工具】（Mask Tool），在【合成】（Composition）面板中创建一个矩形【蒙版】（Mask），并调整【蒙版羽化】（Mask Feather）值，使云层的下半部分消失，如图10.1.32所示。

07 选择【效果】（Effect）>【扭曲】（Distort）>【边角定位】（Corner Pin）命令，【边角定位】（Corner Pin）效果使平面变为带有透视的效果，在【合成】（Composition）面板中调整云层四角的圆圈十字图标的位置，使云层渐隐的部分缩小，产生空间的透视效果，如图10.1.33所示。

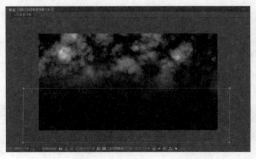
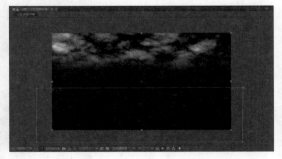

图10.1.32   图10.1.33

08 选择【效果】（Effect）>【色彩调整】（Color Correction）>【色相/饱和度】（Hue/Saturation）命令，为云层添加颜色。在【效果控件】（Effect Control）面板【色相/饱和度】（Hue/Saturation）效果下，勾选【彩色化】（Colorize）选项。使画面产生单色的效果，修改【着色色相】（Colorize Hue）的值，调整云层为蓝色，如图10.1.34所示。

09 选择【效果】（Effect）>【色彩校正】（Color Correction）>【色阶】（Levels）命令，为云层添加闪动效果。【色阶】（Levels）效果主要用来调整画面亮度，为了模拟云层中电子碰撞的效果，可以通过提高画面亮度模拟这一效果。设置【色阶】（Levels）效果的【直方图】（Histogram）的参数（移动最右侧的白色三角图标）。为了得到闪动的效果，画面加亮的关键帧和回到原始画面的关键帧的间隔要小一些，才能模拟出闪动的效果，如图10.1.35所示。

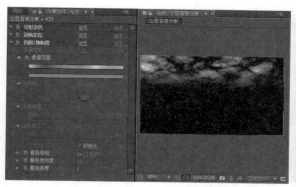

图10.1.34

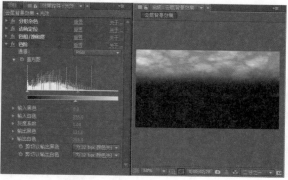

图10.1.35

10 最后再使用【效果】
（Effects）>【模拟】
（Simulation）>CCRainfall
效果，添加上一些下雨的
效果，使画面更加生动，
如图10.1.36所示。

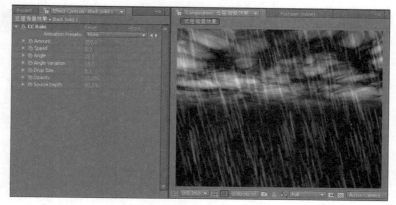

图10.1.36

10.1.6　发光背景

01 选择【合成】（Composition）>【新建合成】（New Composition）命令，新建一个【合成】
（Composition）（合成影片），设置如图10.1.37所示。

02 按Ctrl+Y快捷键，新建一个【纯色】（Solid）层，设置颜色为黑色，命名为"光线效果"，如
图10.1.38所示。

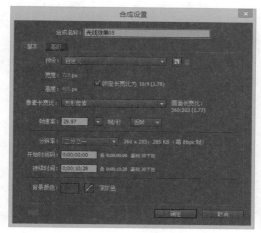

图10.1.37

图10.1.38

03 选中"光线效果"层，选择【效果】（Effect）>【杂色和颗粒】（Noise& Grain）>【湍流杂色】（Turbulent Noise）命令，设置【湍流杂色】（Turbulent Noise）效果属性参数，如图10.1.39所示。

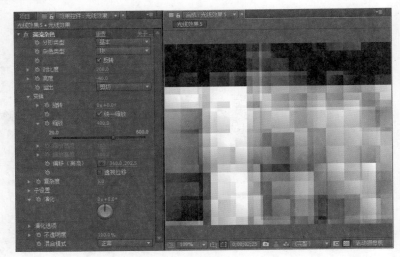

图10.1.39

04 选择【效果】（Effect）>【模糊和锐化】（Blur& Sharpen）>【方向模糊】（Directional Blur）命令，将【模糊长度】（Blur Length）的值调整成为100，对画面实施方向性模糊，使画面产生线型的光效，如图10.1.40所示。

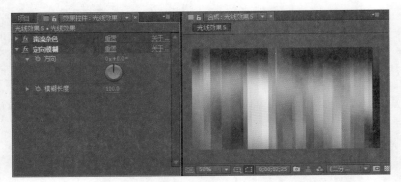

图10.1.40

05 下面调整一下画面的颜色，选择【效果】（Effect）>【颜色校正】（Color Correction）>【色相饱和度】（Hue/ Saturation）命令，我们需要的画面是单色的，所以要勾选【彩色化】（Colorize）选项，调整【着色色相】（Colorize Hue）的值为260，画面呈现出蓝紫色，如图10.1.41所示。

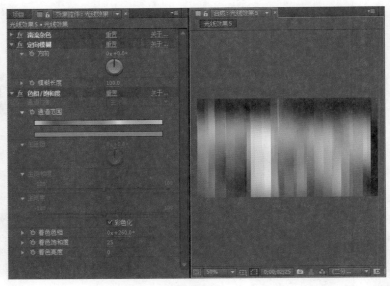

图10.1.41

06 选择【效果】（Effect）>【风格化】（Stylize）>【发光】（Glow）命令，为画面添加发光效果。为了得到丰富的高光变化，【发光颜色】（Glow Colors）设置为【A和B颜色】（A＆B Colors）类型，并调整其他相应的值，如图10.1.42所示。

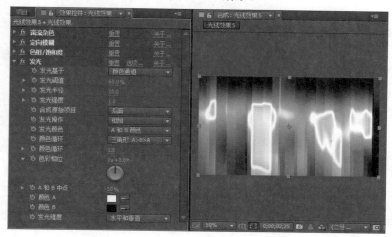

图10.1.42

07 选择【效果】（Effect）>【扭曲】（Distort）>【极坐标】（Polar Coordinates）命令，使画面产生极坐标变形，设置【插值】（Interpolation）值为100%，设置【转换类型】（Type Of Conversion）为【矩形到极线】（Rect to Polar）类型，如图10.1.43所示。

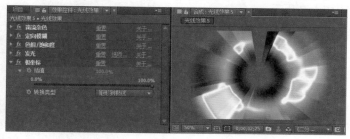

图10.1.43

08 下面为光效设置动画，找到【湍流杂色】（Turbulent Noise）效果的【演化】（Evolution）属性，单击属性左边的钟表图标，在时间起始处和结束处分别设置关键帧，如图10.1.44所示，然后按下小键盘的数字键“0”，播放动画观察效果。

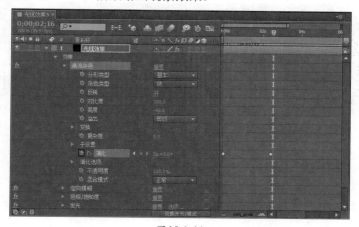

图10.1.44

09 我们一共使用了五种效果，根据不同的画面要求，可以使用不同的效果，最终所呈现的效果是不一样的。用户还可以通过【色相/饱和度】（Hue / Saturation）的【着色色相】（Colorize Hue）属性设置光效颜色变化的动画，如图10.1.45所示。

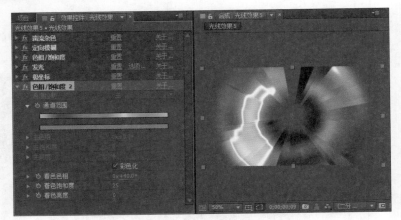

图10.1.45

10.1.7　动态背景

01 启动Adobe After Effects，选择【合成】（Composition）命令，弹出【合成】（Composition）对话框，创建一个新的合成面板，命名为"动态背景效果"，设置控制面板参数，如图10.1.46所示。

02 选择工具箱中的 T.【文字工具】（Type Tool）文字工具，系统会自动弹出【字符】（Character）文字工具属性面板，将文字的颜色设为白色，输入"。"（句号字符），形成一个个小方块。将其排列成一排，如图10.1.47所示。

03 将画面用"小方格"覆盖屏幕，调整字体行距，画面效果如图10.1.48所示。

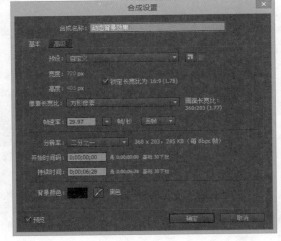

图10.1.46

04 随机的改变标点的颜色和色阶，使画面变成随机的方格，如图10.1.49所示。

图10.1.47

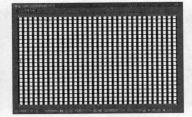

图10.1.48

图10.1.49

05 在【时间轴】（Timeline）面板中，选中文字层，展开【文本】（Text）属性，单击【动画】（Animate）属性右侧的三角图标，弹出属性菜单，选择【填充颜色】（Fill Color）>【色相】（Hue）命令，如图10.1.50所示。

06 在【时间轴】（Timeline）面板中，单击【动画】（Animator 1）属性右侧的【添加】（Add）菜单按钮，弹出属性菜单，选择【选择器】（Selector）>【摆动】（Wiggly）命令，如图10.1.51所示。

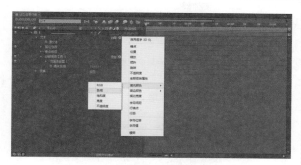

图10.1.50

图10.1.51

07 单击【填充色相】（Fill Hue）属性左侧的钟表图标，为该属性设置关键帧。将时间指示器移动到0:00:00:00的位置（也可以按下快捷键Alt+Shift+J，打开【转到时间】（Go to Time）控制面板，直接输入时间位置），将【填充色相】（Fill Hue）属性设置为5＊＋0.0。将时间指示器移动到0:00:05:00的位置，将【填充色相】（Fill Hue）属性设置为10＊＋0.0，如图10.1.52所示。

图10.1.52

08 按下数字键盘上的"0"数字键，对动画进行预览。可以看到方格出现了随机变化的动画效果，如图10.1.53所示。

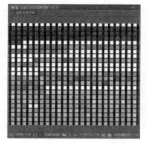

图10.1.53

09 在【时间轴】（Timeline）面板中，选择【新建】（New）>【纯色】（Solid）命令（或者按下快捷键Ctrl+Y），创建一个纯色层并将颜色修改为蓝色，如图10.1.54所示。

图10.1.54

10 在时间轴（Timeline）面板中将创建的纯色层放置在文字层的上面，将其融合模式调整为【相加】（Add）模式，如果找不到模式切换按钮，可以按下快捷键F4切换，如图10.1.55所示。

图10.1.55

11 观察画面，颜色被统一了起来，但还保有一定的原有色相，如图10.1.56所示。

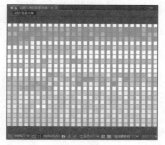

图10.1.56

12 在时间轴（Timeline）面板中选中多个层，按下快捷键Ctrl+Shift+C，创建一个新的【合成】（Composition），在弹出的【预合成】（Pre-compose）对话框中单击【确定】（OK）按键，如图10.1.57所示。

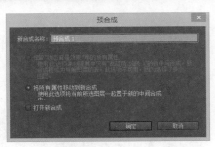

图10.1.57

13 选择工具箱中的⬭椭圆遮罩工具，在合成窗口画一个椭圆遮罩【遮罩1】（Mask1），在【时间轴】（Timeline）面板中，选中新的【合成】（Composition），展开其【遮罩1】（Mask1）的属性，修改【蒙版羽化】（Mask Feather）参数为200.0，将【蒙版】（Mask）的边缘做羽化处理，如图10.1.58所示。

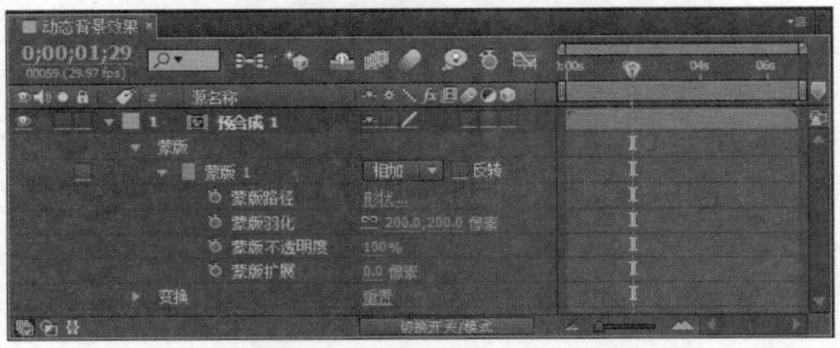

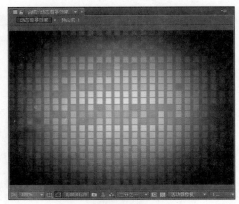

图10.1.58

14 按下小键盘上的"0"数字键，预览播放动画效果。可以看到方格在不断闪动，如图10.1.59所示。

图10.1.59

10.1.8　粒子文字

01 启动Adobe After Effects，选择【合成】

（Composition）>【新建合成】（New Composition）命令，弹出【合成设置】（Composition Settings）对话框，创建一个新的合成面板，命名为"粒子文字动画效果"，设置控制面板参数，如图10.1.60所示。

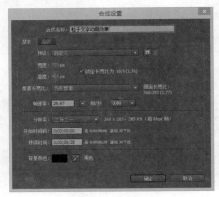

图10.1.60

02 选择【文件】（File）>【导入】（Import）>【文件】（File）命令，在【文件】（Project）面板中选中导入的素材文件，将其拖入【时间轴】（Timeline）面板，图像将被添加到合成影片中，在合成窗口中将显示出图像，如图10.1.61所示。

图10.1.61

03 选择【图层】（Layer）>【新建】（New）>【纯色】（Solid）命令（或者按下快捷键Ctrl+Y），创建一个纯色层，如图10.1.62所示。

04 在【时间轴】（Timeline）面板中选中新创建的纯色层，选择【效果】（Effect）>【模拟】（Simulation）>【粒子运动场】（Particle Playground）命令，将这个纯色层作为一个粒子发射场。在【效果控件】（Effect Controls）面板中设置参数，单击【粒子运动场】（Particle Playground）右边的【选项】（Option），如图10.1.63所示。

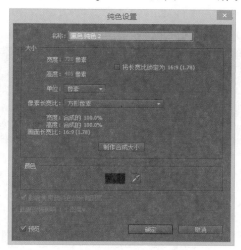

图10.1.62

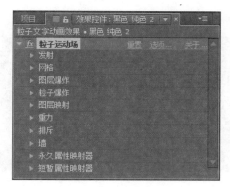

图10.1.63

05 在弹出的【粒子运动场】（Particle Playground）对话框中，选择【编辑发射文字】（Edit Cannon Text）选项按钮，如图10.1.64所示。

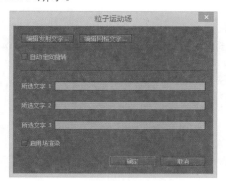

图10.1.64

06 在弹出的【编辑发射文字】（Edit Cannon Text）对话框中，输入数字"123456789"，如图10.1.65所示。

图10.1.65

07 在【效果控件】（Effect Control）面板中，将【位置】（Position）参数改为360，288；将【圆筒半径】（Barrel Radius）参数改为400.00；将【每秒粒子数】（Particles Per Second）参数改为60.00；将【方向】（Direction）参数改为0X0.0；将【速率】（Velocity）改为500.00；这些设置主要用于设置粒子的发射范围和速度，将【随机扩散方向】（Direction Random Spread）参数改为0.00使粒子以垂直方向直线运动。再将【颜色】（Color）修改为白色。按下小键盘上的"0"数字键，预览播放动画效果，数字粒子按照我们想要的方式运动，但时间一长，粒子会不断下落，如图10.1.66所示。

图10.1.66

08 在【效果控件】（Effect Control）面板中，将【重力】（Gravity）选项展开，将【力】Force改为0.00，也就是重力为零，这样粒子将不会再下落，会一直延发射线运动下去，如图10.1.67所示。

图10.1.67

09 观察画面，粒子是被不断发射出来的，也就是说在一开始的时候并不是布满屏幕的，我们需要调整一下，在【时间轴】（Timeline）面板中选择粒子所在层，将时间指示器移动到1秒的位置，观察画面，粒子已经布满屏幕，如图10.1.68所示。

图10.1.68

10 按下快捷键Ctrl+Shift+D，将粒子层剪断，选中前半段将其删除，再将后半段向前移动至时间起始处，如图10.1.69所示。

图10.1.69

11 在【时间轴】（Timeline）面板中选择粒子所在层，按下快捷键Ctrl+D，复制出一个新

的粒子层，将新层的时间指示器移动到1秒的位置，按下快捷键Ctrl+Shift+D，将粒子层剪断，选中前半段将其删除，再将后半段向前移动至时间起始处。最后将该层的【不透明度】Opacity属性改为40%，如图10.1.70所示。

图10.1.70

12 按下小键盘上的"0"数字键，预览播放动画效果，两个粒子层显现出简单的层次，如图10.1.71所示。

图10.1.71

13 在【时间轴】（Timeline）面板中选中复制的纯色层，选择【效果】（Effect）>【模糊和锐化】（Blur&Sharpen）>【高斯模糊】（Gaussian Blur）命令，在【效果控件】（Effect Contorls）面板中设置【高斯模糊】（Gaussian Blur）的【模糊度】（Blurriness）属性参数为3，如图10.1.72所示。

图10.1.72

14 按下数字键盘上的"0"数字键，对动画进行预览。数字产生了景深的效果，如图10.1.73所示。

图10.1.73

10.1.9 粒子光线

01 启动Adobe After Effects，选择【合成】（Composition）>【新建合成】（New Composition）命令，弹出【合成】（Composition）对话框，创建一个新的合成面板，命名为"光线效果01"，设置控制面板参数，如图10.1.74所示。

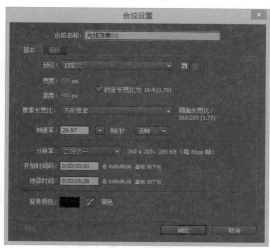

图10.1.74

02 在【时间轴】（Timeline）面板中，单击右键选择【新建】（New）>【纯色】（Solid）命令（或选择【图层】（Layer）>【新建】（New）>【纯色】（Solid）命令），创建一个纯色层并命名为"白色线

条"，将【宽度】（Width）改为2，将【高度】（Height）改为405，将【颜色】（Color）改为白色，如图10.1.75所示。

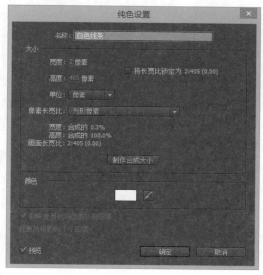

图10.1.75

03 在【时间轴】（Timeline）面板中，选择【新建】（New）>【纯色】（Solid）命令（或者按下快捷键Ctrl+Y），创建一个纯色层并命名为"发射器"，如图10.1.76所示。

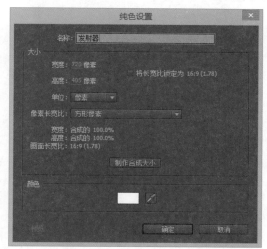

图10.1.76

04 在【时间轴】（Timeline）面板中选中"发射器"层，选择【效果】（Effect）>【模拟】（Simulation）>【粒子运动场】（Particle Playground）命令。按下小键盘上的"0"数字键，预览播放动画效果，如图10.1.77所示。

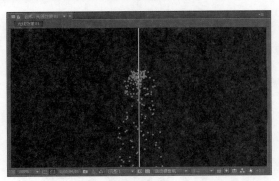

图 10.1.78

05 然后修改参数，在【效果控件】（Effect Controls）面板中设置参数，展开【发射】（Cannon）属性，将【圆筒半径】（Barrel Radius）改为400；【每秒粒子数】（Particles Per Sec）改为60.00；【随机扩散方向】（Direction Random Spread）改为20.00；【速率】（Velocity）改为130.00，如图10.1.79所示。

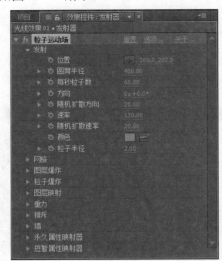

图 10.1.79

06 将【图层映射】（Layer Map）属性展开，将【使用图层】（Use Layer）改为"线条"。按下小键盘上的"0"数字键，预览播放动画效果。再将【重力】（Gravity）属性展开将【力】（Force）改为0，如图10.1.80所示。

07 在【时间轴】（Timeline）面板中选中"发射器"层，按下快捷键Ctrl+D复制该层，如图10.1.81所示。

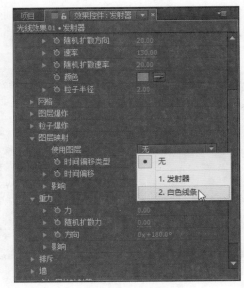

图 10.1.80

图 10.1.81

08 使用工具箱中的【旋转工具】（Rotation Tool），选中复制出来的"线条"层，在【合成】（Composition）面板中将其旋转180度。在【时间轴】（Timeline）面板中将"白色线条"层右侧的眼睛图标单击取消。按下小键盘上的"0"数字键，预览播放动画效果，如图10.1.82所示。

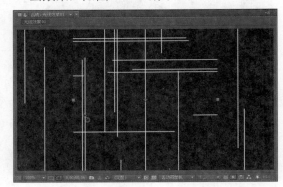

图 10.1.82

09 选择【图层】（Layer）>【新建】（New）>【调整图层】（Adjustment Layer）命令，将新建的调整层放置在【时间轴】

（Timeline）面板中最上层的位置，该层并没有实际的图像存在，只是对位于该层以下的层做出相关的调整，如图10.1.83所示。

中，将Preset改为Cold Heaven2内置效果，效果如图10.1.84所示。

图10.1.83

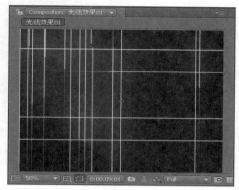

图10.1.84

10 在【时间轴】（Timeline）面板中选中【调整图层】（Adjustment Layer1）调节层，选择【效果】（Effect）>Trapcode>Statglow命令，在【效果控件】（Effect Controls）面板

10.2 拓展应用

10.2.1 粒子抖动

01 启动Adobe After Effects，在菜单栏中选择合成，在下拉列表中选择【新建项目】，弹出"合成设置"对话框，如图10.2.1所示。

项，选中素材单击导入按钮，如图10.2.2和图10.2.3所示。

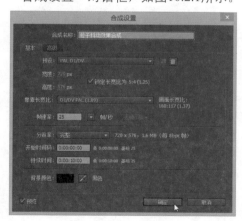

图10.2.1

图10.2.2

02 在菜单栏中选择文件，在下拉菜单中选择【文件】>【导入】>【文件】命令，弹出【导入文件】对话框（快捷键Ctrl+I）。或者移动鼠标到项目面板的空白区域双击，也可弹出【导入文件】对话框。选择需要的素材"蓝山"文件，在对话框的左下方【导入为】中将【素材】选项更改为【合成】选

图10.2.3

03 此时在项目窗口中出现所需要的素材文件夹及其合成，双击名为"蓝山"的合成文件，文件夹中的两个素材即刻在时间线面板中出现素材，如图10.2.4所示。

图10.2.4

04 选中"B/蓝山.psd"素材，单击鼠标右键，在下拉列表中选择【重命名】，将名字更改为bg，如图10.2.5所示。

图10.2.5

05 选择"After Effects CC/蓝山.psd"素材，单击菜单栏中的【图层】，在下拉菜单中选择【预合成选项】，该步骤是为了保存文件的完好，不会在编辑过程中得到直接的修改，同Photoshop中层与层之间互不影响的原理相一致。随即弹出"预合成"对话框，对该素材进行预合成，在新建合成名称区域中更改命名为"text"单击【确定】按钮，如图10.2.6所示。对预合成素材的进行【重命名】更改为"text"如图10.2.7所示

图10.2.6

图10.2.7

06 单击菜单栏中的图层，在下拉菜单中选择【新建】>【纯色】，弹出【纯色设置】对话框，在名称栏中命名为"particular"，单击【确定】按钮，如图10.2.8所示。

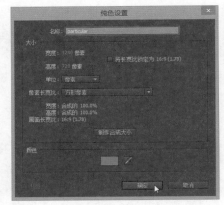

图10.2.8

07 在时间线窗口中，选中新建"Particular"层对其添加效果，单击菜单栏中的效果，在下拉菜单中选择【Trapcode】>【Particular】命令。选中text层，打开其三维层的开关按钮，如图10.2.9所示。

图10.2.9

08 单击"text"层左边的小三角形图标，在其隐藏列表选项中对缩放选项的数值进行更改，双击数值，即可进入更改模式，将数值调整为70，如图10.2.10所示。

图10.2.10

09 选中"Particular"层，右击选择【效果控制台】命令，单击即可出现"Particular"效果选项列表。在Emitter参数选项中，单击小三角图标，找到PositionXY参数选项，如图10.2.11所示。

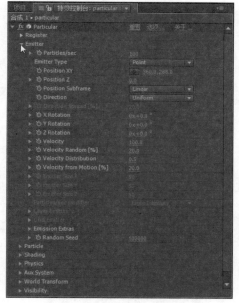

图10.2.11

10 按住Alt键单击PositionXY左侧的秒表，即可在时间线窗口中显现该效果的表达式相关选项，如图10.2.12所示。

图10.2.12

11 鼠标点住螺旋图标将其拖曳，在此过程中可见到一条黑色直线，将其连接到"text"层中的位置参数，如图10.2.13所示。

12 同理，回到"Particular"层的效果控制台，在PositionXY下方找到PositionZ，按Alt键单击秒表，在时间线窗口中找到其对应的螺旋图标，点住并拖曳到"text"层中Position选

项中的Z轴数值上，如图10.2.14所示。

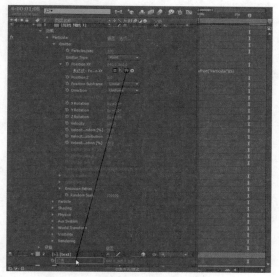

图10.2.13

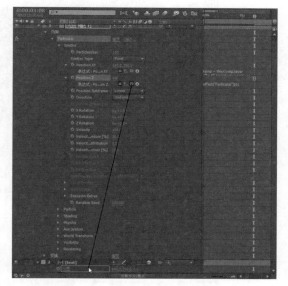

图10.2.14

13 前面的步骤是为了将particular层的粒子位置参数同text层位置参数绑定在一起，起到跟踪的效果。通过制作"text"层位置移动效果即可了解，我们可以看到以上步骤所形成的效果，将时间线指针移动到一秒位置，点下position选项左边的秒表，将指针移动到2秒位置，然后利用鼠标将"蓝山"素材移动位置，指针回到0秒位置单击空格键观看运动效果，如图10.2.15和图10.2.16所示。

图10.2.15

图10.2.16

14 选中"Particular"层，回到效果控制台窗口，在【Emitter】参数设置中，找到【Emitter Type】参数设置，单击Point出现下拉列表，选择【Box】，如图10.2.17所示。

15 该步骤是为了调整粒子的整体形状与素材相适应的，选择【Emitter】，将【Velocity】参数更改为0；【Emitter sizeX】更改为222；【Emitter sizeY】更改为167。【Emitter SizeZ】更改为62，如图10.2.18所示。

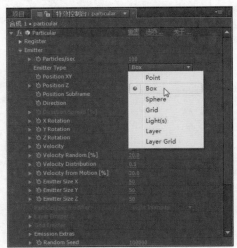
图10.2.17

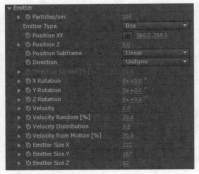
图10.2.18

16 选择【Emitter】中的【Particles/sec】参数，按住Alt键单击其秒表进入表达式模式，在时间线窗口中找到该选项。将其表达式内容中的Delete键删除，更改为"s="，保持表达式窗口在编辑状态，如图10.2.19所示。

图10.2.19

17 找到其对应的螺旋图标，拖曳到"text"层的Position选项上，然后可以看到表达式窗口中内容增加，并未就此结束，如图10.2.20所示。

18 在此基础上进行手动编辑，内容为："`.speed;If（s>400）{29*s;}else{0;}`"

到这里需要的表达式才算是完成，该表达式的作用在于将Particular中的粒子显现情况进行有效控制，如图10.2.21所示。

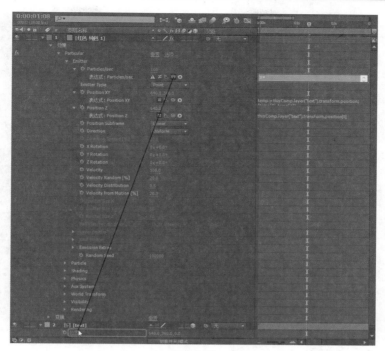

图10.2.20

图10.2.21

19 选中text层，指针回到0秒，删除位置参数中的关键帧，利用鼠标拖拉矩形框即可全选，按Delete
键将其删除，如图10.2.22所示。

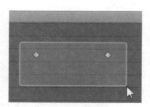

图10.2.22

20 在text层中，按住Alt键，单击该层的Position参数对应的秒表进入表达式编辑模式，将其内容更
改为："wiggle（8,50）"。该表达式给text层添加一个摇摆抖动的效果。然后选中Particular层，
在该层的最左边有一个眼睛的小图标，单击图标让其更改为不可见模式，如图10.2.23所示。这样
更有利于对text层所做表达式的效果进行了解。

图10.2.23

21 指针对到零秒位置，按空格键，在预览窗口中观看"text"层的表达式的抖动效果。

图10.2.24

22 为"text"层添加效果，选中该层，在菜单中单击效果，在其下拉列表中选择【表达式控制】>【滑块控制】命令。回到text层的Position表达式中，单击进入编辑状态，将内容中的"50"删除，保持编辑状态，如图10.2.24所示。

23 拖曳其对应的螺旋图标链接到效果控制台窗口中【滑块控制】下的【光标】选项，如图10.2.25所示。该步骤是为了通过表达式对Particular层中的粒子量及其显现效果进行控制，如图10.2.26是text层的表达式。

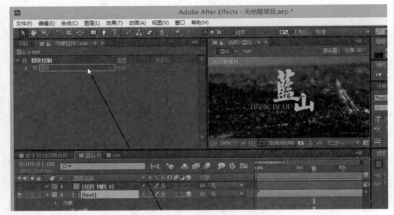

图10.2.25

24 点开"Particular"层的眼睛图标，并观察"text"层的表达式内容，以及预览窗口中的效果情况，在该阶段来看并没有任何效果显现，因为我们仍未对其做控制动画，故默认状态为0，下面我们通过修改参数来对粒子进行有效的控制，如图10.2.27所示。

图10.2.26

25 移动指针到一秒钟位置，在效果控制台中单击【滑块控制】下光标参数旁的秒表，然后将指针移动到1.3秒的位置，将光标选项的数值更改为65，如图10.2.28所示。

图10.2.27

图10.2.28

26 移动指针到2秒钟位置，将光标选项的数值更改为0，如图10.2.29所示。

图10.2.29

27 指针回到0秒位置，按空格键观看效果，如图10.2.30所示。

图10.2.30

28 下面的步骤，就开始对Particular层中的【Particular】命令进行参数上的控制，力求达到所需要的粒子表现效果。选中"Particular"层，在其效果控制台中调整参数设置，单击【Particle】的小三角图标，在其参数【Size over Life】中单击其小三角图标，选择参数右侧第二个样式，选择该样式是为了让粒子的显现过程是一个由多到少递减的效果，如图10.2.31所示。

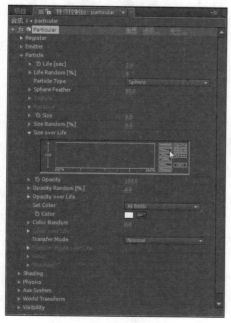

图10.2.31

29 同理，在【Particle】中的参数设置中找到【Opacity over Life】参数，选择参数设置右侧第三个样式，该参数设置是为了控制粒子在显现过程中的透明度状况，图中的红色区域代表着粒子的不透明程度，红色越多的区域表示粒子不透明度越高，如图10.2.32所示。

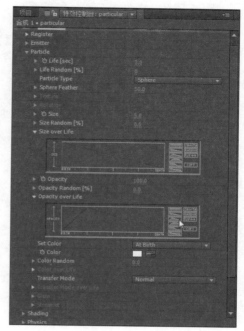

图10.2.32

30 在【Opacity over Life】参数的下方找到【Set Color】参数，选择【Over Life】命令，如图10.2.33所示。

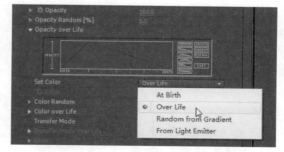

图10.2.33

31 在【Particle】参数设置里找到【Color over Life】参数，单击其小三角图标，选择所需要的颜色渐变效果，该步骤是为了让粒子显现出我们所希望制作的粒子效果颜色，如图10.2.34所示。

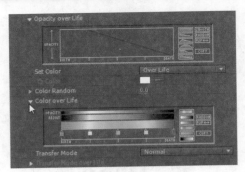

图10.2.34

32 双击渐变条的滑块,即可弹出"颜色选择"对话框,从中找到所需要的颜色,移动滑块的位置可以调整颜色的渐变区域,将滑块向下拖即可删除滑块,单击滑块平行区域即可增加新的滑块对粒子进行颜色上的控制,如图10.2.35所示。

图10.2.35

33 观察预览窗口中粒子的颜色,对粒子添加蓝紫色的渐变效果,通过运用渐变能在视觉上表现出颜色的丰富,画面不显得单调。在【Color over Life】下方找到【Transfer Mode】参数,单击【Normal】,在其下拉列表中选择【Screen】,通过混合模式的选择可以让画面更加具有层次感,视觉中心是明亮的水蓝,周围是相对暗淡而神秘的紫罗兰,营造出有感染力的视觉效果,如图10.2.36所示。

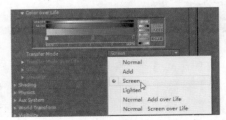

图10.2.36

34 观察预览窗口中粒子的颜色,如图10.2.37

所示。

图10.2.37

35 选择【Physics】>【Air】>【Turbulence Field】>【Affect Position】命令,将其数值更改为500,如图10.2.38所示。

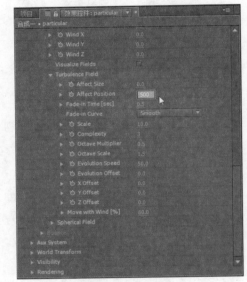

图10.2.38

36 观察预览窗口中粒子的形态变化,如图10.2.39所示。

图10.2.39

37 在【Physics】参数设置中找到【Life[sec]】参数,将数值更改为1,如图10.2.40所示。

图10.2.40

38 在【Emitter】参数设置中找到【Velocity from Motion】参数，将数值更改为60，如图10.2.41所示。

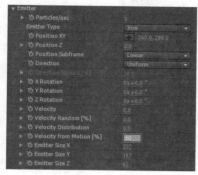

图10.2.41

39 观察预览窗口中粒子的形态变化，如图10.2.42所示。

图10.2.42

40 这里是我们调整粒子显现效果的最后一个步骤，在【Rendering】参数设置中找到【Motion blur】选项，单击【Comp Settings】参数，在其下拉列表中选择【On】，如图10.2.43所示。

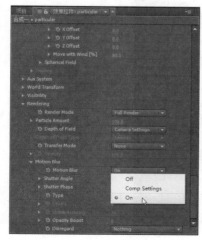

图10.2.43

41 回到text层中，调整该层透明度数值，将指针移动至1.2秒，将不透明度选项的数值更改为"0"，将指针移动至1.4秒，将不透明度选项的数值更改为"100"，如图10.2.44所示。

图10.2.44

42 选中text层，单击小三角图标找到【滑块控制】效果，将指针移动至3秒位置，在时间线窗口中该效果最左边有一个菱形的凹嵌按钮，单击此按钮，3秒钟位置出现关键帧且该关键帧的参数同前一关键帧的参数相同，如图10.2.45所示。

图10.2.45

43 同理，将指针移动至3.3秒位置上，单击菱形的凹嵌按钮，双击出现在3.3秒位置上的关键帧，弹出光标对话框，将对话框中的数值更改为65，如图10.2.46所示。

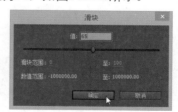

图10.2.46

44 将指针移动至4秒位置上，单击菱形的凹嵌按钮，双击出现在4秒位置上的关键帧，弹出光标对话框，将对话框中的数值更改为0。回到text层的透明度选项上，在3.7秒的位置上，不透明度更改为100，在3.9秒的位置上不透明度数值更改为0，如图10.2.47所示。

45 该效果做到这里已经结束，将指针调回0秒钟，按空格键观看制作效果，如图10.2.48所示。

图10.2.47

图10.2.48

46 将做好的例子保存，选择【文件】>【保存】命令，弹出【另存为】对话框，将文件保存到想要保存的位置，如图10.2.49所示。

图10.2.49

47 这一步是将我们制作好的效果进行渲染，选择【图像合成】>【添加到渲染队列】命令，在时间线窗口中显现渲染窗口，对渲染进行参数设置，双击渲染窗口中的【输出组件】对应的【无损】，如图10.2.50所示。

图10.2.50

48 在弹出的【输出模块设置】窗口中进行设置，主要选项的【格式】区域中选择Quickt

ime，如图10.2.51所示。

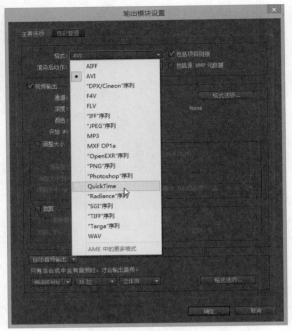

图10.2.51

49 弹出【Quick Time选项】对话框，在视频编解码器下拉列表中选择H.264，如图10.2.52所示。

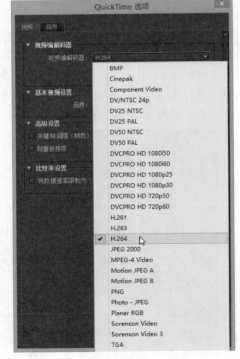

图10.2.52

50 双击渲染窗口中【输出到】
对应的【合成1.mov】，如
图10.2.53所示。

图10.2.53

51 在【输出影片为】对话框
中设置影片输出的位置，
如图10.2.54所示。

图10.2.54

52 单击渲染，操作完成，如
图10.2.55所示。

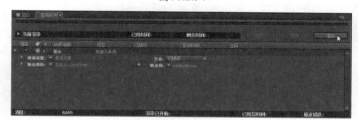

图10.2.55

10.2.2 光线粒子

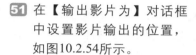

01 运行软件After Effects，选
择【合成】>【新建合成】
命令，弹出【合成设置】
对话框，将合成名称更改
为"光线中的粒子"，持
续时间设置为0：00：10：
00，如图10.2.56所示。

图10.2.56

02 选择【文件】>【导入】命令，弹出【导入文件】对话框，选中所需要的素材，单击导入将其导入到AE项目面板中，如图10.2.57所示。

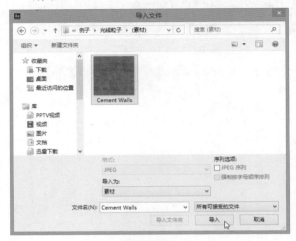

图10.2.57

03 选中素材层，修改缩放参数项，将数值更改为55，如图10.2.58所示。

图10.2.58

04 选中该素材层，选择【效果】>【颜色校正】>【曲线】命令，对该层添加【曲线】效果，在效果控制件面板中对曲线进行编辑，利用鼠标单击曲线的中心处并往下拖曳，如图10.2.59所示。此时可以看到画面整体变暗，如果往上拖曳画面整体变亮。

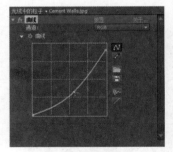

图10.2.59

05 在工具栏中选择文字工具，单击合成窗口进入文字编辑模式，输入字母"AFTER EFFECT CC"，文字的参数设置如图10.2.60所示。

图10.2.60

06 在菜单栏中选择字符命令，即可出现字符面板，选中文字层，单击字符面板的色块，为文字更换颜色，如图10.2.61所示。

图10.2.61

07 对文字层进行【预合成】命令，选择【图层】>【预合成】命令，将"新合成名称"更改为"text"，如图10.2.62所示。

图10.2.62

08 选择【图层】>【新建】>【调整图层】命令（快捷键Ctrl+Shift+Y），为调整层添加曲线效果，在窗口中选择【效果和预设】命令，弹出【效果和预设】面板，在搜索框中输入"曲线"，如图10.2.63所示。

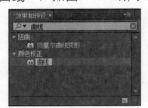

图10.2.63

09 在该面板中的空白区域会自动显现曲线命令，这样更加便于查找和使用，利用鼠标单击并拖曳【曲线】命令图标至"调整图层"上，即可对其添加【曲线】命令，如图10.2.64所示。

图10.2.64

10 利用曲线工具为调整层进一步降低曝光度，如图10.2.65所示。

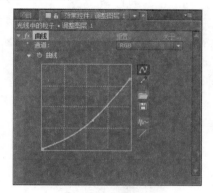

图10.2.65

11 在工具栏中利用鼠标点住矩形工具不放，直到跳出矩形工具的隐藏列表，在列表中选择"椭圆工具"，并对调整图层绘制椭圆遮罩，如图10.2.66所示。

图10.2.66

12 回到时间线面板中，选中并展开调整图层中的子参数选项，找到蒙版对应的参数项，勾选"反转"参数项，并修改"蒙版羽化"值为171，如图10.2.67所示。

图10.2.67

13 在合成窗口中预览效果，如图10.2.68所示。

图10.2.68

14 选择【图层】>【新建】>【纯色】命令，弹出纯色设置对话框，更改名称为smoking，单击【确定】按钮，如图10.2.69和图10.2.70所示。

图10.2.69

图10.2.70

15 单击效果控件面板中Grid&Guides旁边的小三角形图标，展开该命令的隐藏参数选项，取消Grid的勾选，再单击小三角图将Grid&Guides的子参数选项隐藏，如图10.2.71所示。

图10.2.71

16 找到并展开Particle参数项，在Particle Type选框中选择Faded Sphere选项，选择所需要的粒子类型，如图10.2.72所示。

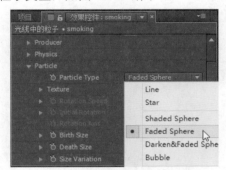

图10.2.72

17 调整粒子的分布情况，对以下参数进行修改，Velocity更改数值为0，Gravity更改数值为0。这两项参数分别控制着Particle的粒子发射速率和方向，如图10.2.73所示。

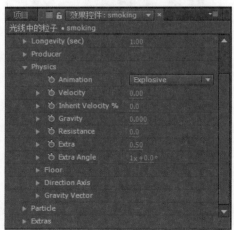

图10.2.73

18 在合成面板中进行预览，如图10.2.74所示。

图10.2.74

19 在Producer参数项中，改变粒子的分布状况，分别对以下参数进行修改，分别控制着粒子在X Y Z轴的分布距离，Radius X:0.865 RadiusY：0.365 Radius Z：1.125，如图10.2.75所示。

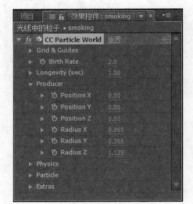

图10.2.75

20 在合成面板中进行预览，如图10.2.76所示。

图10.2.76

21 在Particle选项中单击旁边的小三角将其隐藏参数选项展开，将Birth Size数值更改为

2.000，Death Size数值更改为2.000，并对Birth color 、Death color进行颜色调整，颜色分别为浅灰色和蓝灰色，如图10.2.77和图10.2.78所示。

图10.2.77   图10.2.78

22 将参数Birth Rate更改为2.0，Longevity（sec）更改为2，该步骤可以通过控制Particle的数量和持久度，如图10.2.79所示。

23 在合成面板中按空格键进行动画预览，如图10.2.80所示。

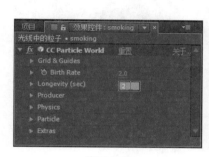

图10.2.79   图10.2.80

24 在时间线面板中选中smoking层，并对该层执行【效果】>【扭曲】>【网格变形】命令，在效果控件中对其参数进行修改，行数、列数均可设置为3，如图10.2.81所示。

25 在合成窗口中，利用鼠标对网格交叉点进行拖曳变形，达到一种扭曲流动的效果，如图10.2.82所示。

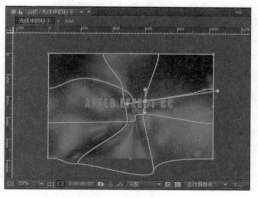

图10.2.81   图10.2.82

26 在时间线面板中选中smoking，更改其不透明度参数为16%，可以在合成窗口中看到一种附着在背景图上的光影斑驳流动的效果，参数设置如图10.2.83所示。

图10.2.83

27 选择【图层】>【新建】>【纯色】命令，弹出"纯色设置"对话框，更改名称为"particle"，单击【确定】按钮，如图10.2.84所示。

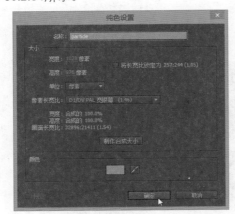

图10.2.84

28 对"particle"层执行【效果】>【模拟】>【CC Particle world】命令，该步骤是利用particle制作光线中的粒子，particle是一个功能非常强的效果，能够通过调整其参数制作多样的粒子效果，如图10.2.85所示。

图10.2.85

29 展开Particle参数项，在Particle Type选框中选择所需要的粒子类型为Faded Sphere，如图

10.2.86所示。

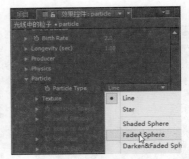

图10.2.86

30 调整粒子的分布情况，对以下参数进行修改，Velocity更改为0.00，Gravity更改为0.000。这两项参数分别控制着Particle的粒子发射速率和方向，如图10.2.87所示。

图10.2.87

31 在Producer参数项中，改变粒子的分布状况，分别对以下参数进行修改，Radius X:0.565 RadiusY：0.505 Radius Z：2.795，这些参数控制着粒子在X Y Z轴的分布距离，如图10.2.88所示。

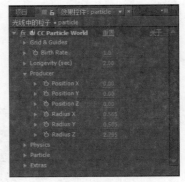

图10.2.88

32 将参数Birth Rate更改为1.0，Longevity（sec）更改为2，如图10.2.89所示。

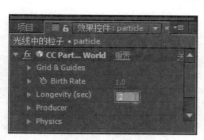

图10.2.89

33 找到Particle参数选项，打开隐藏的参数项，对各项参数进行更改，该步骤的作用在于控制起始和结尾粒子的大小，并且将Birth Color 和Death Color替换成米黄色和土黄色，如图10.2.90所示。

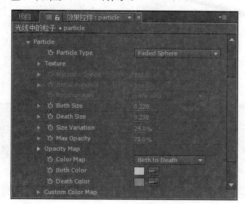

图10.2.90

34 在合成面板中按空格键进行动画预览，如图10.2.91所示。

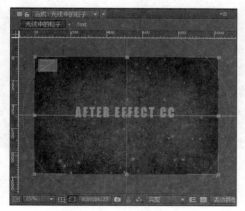

图10.2.91

35 前面的步骤已经把基本的背景效果，粒子光制作完成，下面我们开始制作光线效果。选择【图层】>【新建】>【纯色】命令，弹出【纯色设置】对话框，更改名称为"light"，

单击【确定】按钮，如图10.2.92所示。

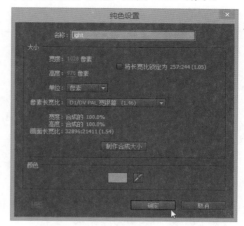

图10.2.92

36 在时间线面板中选中light层，对该层执行【效果】>【杂色和颗粒】>【分形杂色】命令，通过该效果来制作光线的效果，如图10.2.93所示。

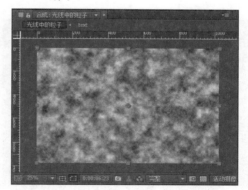

图10.2.93

37 在效果控件面板中，对【分形杂色】的各项参数进行更改，找到变换参数选项，打开隐藏参数的三角图标，将"统一缩放"栏取消勾选，此时 "缩放宽度"和"缩放高度"被激活，如图10.2.94所示。

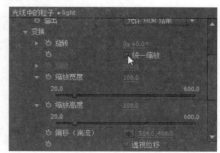

图10.2.94

38 调整其参数，将"缩放宽度"数值更改为
65.0，"缩放高度"更改为1757.0，在对比
度项中，将对比度改为244.0，对比度下方的
亮度数值改为-38.0，如图10.2.95所示。

图10.2.95

39 在合成面板中观察修改参数后的效果，如图
10.2.96所示。

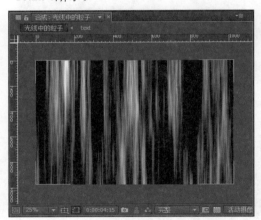

图10.2.96

40 在时间线面板中选中light层，对该层执行
【效果】>【过渡】>【线性擦除】命令，将
擦除角度改为0+0.0°，并且将羽化参数的
数值更改为218.0，如图10.2.97所示。

图10.2.97

41 在合成面板中观察改变后的效果，如图
10.2.98所示。

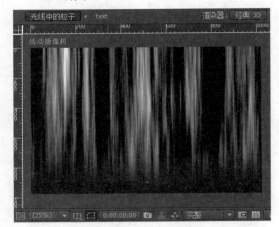

图10.2.98

42 在时间线面板中，将light层的三个开关打
开，对图层进行位置上的编辑，如图10.2.99
所示。

图10.2.99

43 在工具栏中选择【旋转工具】，将鼠标移
至合成面板中，在light层中对Y轴进行旋转，
并调整其位置大小，如图10.2.100所示。

图10.2.100

44 选择light层，回到效果控制台，下面开始对
light进行表达式的设定，使得light演化效果
更接近于光线的变化，在分形杂色参数项
中，找到演化参数项，按住Alt键并单击演
化左边的秒表，使演化参数项进入到编写表
达式模式，将表达式："time*100+500"输
入在框中，如图10.2.101所示。

图10.2.101

45 选择【图层】>【新建】>
【摄像机】命令，在弹出
的【摄像机设置】对话框
中单击【确定】按钮，如
图10.2.102所示。

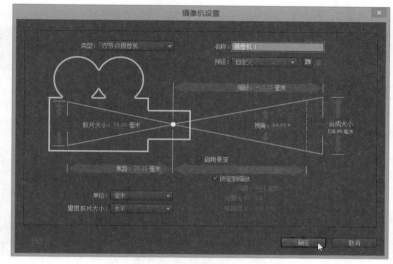

图10.2.102

46 在时间线窗口中将各个图
层的三维开关都打开，便
于后面摄像机对画面的控
制，如图10.2.103所示。

图10.2.103

47 下面进一步对light进行编
辑，使其更接近于光线直
射的效果。在时间面板中
找到图层名称栏，在该
栏的空白区域里单击鼠标
右键，在下拉列表中选择
【列数】>【模式】命令，
可以看到该栏中新增了一
项参数【模式】，如图
10.2.104所示。

图10.2.104

48 选择light层，单击其对应的模式参数项，在下拉列表中选择屏幕，这样可以通过层混合的方式将light同下方的图层更好的契合，画面也显得更为统一，如图10.2.105所示。

图10.2.105

49 在合成窗口中预览层混合后的画面效果，如图10.2.106所示。

图10.2.106

50 选择light层，选择【编辑】>【重复】（快捷键Ctrl+D），并且选中light1和light2层，进行预合成命令，选择【图层】>【预合成】命令，随机弹出预合成面板，将名称更改为light，单击【确定】按钮，如图10.2.107所示。

图10.2.107

51 我们发现一旦对图层模式发生改变的层进行预合成，那么图层模式效果便不复存在，在时间线面板中，找到"对于合成图层折叠变换"图标，单击light合成层所对应的图标选项，可以在合成的情况下仍能看见图层的混合效果，如图10.2.108所示。

图10.2.108

52 选择light合成层，选择【编辑】>【重复】命令，得到light2合成层，将light合成1层放置在Particle层上方，下面开始进入重要且关键的一个步骤，选中"Particle层"，单击其轨道遮罩栏对应项，在下拉列表中选择"亮度遮罩[light]"选项，观察合成面板中Particle层中的粒子的显现情况，该步骤是将Light的两部分区域作为遮罩，罩住了light1合成层，故Particle层中的粒子只能在light层中有光线的地方显现，如图10.2.109所示。

图10.2.109

53 选中light2合成层，修改该层的不透明选项为56%，如图10.2.110所示。

图10.2.110

54 为light2合成层执行【效果】>【颜色校正】>【色相/饱和度】命令，在效果控件中勾选"彩色化"参数项，设置"着色色相"为35，"着色饱和度"为9，如图10.2.111所示。

图10.2.111

55 光线中的粒子效果到这里已经基本完成，在合成面板中观察并预览效果，如图10.2.112所示。

图10.2.112

56 最后，双击text层回到文字原始层，对文字内容进行编辑，如图10.2.113所示。

图10.2.113

57 返回光线中的粒子合成，可以看到即使将文字内容发生了改变，这也是预合成的方便之处，以便于对内容的进一步修改，如图10.2.114所示。

图10.2.114

58 下面开始对摄像机进行控制，将指针移至0秒位置，更改摄像机位置参数Z轴为−399.0，将指针移至2秒位置，Z轴为−426.0，将指针移至7.5秒位置，Z轴为−660.0，将指针移至9秒位置Z轴为−680.0，如图10.2.115所示。

图10.2.115

59 以上就是该效果制作步骤，后面将制作好的动画进行渲染输入，选择【合成】>【添加到渲染队列】命令，如图10.2.116所示。

图10.2.116

60 在时间线面板中出现渲染面板，双击"输出模块"的"无损"参数项，随即可弹出输出模块，选择格式参数项Quick Time格式，单击【确定】按钮，如图10.2.117所示。

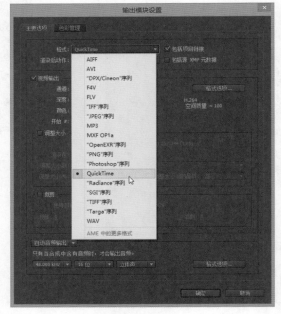

图10.2.117

61 单击"输出到"的"光线中的粒子"参数项，随即可弹出【将影片输出到】对话框，输入文件名，单击【保存】按钮，如图10.2.118所示。

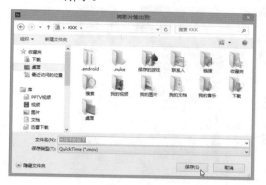

图10.2.118

62 回到渲染面板，单击【渲染】按钮等待渲染完成，如图10.2.119所示。

图10.2.119

10.2.3 光环旋转

01 运行软件After Effects，选择【合成】>【新建合成】命令，弹出【合成设置】对话框，将合成名称更改为"光环转动"，【持续时间】设置为7秒，如图10.2.120所示。

图10.2.120

02 选择【文件】>【导入】命令，弹出【导入文件】对话框。利用鼠标拖曳出矩形选区框将我们所需要的多个素材进行选中，单击导入即可导入到AE项目面板中，如图10.2.121和图10.2.122所示。

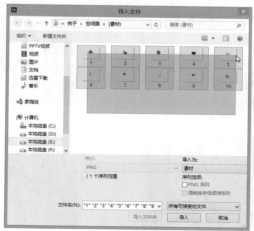

图10.2.121

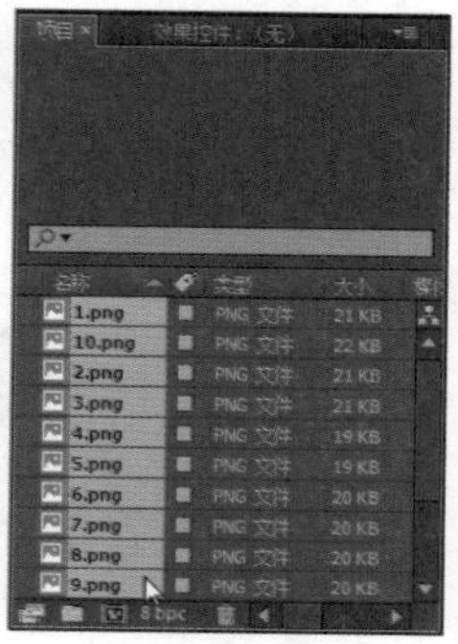

图10.2.122

03 在项目面板中，选中第一个素材，按住Shift键选中最后一个素材层将所有素材选中，利用鼠标拖曳至时间线面板，如图10.2.123所示。

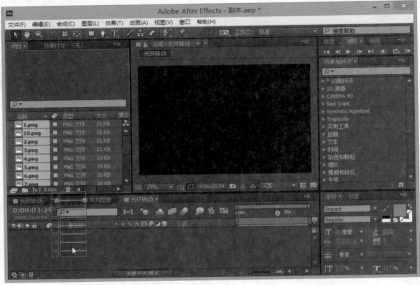

图10.2.123

04 在合成面板中为了更好地观察素材在面板中的显现情况，在面板下方单击"切换透明网格"图标，如图10.2.124所示。

图10.2.124

05 在时间线面板中对所有素材进行全选，选择【动画】>【关键帧辅助】>【序列图层】命令，弹出【序列图层】对话框，单击【确定】按钮，如图10.2.125所示。

图10.2.125

06 选中最末端的那个素材，按快捷键O，可以看到指针自动移至该素材的最末端，然后按快捷键N，可以发现"工作区域结尾端"移动至时间线位置，在对素材进行编辑的过程中如果我们只是通过手动调节无法精确到点，熟练掌握快捷键的使用能够使我们工作更加的方便快捷。在"工作区域"中单击鼠标右键在下拉列表中选择【将合成修剪至工作区域】命令，如图10.2.126和图10.2.127所示。

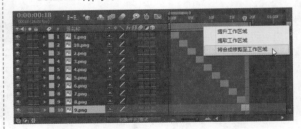

图10.2.126

图10.2.127

07 选中所有素材层，选择【图层】>【预合成】命令，如图10.2.128所示。

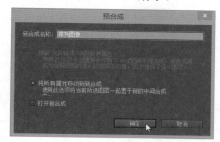

图10.2.128

08 选择【合成】>【合成设置】命令，弹出"合成设置"对话框，将持续时间更改为7秒，单击【确定】按钮，如图10.2.129所示。

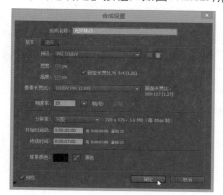

图10.2.129

09 将序列图像合成层的眼睛图标 取消，使该层不可见。对素材进行整理过后，我们开始学习通过Form插件制作光圈旋转效果。选择【图层】>【新建】>【纯色】命令，弹出【纯色设置】对话框，将名称更改为"form光球"，如图10.2.130所示。

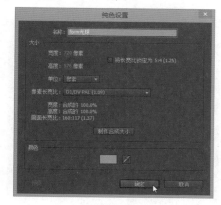

图10.2.130

10 在合成窗口中观察效果，如图10.2.131所示。

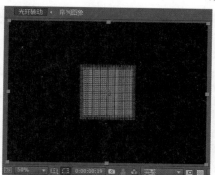

图10.2.131

11 选择【窗口】>【效果控件】命令，找到"效果控件"面板，在该面板中对Form进行参数设置。找到"Base Form"参数项，单击该参数旁的小三角图标，将其隐藏的子参数展开，在"Base Form"参数项对应的"Box Grid"下拉列表中选择"Sphere-Layered"选项，如图10.2.132所示。

图10.2.132

12 对下列参数进行更改，该步骤是为了调整参数得到我们所需要的Form形状，如图10.2.133所示。

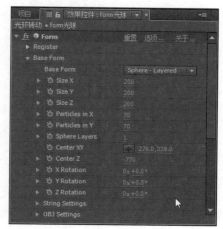

图10.2.133

13 在合成窗口中观察效果，如图10.2.134所示。

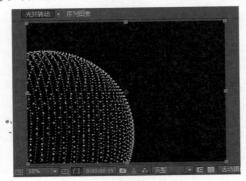

图10.2.134

14 将Base Form的子参数项隐藏，找到"Particle"参数项，展开其子参数选项，在"Particle Type"对应的"Sphere"中的下拉列表中选择"Sprite Fill"，如图10.2.135所示。

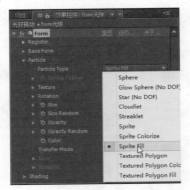

图10.2.135

15 在Particle的子参数中找到"Texture"参数项并展开，在"Layer"对应的无选框中选择"序列图像"层，如图10.2.136所示。

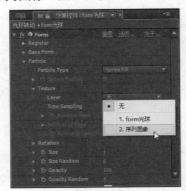

图10.2.136

16 在"Layer"下方找到"Time Sampling"所对应的"Current Time"，在其下拉列表中

选择"Random-Still Frame"，使得之前制作的form球组成元素由粒子点被序列图像中的各种元素所代替，如图10.2.137所示。

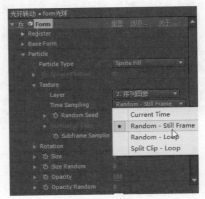

图10.2.137

17 上面步骤讲到form球的组成由序列图像的元素组成，下面我们对form球进一步编辑调整，设置"Size"为34，"Size Random"为100，如图10.2.138所示。

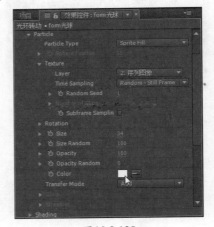

图10.2.138

18 在合成窗口中观察效果，如图10.2.139所示。

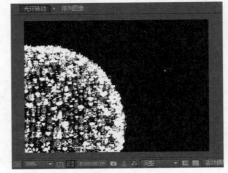

图10.2.139

19 在"Opacity Random"参数下方找到"Color"选项，单击白色色块，随即弹出"Color"对话框，选择颜色为FA7805，单击"确认"按钮，如图10.2.140所示。

图10.2.140

20 在合成窗口中观察效果，如图10.2.141所示。

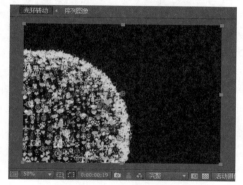

图10.2.141

21 下面我们开始通过form制作光圈效果，选择【图层】>【新建】>【纯色】命令，随即弹出【纯色设置】对话框，将名称更改为"外光圈"，单击【确定】按钮，如图10.2.142所示。

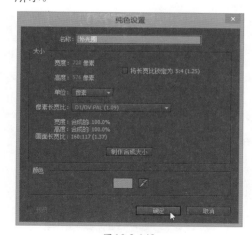

图10.2.142

22 为了便于我们对form物体位置的观察，选择多个视角对物体进行观察，在合成面板中，在其下方单击"视图布局"按钮，在下拉列表中选中【4个视图—左侧】，在合成面板中即在其左侧出现另外三个视图，每个视图的角度都是不一样的，如图10.2.143所示。

图10.2.143

23 选中外光圈层，在效果控件面板中对其Form效果进行参数修改，展开"Base Form"对应的"Sphere-Layered"，选择form类型，如图10.2.144所示。

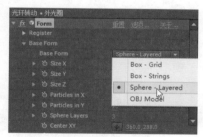

图10.2.144

24 在"Base Form"下方更改下列参数，使其光圈的形状和位置正好环绕着form球，如图10.2.145所示。

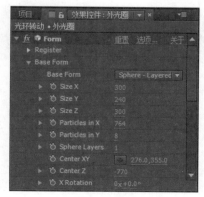

图10.2.145

25 展开"Particle"参数项，如图10.2.146和图 10.2.147所示。

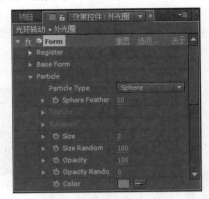

图10.2.146

图10.2.147

26 在合成窗口中观察效果，如图10.2.148所示。

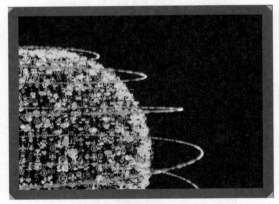

图10.2.148

27 为了让画面层次感更为丰富，通过制作内光圈对form球进行环绕。选择【图层】>【新建】>【纯色】命令，弹出【纯色设置】对话框，将名称更改为"内光圈1"，如图10.2.149所示。

28 制作原理同外光圈的操作基本一致。首先，展开"Base Form"对应的"Sphere-

Layered"，选择form类型。在"Base Form"下方更改参数，使之光圈的形状和位置正好环绕着form球，如图10.2.150所示。

图10.2.149

图10.2.150

29 展开"Particle"参数项，更改参数，如图10.2.151和图10.2.152所示。

图10.2.151

图10.2.152

30 选中内光圈1，选择【编辑】>【重复】命令，得到内光圈2，对其位置进行调整，如图10.2.153所示。

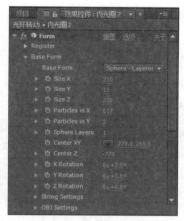

图10.2.153

31 下面给已经制作好的form球的内光圈和外光圈添加运动动画。将指针移至0秒位置时，在时间线面板中找到form球层的"Base Form"下的子参数Y Rotation，单击该参数，把指针移至6秒位置，将数值调整为：-138。

32 外光圈的运动同form球层的运动相同，将Form球层的关键帧框选复制，选中外光圈层，按Ctrl+V快捷键将复制好的关键帧进行粘贴，如图10.2.154所示。

图10.2.154

33 给两个内光圈层添加运动，使内光圈层的运

动方向同外光圈层的运动方向正好相反，这样能够使画面的运动效果更为丰富。将指针移至0秒位置时，在时间线面板中找到内光圈层的"Base Form"下的子参数Y Rotation，单击该参数秒表，把指针移至6秒位置，将数值调整为：138，如图10.2.155所示。

图10.2.155

34 在合成窗口中按空格键预览运动效果，如图10.2.156所示。

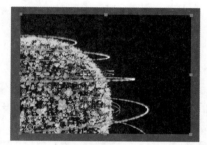

图10.2.156

35 建立灯光层，使得画面有明暗对比而且画面有纵深感。选择【图层】>【新建】>【灯光】，随即弹出【灯光设置】对话框，在灯光类型复选框中选择【点】命令，强度更改为4，如图10.2.157所示。

图10.2.157

36 虽然已经建立好了灯光层，但是我们发现在合成面板中"Form球"层和其他光圈层并没有受到灯光照射的影响显现明暗变化，在这里必须将每个层的接受灯光影响的开关打开，选择"Form球"层，在效果控件面板中找到"Shading"参数项，并展开该项将其子参数项"Shading"对应的Off复选框更改为On，如图10.2.158所示。可以在合成面板中观察到"Form球"层即可发生变化。

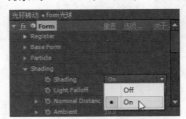

图10.2.158

37 同理，对内光圈层和外光圈层进行同样操作。

38 为了画面的统一性，对灯光调整位置，在时间线面板中更改位置参数，如图10.2.159所示。

图10.2.159

39 在合成窗口中按空格键预览运动效果，如图10.2.160所示。

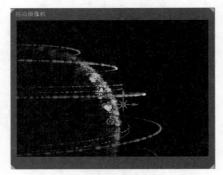

图10.2.160

40 添加新的灯光类型，选择【图层】>【新建】>【灯光】命令，弹出【灯光设置】对话框，在灯光类型复选框中选择【环境】命令，强度更改为68%，如图10.2.161所示。

图10.2.161

41 下面开始制作背景效果，让画面的色彩更为丰富，视觉感更强烈。选择【图层】>【新建】>【纯色】命令，弹出【纯色设置】对话框，将名称更改为"四色渐变"，如图10.2.162所示。

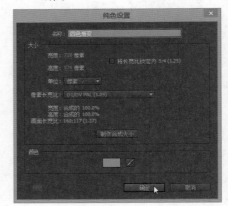

图10.2.162

42 在效果控件面板中更改颜色，以及颜色的中心点位置，如图10.2.163所示。

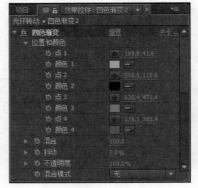

图10.2.163

43 在效果控件面板中，单击四色渐变中的颜色1的色块，选择颜色FF9600，颜色2更改为黑色，颜色3更改为紫红色，并将其中心点放置在画面的右下角处，颜色4更改为蓝色，如图10.2.164和图10.2.165所示。

图10.2.164　　　　　　　　　　　　　　图10.2.165

44 将四色渐变层拖曳至时间线面板底层，将"form球层"的层模式更改为【相加】，对内外光圈层均进行该操作，如图10.2.166所示。

图10.2.166

45 在合成窗口中按空格键预览运动效果，如图10.2.167所示。

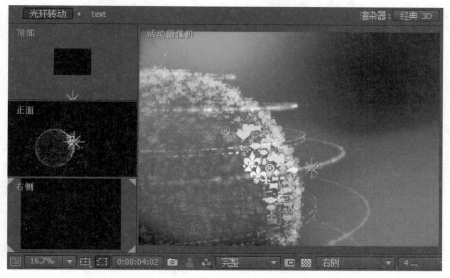

图10.2.167

46 为了将四色渐变的效果达到理想中的效果，在工具栏中选择钢笔工具为四色渐变绘制遮罩，并对遮罩进行部分羽化，如图10.2.168所示。

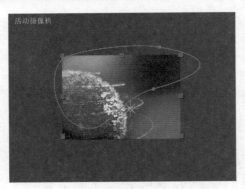

图10.2.168

47 选择【图层】>【新建】>【纯色】命令，弹出【纯色设置】对话框，将名称更改为"镜头光晕"，为画面添加镜头光晕是为了让画面的色相和明度对比更为强烈，如图10.2.169所示。

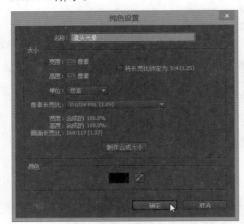

图10.2.169

48 在效果控件面板中对镜头光晕的参数进行修改，如图10.2.170所示。

图10.2.170

49 为了使得镜头光晕的光晕颜色是我们所需要的颜色。选择【效果】>【颜色校正】>【色相/饱和度】，修改参数设置，勾选"彩色化"复选框，将"着色色相"数值更改为205°，"着色饱和度"更改为100，如图10.2.171所示。

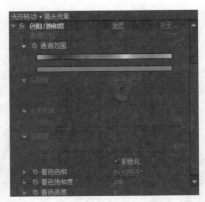

图10.2.171

50 在合成窗口中按空格键预览运动效果，画面以及无论是颜色还是明度都已经足够丰富了，如图10.2.172所示。

图10.2.172

51 在工具栏中选择文字工具，单击合成面板进入文字编辑模式，输入文字："Circle in the area"，在字符面板中调整其位置。然后在时间线面板中选择文字层，对该层添加【预合成】命令，随即跳出预合成面板，将名称更改为"Text"，单击【确定】按钮。（通过将文字层进行预合成，更有利于后面对文字层添加效果，并且便于在不影响效果的前提下能够任意修改文字内容），如图10.2.173所示。

图10.2.173

52 选中"Text"合成层，选择【效果】>【风格化】>【发光】命令，在"效果控件"面板中对参数进行设置，对颜色进行更改，将颜色A更改为淡黄色，颜色B更改为柠檬黄，如图10.2.174所示。

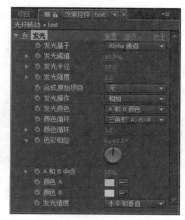

图10.2.174

53 对text层添加第二种效果，选择【效果】>【模糊】>【高斯模糊】命令，将时间线面板指针放置在2秒位置，点击高斯模糊下子参数项模糊度的秒表，并将数值更改为120，移动指针至3秒位置，设置模糊度为0，如图10.2.175所示。

图10.2.175

54 将text层的不透明度进行调整，使得高斯模糊效果不会显得过于生硬。选择text层，对不透明度进行设置，指针位置移至1秒处，设置不透明度为0，单击秒表，将指针位置移至3秒处，设置不透明度为100，如图10.2.176所示。

图10.2.176

55 在合成窗口中预览效果，如图10.2.177所示。

图10.2.177

56 下面对灯光进行位置上的更改，通过更改灯光位置使得画面整体效果有一个较大的明暗对比关系。将指针移至0秒位置，选择"点光层"，找到其"位置"参数，单击左边的秒表数值，将其更改为372,305,-1034；指针移至4秒处，数值更改为372,305,-843.1；指针移至5秒处，数值更改为370.7,305.1,-819，如图10.2.178所示。

图10.2.178

57 对镜头光晕设置运动效果，指针移至0秒，在时间线面板中展开镜头光晕参数项，选择"光晕"中心旁的秒表，如图10.2.179所示。

图10.2.179

58 选中四色渐变层，选择【效果】>【风格化】>【发光】命令，在时间线面板中选择"发光阈值"参数，指针移至2秒处，设置秒数值为0，指针移至3秒处，数值更改为39.2，如图10.2.180所示。

图10.2.180

59 最后开始最后一个重要的步骤，就是建立摄像机。选择【图层】>【新建】>【摄像机】命令，弹出【摄像机设置】对话框，如图10.2.181所示。

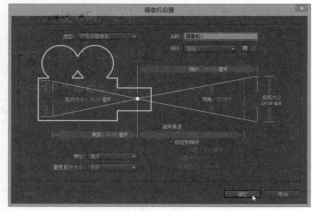

图10.2.181

60 在合成窗口中可以通过四个视图了解清楚摄像机同物体间的关系位置情况，如图10.2.182所示。

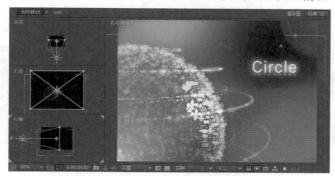

图10.2.182

61 回到时间线面板中，选中摄像机层，展开摄像机选项找到光圈参数项，并对其添加动画，将指针移至0秒处，设置数值为88，单击光圈秒表，移动指针至2秒位置，数值更改为0，如图10.2.183所示。

图10.2.183

62 下面对摄像机设置运动路径，将指针移至0秒位置，找到摄像机位置参数项，单击其秒表，指针移至2秒，更改位置数值，如图10.2.184所示。

图10.2.184

63 在合成窗口中预览效果，如图10.2.185所示。

图10.2.185

64 我们把制作好的效果渲染输出成效果视频。选择【合成】>【添加到渲染队列】命令，在时间线面板中出现渲染面板，双击"输出模块"的"无损"参数项，即可弹出输出模块设置，格式参数项选择Quick Time格式，单击【确定】按钮，如图10.2.189和图10.2.190所示。

图10.2.189

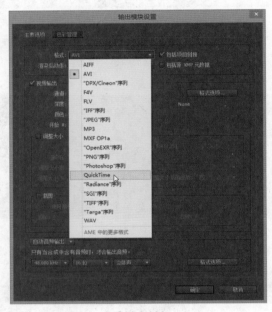

图10.2.190

65 单击"输出到"的"光环转动"参数项，弹出【将影片输出到】对话框，输入文件名，单击【保存】按钮，如图10.2.191所示。

图10.2.191

66 最后，回到渲染面板，单击渲染等待渲染完成，如图10.2.192所示。

图10.2.192

10.2.4 音乐流体

01 运行软件After Effects，选择【合成】>【新建合成】命令，弹出【合成设置】对话框，将合成名称更改为"音乐流体效果"，持续时间设置为15秒，如图10.2.193所示。

图10.2.193

02 选择【文件】>【导入】命令，弹出【导入文件】对话框，选中所需要的素材，单击导入即可导入到AE项目面板中，如图10.2.194所示。

图10.2.194

03 在此提醒大家，我们所需要的音乐文件的格式是有一定要求的，文件格式的后缀名必须是"aiff"，才是我们需要的音乐文件格式，否则无法对后续操作效果直接显现，如图10.2.195所示。

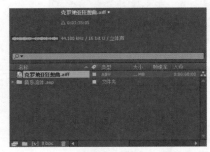

图10.2.195

04 将音乐素材用鼠标直接拖曳到时间控制面板后，选择【图层】>【新建】>【纯色】命令，弹出【纯色设置】对话框，更改名称为"form"，单击【确定】按钮，如图10.2.196所示。

图10.2.196

05 在时间线面板中，选中form层，选择【效果】>【Trapcode】>【form】命令，合成窗口中可以看到form层产生变化，如图10.2.197所示。

图10.2.197

06 下面开始通过插件form，制作流体随音乐起舞的效果，开始对其参数进行设置。点开"Base Form"参数旁的小三角图标，展开其隐藏选项，修改参数Size X：300；Size Y：1110；Particles X: 438；Particles Y: 455；Particles Z: 1；centerXY: 381.0, 488.0；centerZ: 210，参数修改完后单击之前的小三角图标，将"Base Form"的子参数选项隐藏，这样便于节省空间和查找参数项，如图10.2.198所示。

图10.2.198

07 在合成窗口中预览调整参数后的form形状，如图10.2.199所示。

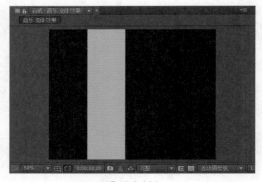

图10.2.199

08 点开Particle参数旁的倒三角图标，展开其隐藏选项，对其子参数选项进行修改。Size更改为2，Opacity更改为40，如图10.2.200所示。

09 单击color参数项旁的白色色块，即可弹出【Color】对话框，选择颜色为01212E，将该颜色编号输入到对话框最底部的选框中，如图10.2.201所示。

图10.2.200

图10.2.201

10 参数修改完后单击其隐藏子参数选项的三角图标，以上的步骤是通过更改参数得到我们所要制作的流体的形状和颜色。下面是对流体的不透明度进行局部调整的步骤，单击"Quick Maps"参数的三角图标，展开其子参数项并找到"Map #1 to"参数，单击右边的"size"项，在下拉菜单中选择"Opacity"参数，如图10.2.202所示。

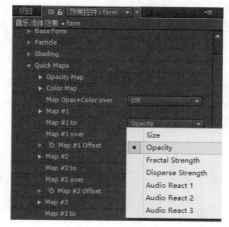

图10.2.202

11 在"Map #1 to"参数项的下方找到"Map #1 over"参数，单击其右边的Off参数项，在下拉列表中选择X项，如图10.2.203所示。

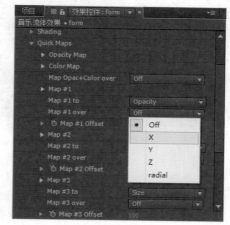

图10.2.203

12 找到"Map #1 to"上方的"Map #1 "参数项，单击其小三角图标，即可看到不透明度分布图像的分布原理：在图像中红色区域表示物体显现情况，全部为红色在图像说明物体完全显现无透明情况，图像右侧为不透明度显现的模式分别为："从左至右逐渐显现"，"从右至左"，"逐渐显现左右两端"，"虚化中间不透明度达到最大"等。选择图像右侧从上到下数第4种模式：逐渐显现左右两端，虚化中间不透明度，达到最大。这是我们需要的效果，如图10.2.204所示。

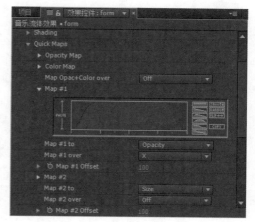

图10.2.204

13 在合成窗口中预览效果，如图10.2.205所示。

图10.2.205

14 下面开始进入最关键的步骤，将我们制作好的form层同音乐素材绑定起来，并使得form产生的效果的运动节奏同音乐节奏相一致。下面开始进行制作，找到Audio React参数选项，展开其子参数选项，在Audio React参数项右边单击无参数项，在其下拉列表中选择"克罗地亚狂想曲.aiff"音乐素材，这样就将form层同音乐素材绑定在一起了，如图10.2.206所示。

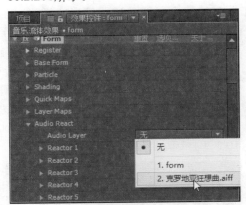

图10.2.206

15 下面开始对运动效果进行制作，在Audio React参数项下方可以看到Reactor 1，Reactor 2，Reactor 3，Reactor 4，Reactor5，通过对5项参数进行修改使我们得到所需要的效果。展开Reactor 1的三角图标，出现其子参数项，找到"Map To"参数项，单击其右方的"off"选项，在下拉列表中选择"Fractal"，该步骤是为了后面对"Fractal"参数项进行具体调整得到我们想要的效果，并且效果的节奏同音乐素材的节奏相一致所做的重要步骤，如图10.2.207所示。

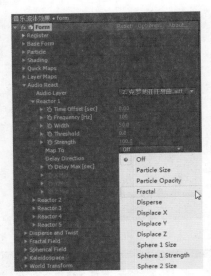

图10.2.207

16 在"Map To"参数项下方找到"Delay Direction"参数项，在其下拉列表中选择"Y Bottom to Top"参数选项，该步骤的作用是控制后续效果运动的方向，该选项让运动效果从底部运动到顶部，如图10.2.208所示。

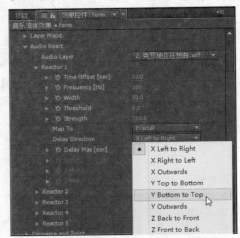

图10.2.208

17 单击Audio React的小三角图标，将扩展的子参数项隐藏，找到"Fractal Field"参数，单击其扩展图标，对其子参数进行修改，如图10.2.209所示。

18 单击"Fractal Field"扩展图标将其子参数项隐藏，回到Audio React的子参数项Reactor 1中，更改参数项，如图10.2.210所示。

19 第一个Reactor 到这里已经制作完成，选中音乐素材，在时间线面板中展开隐藏参数项"波形"，即可在时间线面板中观看到音乐的波形情况，将指针移至波形图层的位置观看效果，如图10.2.211所示。

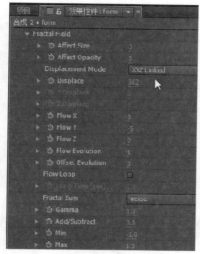

图10.2.209

图10.2.210

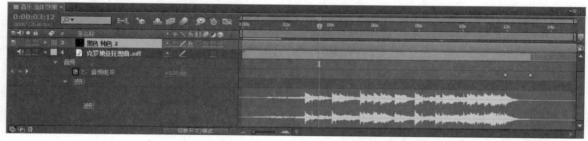

图10.2.211

20 在合成窗口中预览效果，如图10.2.212所示。

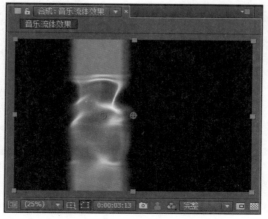

图10.2.212

21 下面开始Reactor 2效果的制作，将Reactor 1子参数项隐藏，展开Reactor 2的子参数项，找到"Map To"参数，单击其右方"off"选项，在下拉列表中选择"Disperse"，该步骤是为了后面对"Ddisperse"参数项进行具体调整得到我们要的效果，并且效果的节奏同音乐素材的节奏相一致的重要步骤，如图10.2.213所示。

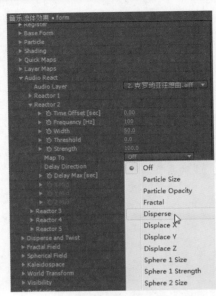

图10.2.213

22 在"Map To"参数项下方找到"Delay Direction"参数项，在其下拉列表中选择"Y Bottom to Top"参数选项，该步骤的作用是控制后续效果运动的方向，该选项让运动效果从底部运动到顶部，如图10.2.214所示。

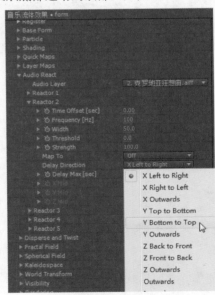

图10.2.214

23 单击Audio React的小三角图标，将扩展的子参数项隐藏，找到"Disperse and Twist"参数，单击其扩展图标，对其子参数进行修改，设置Disperse为6，如图10.2.215所示。

24 单击"Disperse and Twist"扩展图标将

其子参数项隐藏，回到Audio React的子参数项Reactor 2中，更改参数项，如图10.2.216所示。

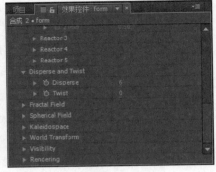

图10.2.215

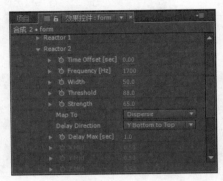

图10.2.216

25 第二个Reactor 到这里已经制作完成，在合成窗口中预览效果，如图10.2.217所示。

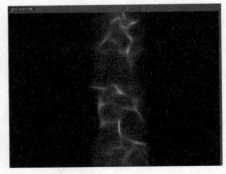

图10.2.217

26 下面开始Reactor 3的效果制作，展开Reactor 3的子参数项，找到"Map To"参数，单击其右方"Off"选项，在下拉列表中选择"Sphere 1 Size",该步骤同前面Reactor 1，Reactor 2的操作是同一原理，为后面的效果同音乐节奏相一致而起到绑定的作用，如图10.2.218所示。

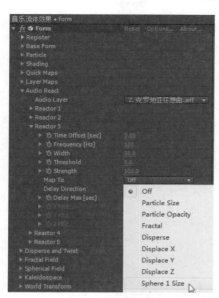

图10.2.218

27 单击Audio React的小三角图标，将扩展的子参数项隐藏，找到"Spherical Field"参数，单击其扩展图标，对其子参数进行修改，找到其子参数项中最底部参数项Visualize Field并勾选，对其他参数进行修改，如图10.2.219所示。

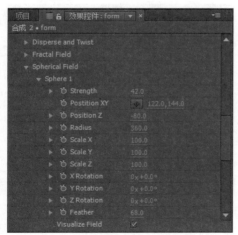

图10.2.219

28 在合成窗口中预览效果，该步骤是对form流体的形状进行变形扭曲，达到一定的视觉光感效果，如图10.2.220所示。

29 单击"Spherical Field"参数扩展图标将其子参数项隐藏，回到Audio React的子参数项Reactor 3中，更改参数项，如图10.2.221所示。

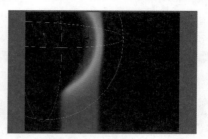

图10.2.220

图10.2.221

30 下面开始Reactor 4的效果制作，展开Reactor 4的子参数项，找到"Map To"参数，单击其右方"Off"选项，在下拉列表中选择"Sphere 2 Size"，该步骤同前面操作是同一原理，如图10.2.222所示。

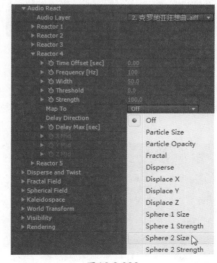

图10.2.222

31 单击Audio React的小三角图标，将扩展的子参数项隐藏，找到"Spherical Field"参数，单击其扩展图标，对其子参数进行修改，找到其子参数项中最底部参数项Visualize Field，勾选该项，对其他参数进行修改，如图10.2.223所示。

图10.2.223

32 在合成窗口中预览效果，如图10.2.224所示。

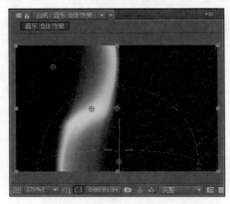

图10.2.224

33 单击"Spherical Field"参数扩展图标将其子参数项隐藏，回到Audio React的子参数项Reactor 4中，更改参数项，如图10.2.225所示。

图10.2.225

34 下面开始Reactor 5的效果制作，展开Reactor 5的子参数项，找到"Map To"参数，单击其右方"Off"选项，在下拉列表中选择"Displace X"如图10.2.226所示，并更改Threshold参数为30。

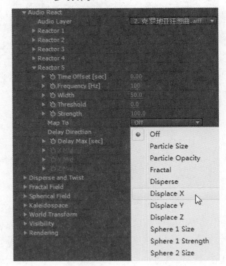

图10.2.226

35 在合成窗口中预览效果，步骤到这里音乐流体的运动基本完成，如图10.2.227所示。

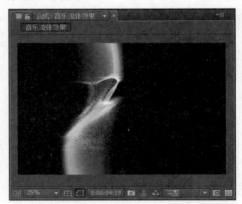

图10.2.227

36 为了让画面更有层次感，我们为画面添加一些辅助效果，选择【图层】>【新建】>【纯色】命令，弹出【纯色设置】对话框，更改名称为"mask"，将颜色改为暗紫红色，如图10.2.228所示。

37 然后为该mask层绘制【蒙版】（mask）【蒙版】（mask）的形状同form层流体的形状相符，将蒙版羽化数值更改为38，如图10.2.229所示。

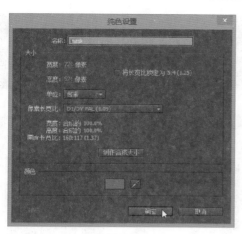

图10.2.228

图10.2.229

38 在时间线面板中找到原名称栏，右键单击空白区域，在列表中选择模式选项，显现模式参数项并将mask层模式更改为强光，如图10.2.230所示。

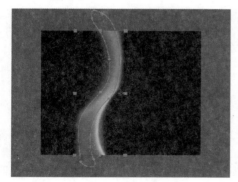

图10.2.230

39 选择【图层】>【新建】>【纯色】命令，弹出【纯色设置】对话框，更改名称为"light"，将颜色改为黑色，如图10.2.231所示。

40 为该层添加【效果】>【生成】>【镜头光晕】效果，在效果控件面板中找到镜头类型参数，将类型更改为105毫米定焦。选中【镜头光晕】命令，在菜单栏中选中【编辑】>【重复】命令，将两个镜头光晕效果分别放置到合成画面的左下角和右上角，将

层模式更改为【屏幕】，如图10.2.232所示。

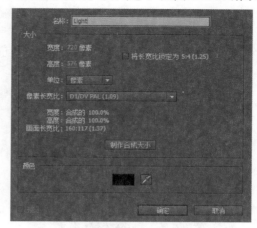

图10.2.231

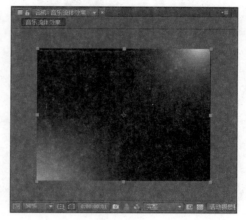

图10.2.232

41 为该层添加【效果】>【颜色矫正】>【色相/饱和度】效果，勾选"彩色化"参数选项，设置【着色色相】为266，【着色饱和度】为31，如图10.2.233所示。

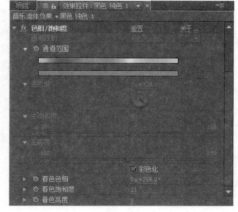

图10.2.233

42 为镜头光晕制作运动效果，将关键帧放置到0秒位置，单击镜头光晕1和镜头光晕2的光晕中心的秒表，移动指针到5秒位置，利用鼠标拖曳上方的镜头光晕1的中心点至form顶部位置，将下方的镜头光晕2拖曳至form底部位置，按空格键预览效果，如图10.2.234所示。

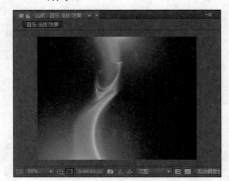

图10.2.234

43 我们把制作好的效果渲染输出成效果视频。选择【合成】>【添加到渲染队列】命令，在时间线面板中出现渲染面板，双击"输出模块"中的"无损"参数项，如图10.2.235所示。

图10.2.235

44 随即弹出输出模块设置，选择格式参数项为Quick Time，如图10.2.236所示。

图10.2.236

45 单击"输出到"的"光环转动"参数项，弹出【将影片输出到】，输入文件名，如图10.2.237所示。

图10.2.237

46 最后，回到渲染面板单击【渲染】按钮渲染等待完成，如图10.2.238所示。

图10.2.238

附　录

如何使用表达式库

由于After Effects的表达式是属于一种脚本式的语言，所以After Effects本身提供给用户了一个表达式库，用户可以在里面查找自己要使用的表达式而无需自己敲击键盘，单击【表达式】（Expression）右边箭头最后的按钮，用户就可以打开表达式库，如下图所示。

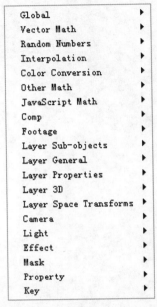

【Global】：用于指定表达式的全局设置

> Comp：[comp（name）] 给合成命名。
> Footage：[（footage（name）] 为素材命名。
> Comp：（thisComp）描述合成内容的表达式。例如：thisComp.layer(2) thisLayer是一个指定的全局量，它等价于当前层。例如：用表达式 thisLayer.width 或 width 可获得同样的结果。
> Property：（thisProperty）描述属性的表达式。
> Number time：描述合成的时间，单位是秒。
> Number colorDepth 返回8或16表示的彩色深度位数值。例如，当项目的每通道的彩色深度为16位时colorDepth 返回16 。
> Number posterizeTime（framesPerSecond）{framesPerSecond 是一个数}返回或改变帧率。允许用这个表达式设置比合成低的帧率。

【Vector Math】：进行矢量运算的一些数学函数

> add(vec1, vec2) {vec1 和 vec2 是数组} 两个向量相加。返回值为数组。
> sub(vec1, vec2) {vec1 和 vec2 是数组}两个向量相减。返回值为数组。
> mul(vec1, amount) {vec1 是数组, amount 是数} 向量的每个元素被 amount相乘。返回值为数组。
> div(vec1, amount) {vec1 是数组, amount 是数}向量的每个元素被 amount相除。返回值为数组。
> Clamp(value, limit1, limit2) 限制value中每个元素的值在 limit1 到 limit2之间。返回值为数组。
> dot(vec1, vec2) {vec1 和 vec2 是数组} 返回点乘的积，结果为两个向量相乘。返回值为Number。
> cross(vec1, vec2) {vec1 和 vec2 是数组 [2 or 3]} 返回向量的叉积。返回值为二或三维数组。
> normalize(vec) {vec 是数组} 单位化向量。返回值为数组。
> length(vec) {vec是数组}返回向量的长度。返回值为Number。
> length(point1, point2) {point1 and point2 是数组} 返回两点间的距离。Point2 是可选的。返回值为Number。
> lookAt(fromPt, atPt) {fromPt和atPt 是数组[3]} 参数fromPt 是出发观察点的位置。参数atPt 是想要指向的点在世界空间的位置，返回值可用于表示方向的属性。可以用在摄像机和灯光的方向属性上。返回值为三维数组。

【Random Numbers】：生成随机数的函数

> seedRandom(seed, timeless=false) {seed 是种子数, 默认 timeless 为 false} seed产生一个随机的种子，timeless产生一个浮动范围. 如果seed为空，例如，seedRandom(n, true)通过给第二个参数赋值 true ,seedRandom()获取一个0到1间的随机数。返回值为空。
> random()返回0和1间的随机数。返回值为Number。
> random(maxValOrArray) {maxValOrArray 是一个数或数组}返回0到maxVal间的数，

维度 与 maxVal相同；或返回与maxArray相同维度的数组，数组的每个元素在 0 到 maxArray之间。返回值为Number或数组。

> random(minValOrArray, maxValOrArray) {minValOrArray 和 maxValOrArray 是一个数或数组} 返回一个minVal 到 maxVal间的数，或返回一个与 minArray和maxArray 有 相同维度的数组，其每个元素的范围在 minArray 与 maxArray之间。例如，random([100, 300], [500, 700]) 返回数组的第一个值在 100 到300间，第二个值在 500 到700间。如果两个数组的维度不同，较短的一个后面自动用0补齐。

> gaussRandom()返回一个0到1之间的随机数。结果为高斯分布。返回值为Number或数组。

> gaussRandom(maxValOrArray) {maxValOrArray是一个数或数组} 当用maxVal，它返回一个0到maxVal之间的随机数。当用maxArray，它返回一个与maxArray相同维度的数组，结果为高斯分布。返回值为Number或数组。

> gaussRandom(minValOrArray, maxValOrArray){minValOrArray和maxValOrArray是一个数或数组} 当用minVal和 maxVal，它返回一个minVal到maxVal之间的随机数。当用minArray和maxArray，它返回一个与 minArray和maxArray相同维度的数组，结果为高斯分布，返回值为Number或数组。

> noise(valOrArray) {valOrArray是一个数或数组}返回一个噪波数返回值为Number

【Interpolation】：插值方法

> linear(t, value1, value2)当 t <= 0时返回value1，当 t >= 1时返回 value2 。组}当t的范围从0到1时，返回一个从value1到value2的线性插值。返回值为Number或数组。

> linear(t, tMin, tMax, value1, value2)当 t <= tmin时返回value1；当t >= tMax时，返回value2 ；当tMin < t < tMax 时，返回value1和value2 的线性插值。返回值为Number或数组。

> ease(t, value1, value2) 返回值与linear相似，但在开始和结束点的斜率都为0。返回值

为Number或数组。

> ease(t, tMin, tMax, value1, value2)同上。

> easeIn(t, value1, value2) 与ease相似，但只在切入点value1 的斜率为0，切出点为线性。返回值为Number或数组。

> easeIn(t, tMin, tMax, value1, value2) 同上。

> easeOut(t, value1, value2)与easeIn相反，只在切出点value2 的斜率为0，切入点为线性。返回值为Number或数组。

> easeOut(t, tMin, tMax, value1, value2) 同上。

【Color Conversion】：色彩转换方法类

> rgbToHsl(rgbaArray) 转换 RGBA 色彩模型到 HSLA色彩模型。返回值为四维数组。

> hslToRgb(hslaArray)转换 HSLA色彩模型到RGBA色彩模型。返回值为四维数组。

【Other Math】：其他数学运算类

> degreesToRadians(degrees)转换角度到弧度。返回值为Number。

> radiansToDegrees(radians)转换弧度到角度。返回值为Number。

【JavaScript Math】：JavaScript数学函数类

> Math.cos：（value）计算value的余弦值。

> Math.acos：（value）计算value的反余弦值。

> Math.tan：（value）计算value的正切值。

> Math.atan：（value）计算value的反正切值。

> Math.atan2：（y,x）计算反正切值（根据y,x）两点。

> Math.sin：（value）计算value的正弦值。

> Math.sqrt：（value）计算value的平方根值。

> Math.exp：（value）计算e的value次方。

> Math.pow：（x,y）计算x的y次方。

> Math.log：（value）计算value的自然对数。

> Math.abs：（value）计算value的绝对值。

> Math.round：（value）将value四舍五入。

> Math.ceil：（value）将value向上取整。

> Math.floor：（value）将value向下取整。

> Math.min(value1,value2)：从两个value的值中取一个较小的。
> Math.max(value1,value2)： 从两个value的值中取一个较大的。
> Math.PI：返回PI的值。
> Math.E：返回自然对数的底数。
> Math.LOG2E：返回以2为底的对数。
> Math.LOG10E：返回以10为底的对数。
> Math.LN2：返回以2为底的自然对数。
> Math.LN10：返回以10为底的自然对数。
> Math.SQRT2：返回2的平方根。
> Math.SQRT1_2：返回10的平方根。

【Comp】：合成层函数类

> Layer, Light, or Camera layer(index) 返回层的序数（在时间线窗口中的顺序）。
> Layer, Light, or Camera layer("name") 返回层名。
> Layer, Light, or Camera layer(otherLayer, relIndex) 返回otherLayer（层名）上面或下面relIndex（数）的一个层。返回值为Number。
> marker(markerNum)得到合成中markerNum标记点的时间。返回值为Number。
> numLayers 返回合成中层的总数。返回值为Number。
> Camera activeCamera 返回当前摄像机的数值。
> width 返回合成的宽度，单位为像素。返回值为Number。
> height 返回合成的高度，单位为像素。返回值为Number。
> duration 返回合成的持续时间值，单位为秒。
> frameDuration 返回帧的持续时间，返回值为Number。
> shutterAngle 返回合成中快门角度的度数。返回值为Number。
> shutterPhase 返回合成中快门相位的度数。返回值为Number。
> bgColor 返回合成背景的颜色。返回值为四维数组（RGBA）。
> pixelAspect 返回合成中用像素为单位的宽高比。返回值为Number。
> String name 返回合成的名字。返回值为字符串。

【Footage】：素材类

> width 返回素材的宽度，单位为像素。返回值为Number。
> height返回素材的高度，单位为像素。返回值为Number。
> duration 返回素材的持续时间，单位为秒。返回值为Number。
> frameDuration 返回帧画面的持续时间，单位为秒。返回值为Number。
> pixelAspect 返回脚本的像素比，表示为width/height。返回值为Number。
> String name 返回脚本的名字。返回值为字符串。

【Layer Sub-object】：层的子对象类

> Comp or Footage source 返回层的所在Comp层的素材对象。默认时间是在这个源中调节的时间。例如，source.layer(1).position。
> effect(name) 返回 Effect 对象。Name是对象的名称。
> effect(index) {index 是一个数} 返回 Effect 对象。After Effects 将在效果控制窗口中从这个序号位置开始查找。起始于1 且从顶部开始。
> mask(name) {name是一个字串} 返回层Mask 对象。Name是对象的名称。
> mask(index) {index 是一个数} 返回层 Mask 对象。After Effects 将在时间轴窗口中从这个序号位置开始查找。起始于1 且从顶部开始。

【Layer General】：层的一般属性类

> width 返回以像素为单位的层宽度。返回值为Number。
> height 返回以像素为单位的层高度。返回值为Number。
> index 返回合成中层数。返回值为Number。
> Layer, Light, or Camera parent 返回层的父级层对象，例如，position[0] + parent.width。
> hasParent 如果有父层返回 true，如果没有父层返回 false。返回值为布尔值。
> inPoint 返回层的入点，单位为秒。返回值为Number。

> outPoint 返回层的出点，单位为秒。返回值为Number。
> startTime 返回层的开始时间，单位为秒。返回值为Number。
> hasVideo 如果有视频（video）返回true，如果没有（video）返回false。返回值为布尔值。
> hasAudio 如果有音频（audio）返回true，如果没有音频（audio）返回false。返回值为布尔值。
> active 如果层的视频开关（video switches）打开，返回true，如果层的视频开关（video switches）关闭，返回false。返回值为布尔值。
> audioActive 如果层的音频开关（audio switches）打开，返回true，如果层的音频开关（audio switches）关闭，返回false。返回值为布尔值。

【Layer Properties】：层的特征属性类

> anchorPoint 返回层空间内层的锚点值。
> position 如果该层没有父级层，返回本层在世界空间的位置值；如果有父级层，返回本层相对于父级层空间的位置值。
> scale 返回层的缩放值，表示为百分数。
> rotation 返回层的旋转度数。
> opacity 返回层的透明值，表示为百分数。返回值为Number。
> audioLevels 返回层的音量属性值，单位为分贝；第一个返回值表示左声道的音量，第二个值表示右声道的音量。返回值为二维数组。
> timeRemap 当时间重测图被激活时，返回重测图属性时间值，单位是秒。返回值为Number。
> marker.key(index)返回层的标记数属性值。返回值为Number。
> marker.key("name") 返回层中与指定名对应的标记号。返回值为Number。
> marker.nearestKey 返回离当前时间指针最近的标记。返回值为Number。
> marker.numKeys 返回层中含有的标记的总数。返回值为Number。
> String name 返回层名。返回值为字符串。

【Layer 3D】：三维层类

> orientation返回3D方向的度数。返回值为三维数组。
> rotationX 返回 x旋转值的度数。返回值为Number。
> rotationY返回Y 旋转值的度数。返回值为Number。
> rotationZ返回Z 旋转值的度数。返回值为Number。
> lightTransmission返回光的传导属性值。返回值为Number。
> castsShadows 如果层投射阴影返回 true。返回值为布尔值。
> acceptsShadows 如果层接受阴影返回true。返回值为布尔值。
> acceptsLights 如果层接受灯光返回true。返回值为布尔值。
> ambient 返回环境光的百分数值。返回值为Number。
> diffuse 返回漫反射的百分数值。返回值为Number。
> specular 返回镜面反射的百分数值。返回值为Number。
> shininess 返回辉光的百分数值。返回值为Number。
> metal 返回金属性的百分数值。返回值为Number。

【Layer Space Transforms】：层的空间转换类

> toComp(point, t = time)从层中转换一个点到合成中，t为转换到合成中的时间。
> 值。返回值为二或三维数组。
> fromComp(point, t=time)从合成中转换一个点到层中。返回值为二或三维数组。
> toWorld(point, t=time)从层中转换一个点到世界空间。返回值为二或三维数组。
> fromWorld(point, t=time)从世界空间转换一个点到层中。返回值为二或三维数组。
> toCompVec(vec, t=time)从层中转换一个向量到合成中。返回值为二或三维数组。
> fromCompVec(vec, t=time)从合成中转换一个向量到层中。返回值为二或三维数组。
> toWorldVec(vec, t=time)从层中转换一个向量到世界空间。返回值为二或三维数组。
> fromWorldVec(vec, t=time)从世界空间转换一个向量到层中。返回值为二或三维数组。

> fromCompToSurface(point, t=time)在合成中从层表面定位一个点。返回值为二或三维数组。

【Camera】：摄像机类

> pointOfInterest 返回在世界空间中摄像机的兴趣值。返回值为三维数组。
> zoom 返回摄像机的缩放值，单位为像素。返回值为二或三维数组。
> depthOfField 如果摄像机景深打开返回1，否则返回0。返回值为布尔值。
> focusDistance 返回摄像机焦距值，单位为像素。返回值为Number。
> aperture返回摄像机光圈值，单位为像素。返回值为Number。
> blurLevel 返回摄像机的模糊程度的百分数。返回值为Number。
> active(a)如果摄像机的视频开关打开，如果当前时间在摄像机的出入点之间，并且它是时间线窗口中层中的第一个摄像机，返回true;只要有一个条件不满足，返回false。返回值为布尔值。

【Light】：灯光类

> pointOfInterest 返回灯光兴趣点的值。返回值为三维数组。
> intensity 返回灯光强度的百分数。返回值为Number。
> color 返回灯光的色彩值。返回值为四维数组。
> coneAngle 返回灯光光锥开口角度的度数。返回值为Number。
> coneFeather 返回灯光光锥的羽化百分数。返回值为Number。
> shadowDarkness 返回灯光阴影中较暗值的百分数。返回值为Number。
> shadowDiffusion 返回灯光阴影漫反射的像素值。返回值为Number。

【Effect】：效果类

> active如果效果在时间线窗口和效果控制窗口同时处于打开状态时返回 true，只要有一个处于关闭，返回false。返回值为布尔值。
> param(name)返回效果里面的属性值。返回值为Number。

> param(index)返回效果里面处于第Index位置的属性。返回值为Number。
> String name 返回效果名。返回值为字符串。

【Mask】：遮罩类

> MaskOpacity 返回遮罩不透明度的百分数。返回值为Number。
> MaskFeather 返回遮罩羽化的程度值。返回值为Number。
> invert 如果遮罩勾选了反向，返回 true；否则返回 false。返回值为布尔值。
> MaskExpansion 返回 遮罩的扩展度值。返回值为Number。
> String name 返回遮罩名。返回值为字符串。
> Note: 当你用表达式是，不能访问遮罩形状。返回值为布尔值r。

【Property】：属性类

> value 返回当前时间的属性值。返回值为Number或数组。
> Number or Array valueAtTime(t) {t 是一个数} 返回时间t（单位为秒）的属性值。返回值为Number或数组。
> velocity 返回当前时间的速率（对时间）。或者返回点的切向量值。（对空间）返回值为Number或数组。
> velocityAtTime(t)仅返回指定时间的速率。（对空间无效）返回值为Number或数组
> speed 返回正的速度值，（对时间无效）。返回值为Number或数组。
> Number speedAtTime(t)返回在指定时间的空间速度。
> wiggle(freq, amp, octaves=1, ampMult=.5, t=time)生成随机摆动数值（wiggles）。Freq 为摆动的频率，用于计算属性的基本幅度单位，octaves 是加到一起的噪声的倍频数，ampMult 与 amp 相乘的倍数。t 基于开始时间。返回值为Number或数组。
> temporalWiggle(freq, amp, octaves=1, ampMult=.5, t=time) {freq, amp, octaves, ampMult, 和 t 是数} 取样摆动时的属性值。Freq 计算每秒摆动的次数，用于计算

属性的基本幅度单位，octaves 是加到一起的噪声的倍频数，ampMult 与 amp 相乘的倍数。t 基于开始时间。 对于这个函数意味着取样的属性必须被激活，因为这个函数仅在取样期间改变属性值，而不是改变了对应的属性值。 smooth(width=.2, samples=5, t=time) {width, samples, 和 t 是数} 应用一个箱形滤波器到指定时间的属性值，并且随着时间的变化使结果变得平滑。Width （秒） 是经过滤波器平均时间的范围。Samples 等于离散样本的平均间隔数 。通常，你需要的采样（ samples ）数是奇数。

> Number or Array loopIn(type = "cycle", numKeyframe = 0)在层中从入点到第一个关键帧之间循环一个指定时间段的内容。 被指定为循环内容的基本段，是从层的第一个关键帧向后到层的出点方向的某个关键帧间的内容。 numKeyframe是指定以第一个关键帧为起点设定循环基本内容的关键帧数目（计数不包括第一个关键帧）。

> Number or Array loopOut(type = "cycle", num关键帧 = 0)在层中从最后一个关键帧到层的出点之间循环一个指定时间段的内容。被指定为循环内容的基本段，是从层的最后关键帧向前到层的入点方向的某个关键帧间的内容。 numKeyframe是指定以最后一个关键帧为倒数起点设定循环基本内容的关键帧数目（计数不包括最后一个关键帧）。

> Number or Array loopInDuration(type = "cycle", duration = 0)在层中从入点到第一个关键帧之间循环一个指定时间段的内容。被指定为循环内容的基本段，是从层的第一个关键帧向后到层的出点方向duration秒的内容。 duration是指定以第一个关键帧为起点设定循环基本内容的时间秒数。

> Number or Array loopOutDuration(type = "cycle", duration = 0)在层中从最后一个关键帧到层的出点之间循环一个指定时间段的内容。被指定为循环内容的基本段，是从层的最后关键帧向前到层的入点方向duration秒的内容。 duration是指定以最后一个关键帧为倒数起点设定循环基本内容的的时间秒数。

> Key key(index) 用数字 返回 key对象。

> Key key(markerName) 返回标记的 key 对象的名子。仅用于标记属性。

> Key nearestKey(time) 返回离指定时间最近的关键帧对象。

> Number numKeys 返回关键帧的总数目。

【Key】：关键帧类

> value 返回关键帧的值。返回值为Number或数组。

> time 返回关键帧的时间。返回值为Number。

> index 返回关键帧的序号。返回值为Number。